中国石油科技进展丛书（2006—2015年）

工厂化钻完井与储层改造技术

主　编：伍贤柱

副主编：刘乃震　汪海阁

石油工业出版社

内 容 提 要

本书重点对油气资源工厂化作业中的钻完井和储层改造技术展开论述，介绍了国内外工厂化钻完井技术发展现状与趋势，从一体化工厂化设计、钻完井作业、储层改造、试采、清洁生产等方面系统性介绍了中国石油2006—2015年，特别是“十二五”期间工厂化钻完井技术的研究进展，并以实例的形式介绍了工厂化钻完井技术在页岩气、致密油、致密气等非常规油气资源开发中的应用效果，并对“十三五”期间工厂化钻完井技术的发展趋势进行了展望。

本书可供从事工厂化钻完井与储层改造的相关技术人员和管理人员阅读参考，也可供石油高校相关专业师生学习参考。

图书在版编目（CIP）数据

工厂化钻完井与储层改造技术 / 伍贤柱主编 . —北京：石油工业出版社，2019.5

（中国石油科技进展丛书 . 2006—2015年）

ISBN 978-7-5183-3112-3

Ⅰ . ①工… Ⅱ . ①伍… Ⅲ . ①油气钻井—完井—研究 ②油气藏—研究 Ⅳ . ① TE257 ② P618.13

中国版本图书馆 CIP 数据核字（2019）第 027913 号

出版发行：石油工业出版社

（北京安定门外安华里2区1号　100011）

网　址：www. petropub. com

编辑部：（010）64523687　图书营销中心：（010）64523633

经　　销：全国新华书店

印　　刷：北京中石油彩色印刷有限责任公司

2019年5月第1版　2019年5月第1次印刷

787×1092毫米　开本：1/16　印张：15.75

字数：390千字

定价：130.00元

（如出现印装质量问题，我社图书营销中心负责调换）

《中国石油科技进展丛书（2006—2015年）》

编 委 会

专 家 组

《工厂化钻完井与储层改造技术》编写组

主　　编： 伍贤柱

副 主 编： 刘乃震　汪海阁

编写人员：

查永进　韩烈祥　王廷瑞　钱　斌　陈　作　杨晓峰

谭清明　白　璟　谢　意　贾利春　王　龙　王灵碧

张　庆　王维斌　唐　馨　赵　晗　徐剑良　黎　翔

张俊成　李玉成　高清春　赵　云　李洪兴　倪　超

刘　敏　齐宝权　李　嘉　任国辉　柳　明　贺秋云

潘　登　廖　刚　刘　石　张祥来　马光长　张增年

黄　敏　舒　畅　陶　云　曾　鑫　邓　宇　李　明

张振华　解东品　武自博　陈　锋　唐　凯　罗宏伟

李宜真　王　欣　毕文欣　李　洪　陈志学　刘　伟

黄崇君　陈　东　连太炜　张继川　高远文　卢毓周

张　斌

序

习近平总书记指出，创新是引领发展的第一动力，是建设现代化经济体系的战略支撑，要瞄准世界科技前沿，拓展实施国家重大科技项目，突出关键共性技术、前沿引领技术、现代工程技术、颠覆性技术创新，建立以企业为主体、市场为导向、产学研深度融合的技术创新体系，加快建设创新型国家。

中国石油认真学习贯彻习近平总书记关于科技创新的一系列重要论述，把创新作为高质量发展的第一驱动力，围绕建设世界一流综合性国际能源公司的战略目标，坚持国家“自主创新、重点跨越、支撑发展、引领未来”的科技工作指导方针，贯彻公司“业务主导、自主创新、强化激励、开放共享”的科技发展理念，全力实施“优势领域持续保持领先、赶超领域跨越式提升、储备领域占领技术制高点”的科技创新三大工程。

“十一五”以来，尤其是“十二五”期间，中国石油坚持“主营业务战略驱动、发展目标导向、顶层设计”的科技工作思路，以国家科技重大专项为龙头、公司重大科技专项为抓手，取得一大批标志性成果，一批新技术实现规模化应用，一批超前储备技术获重要进展，创新能力大幅提升。为了全面系统总结这一时期中国石油在国家和公司层面形成的重大科研创新成果，强化成果的传承、宣传和推广，我们组织编写了《中国石油科技进展丛书（2006—2015年）》（以下简称《丛书》）。

《丛书》是中国石油重大科技成果的集中展示。近些年来，世界能源市场特别是油气市场供需格局发生了深刻变革，企业间围绕资源、市场、技术的竞争日趋激烈。油气资源勘探开发领域不断向低渗透、深层、海洋、非常规扩展，炼油加工资源劣质化、多元化趋势明显，化工新材料、新产品需求持续增长。国际社会更加关注气候变化，各国对生态环境保护、节能减排等方面的监管日益严格，对能源生产和消费的绿色清洁要求不断提高。面对新形势新挑战，能源企业必须将科技创新作为发展战略支点，持续提升自主创新能力，加快构筑竞争新优势。“十一五”以来，中国石油突破了一批制约主营业务发展的关键技术，多项重要技术与产品填补空白，多项重大装备与软件满足国内外生产急需。截至2015年底，共获得国家科技奖励30项、获得授权专利17813项。《丛书》全面系统地梳理了中国石油“十一五”“十二五”期间各专业领域基础研究、技术开发、技术应用中取得的主要创新性成果，总结了中国石油科技创新的成功经验。

《丛书》是中国石油科技发展辉煌历史的高度凝练。中国石油的发展史，就是一部创业创新的历史。建国初期，我国石油工业基础十分薄弱，20世纪50年代以来，随着陆相生油理论和勘探技术的突破，成功发现和开发建设了大庆油田，使我国一举甩掉贫油的帽子；此后随着海相碳酸盐岩、岩性地层理论的创新发展和开发技术的进步，又陆续发现和建成了一批大中型油气田。在炼油化工方面，“五朵金花”炼化技术的开发成功打破了国外技术封锁，相继建成了一个又一个炼化企业，实现了炼化业务的不断发展壮大。重组改制后特别是“十二五”以来，我们将“创新”纳入公司总体发展战略，着力强化创新引领，这是中国石油在深入贯彻落实中央精神、系统总结“十二五”发展经验基础上、根据形势变化和公司发展需要作出的重要战略决策，意义重大而深远。《丛书》从石油地质、物探、测井、钻完井、采油、油气藏工程、提高采收率、地面工程、井下作业、油气储运、石油炼制、石油化工、安全环保、海外油气勘探开发和非常规油气勘探开发等15个方面，记述了中国石油艰难曲折的理论创新、科技进步、推广应用的历史。它的出版真实反映了一个时期中国石油科技工作者百折不挠、顽强拼搏、敢于创新的科学精神，弘扬了中国石油科技人员秉承“我为祖国献石油”的核心价值观和“三老四严”的工作作风。

《丛书》是广大科技工作者的交流平台。创新驱动的实质是人才驱动，人才是创新的第一资源。中国石油拥有21名院士、3万多名科研人员和1.6万名信息技术人员，星光璀璨，人文荟萃、成果斐然。这是我们宝贵的人才资源。我们始终致力于抓好人才培养、引进、使用三个关键环节，打造一支数量充足、结构合理、素质优良的创新型人才队伍。《丛书》的出版搭建了一个展示交流的有形化平台，丰富了中国石油科技知识共享体系，对于科技管理人员系统掌握科技发展情况，做出科学规划和决策具有重要参考价值。同时，便于科研工作者全面把握本领域技术进展现状，准确了解学科前沿技术，明确学科发展方向，更好地指导生产与科研工作，对于提高中国石油科技创新的整体水平，加强科技成果宣传和推广，也具有十分重要的意义。

掩卷沉思，深感创新艰难、良作难得。《丛书》的编写出版是一项规模宏大的科技创新历史编纂工程，参与编写的单位有60多家，参加编写的科技人员有1000多人，参加审稿的专家学者有200多人次。自编写工作启动以来，中国石油党组对这项浩大的出版工程始终非常重视和关注。我高兴地看到，两年来，在各编写单位的精心组织下，在广大科研人员的辛勤付出下，《丛书》得以高质量出版。在此，我真诚地感谢所有参与《丛书》组织、研究、编写、出版工作的广大科技工作者和参编人员，真切地希望这套《丛书》能成为广大科技管理人员和科研工作者的案头必备图书，为中国石油整体科技创新水平的提升发挥应有的作用。我们要以习近平新时代中国特色社会主义思想为指引，认真贯彻落实党中央、国务院的决策部署，坚定信心、改革攻坚，以奋发有为的精神状态、卓有成效的创新成果，不断开创中国石油稳健发展新局面，高质量建设世界一流综合性国际能源公司，为国家推动能源革命和全面建成小康社会作出新贡献。

2018年12月

丛书前言

石油工业的发展史，就是一部科技创新史。“十一五”以来尤其是“十二五”期间，中国石油进一步加大理论创新和各类新技术、新材料的研发与应用，科技贡献率进一步提高，引领和推动了可持续跨越发展。

十余年来，中国石油以国家科技发展规划为统领，坚持国家“自主创新、重点跨越、支撑发展、引领未来”的科技工作指导方针，贯彻公司“主营业务战略驱动、发展目标导向、顶层设计”的科技工作思路，实施“优势领域持续保持领先、赶超领域跨越式提升、储备领域占领技术制高点”科技创新三大工程；以国家重大专项为龙头，以公司重大科技专项为核心，以重大现场试验为抓手，按照“超前储备、技术攻关、试验配套与推广”三个层次，紧紧围绕建设世界一流综合性国际能源公司目标，组织开展了50个重大科技项目，取得一批重大成果和重要突破。

形成40项标志性成果。（1）勘探开发领域：创新发展了深层古老碳酸盐岩、冲断带深层天然气、高原咸化湖盆等地质理论与勘探配套技术，特高含水油田提高采收率技术，低渗透/特低渗透油气田勘探开发理论与配套技术，稠油/超稠油蒸汽驱开采等核心技术，全球资源评价、被动裂谷盆地石油地质理论及勘探、大型碳酸盐岩油气田开发等核心技术。（2）炼油化工领域：创新发展了清洁汽柴油生产、劣质重油加工和环烷基稠油深加工、炼化主体系列催化剂、高附加值聚烯烃和橡胶新产品等技术，千万吨级炼厂、百万吨级乙烯、大氮肥等成套技术。（3）油气储运领域：研发了高钢级大口径天然气管道建设和管网集中调控运行技术、大功率电驱和燃驱压缩机组等16大类国产化管道装备，大型天然气液化工艺和20万立方米低温储罐建设技术。（4）工程技术与装备领域：研发了G3i大型地震仪等核心装备，“两宽一高”地震勘探技术，快速与成像测井装备、大型复杂储层测井处理解释一体化软件等，8000米超深井钻机及9000米四单根立柱钻机等重大装备。（5）安全环保与节能节水领域：

研发了 CO_2 驱油与埋存、钻井液不落地、炼化能量系统优化、烟气脱硫脱硝、挥发性有机物综合管控等核心技术。（6）非常规油气与新能源领域：创新发展了致密油气成藏地质理论，致密气田规模效益开发模式，中低煤阶煤层气勘探理论和开采技术，页岩气勘探开发关键工艺与工具等。

取得 15 项重要进展。（1）上游领域：连续型油气聚集理论和含油气盆地全过程模拟技术创新发展，非常规资源评价与有效动用配套技术初步成型，纳米智能驱油二氧化硅载体制备方法研发形成，稠油火驱技术攻关和试验获得重大突破，井下油水分离同井注采技术系统可靠性、稳定性进一步提高；（2）下游领域：自主研发的新一代炼化催化材料及绿色制备技术、苯甲醇烷基化和甲醇制烯烃芳烃等碳一化工新技术等。

这些创新成果，有力支撑了中国石油的生产经营和各项业务快速发展。为了全面系统反映中国石油 2006—2015 年科技发展和创新成果，总结成功经验，提高整体水平，加强科技成果宣传推广、传承和传播，中国石油决定组织编写《中国石油科技进展丛书（2006—2015 年）》（以下简称《丛书》）。

《丛书》编写工作在编委会统一组织下实施。中国石油集团董事长王宜林担任编委会主任。参与编写的单位有 60 多家，参加编写的科技人员 1000 多人，参加审稿的专家学者 200 多人次。《丛书》各分册编写由相关行政单位牵头，集合学术带头人、知名专家和有学术影响的技术人员组成编写团队。《丛书》编写始终坚持：一是突出站位高度，从石油工业战略发展出发，体现中国石油的最新成果；二是突出组织领导，各单位高度重视，每个分册成立编写组，确保组织架构落实有效；三是突出编写水平，集中一大批高水平专家，基本代表各个专业领域的最高水平；四是突出《丛书》质量，各分册完成初稿后，由编写单位和科技管理部共同推荐审稿专家对稿件审查把关，确保书稿质量。

《丛书》全面系统反映中国石油 2006—2015 年取得的标志性重大科技创新成果，重点突出“十二五”，兼顾“十一五”，以科技计划为基础，以重大研究项目和攻关项目为重点内容。丛书各分册既有重点成果，又形成相对完整的知识体系，具有以下显著特点：一是继承性。《丛书》是《中国石油“十五”科技进展丛书》的延续和发展，凸显中国石油一以贯之的科技发展脉络。二是完整性。《丛书》涵盖中国石油所有科技领域进展，全面反映科技创新成果。三是标志性。《丛书》在综合记述各领域科技发展成果基础上，突出中国石油领先、高端、前沿的标志性重大科技成果，是核心竞争力的集中展示。四是创新性。《丛书》全面梳理中国石油自主创新科技成果，总结成功经验，有助于提高科技创新整体水平。五是前瞻性。《丛书》设置专门章节对世界石油科技中长期发展做出基本预测，有助于石油工业管理者和科技工作者全面了解产业前沿、把握发展机遇。

《丛书》将中国石油技术体系按 15 个领域进行成果梳理、凝练提升、系统总结，以领域进展和重点专著两个层次的组合模式组织出版，形成专有技术集成和知识共享体系。其中，领域进展图书，综述各领域的科技进展与展望，对技术领域进行全覆盖，包括石油地质、物探、测井、钻完井、采油、油气藏工程、提高采收率、地面工程、井下作业、油气储运、石油炼制、石油化工、安全环保节能、海外油气勘探开发和非常规油气勘探开发等 15 个领域。31 部重点专著图书反映了各领域的重大标志性成果，突出专业深度和学术水平。

《丛书》的组织编写和出版工作任务量浩大，自 2016 年启动以来，得到了中国石油天然气集团公司党组的高度重视。王宜林董事长对《丛书》出版做了重要批示。在两年多的时间里，编委会组织各分册编写人员，在科研和生产任务十分紧张的情况下，高质量高标准完成了《丛书》的编写工作。在集团公司科技管理部的统一安排下，各分册编写组在完成分册稿件的编写后，进行了多轮次的内部和外部专家审稿，最终达到出版要求。石油工业出版社组织一流的编辑出版力量，将《丛书》打造成精品图书。值此《丛书》出版之际，对所有参与这项工作的院士、专家、科研人员、科技管理人员及出版工作者的辛勤工作表示衷心感谢。

人类总是在不断地创新、总结和进步。这套丛书是对中国石油 2006—2015 年主要科技创新活动的集中总结和凝练。也由于时间、人力和能力等方面原因，还有许多进展和成果不可能充分全面地吸收到《丛书》中来。我们期盼有更多的科技创新成果不断地出版发行，期望《丛书》对石油行业的同行们起到借鉴学习作用，希望广大科技工作者多提宝贵意见，使中国石油今后的科技创新工作得到更好的总结提升。

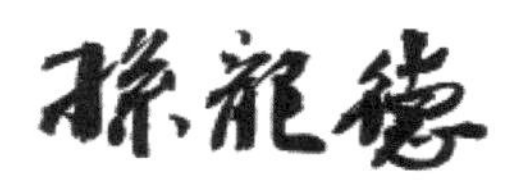

2018 年 12 月

前言

工厂化作业是指在一个平台上采取批量作业的方式完成若干口丛式井（主要是丛式水平井）的钻完井、储层改造、试采和清洁生产作业，做到设备、材料最大限度地重复利用与资源共享，并大幅度减少设备拆安、转运、工序间等停时间，从而大幅度缩短作业周期，降低作业成本。

随着已探明常规油气资源日益枯竭，保持油气产量持续稳定的压力日趋增大，中国石油提出了高效开发资源量巨大的低效（贫瘠）油气资源的发展思路。“十一五”期间，在2009年开始借鉴美国页岩气革命的一些技术成果，推广工厂化钻完井技术。“十二五”期间先后建设了长宁—威远、昭通页岩气示范区及4个致密油气示范区，全面实践与探索工厂化钻完井技术。同时中国石油科技管理部在重大科技专项“重大工程关键技术与装备研究”中设置了课题，研发工厂化钻完井与增产关键技术，推进工厂化技术应用和示范区建设。参加单位积极研发工厂化钻完井技术，在各示范区探索工厂化技术应用，形成了一批重大技术成果，使工厂化钻完井技术基本配套成型。在此情况下，针对“十二五”期间工厂化作业中的钻完井与储层改造技术的研究进展进行梳理和总结，对于推动这一技术的应用具有非常重要的意义。希望通过本书的出版，促进工厂化钻完井技术在非常规油气资源开发中的应用。

本书由中国石油天然气集团公司组织编写，川庆钻探工程有限公司具体承担编写汇总及其相关的组织工作。2016年10月成立了本书编写组，此后针对本书结构与内容召开了多次研讨与审稿会，相关编写单位对本书的编写给予了大力的支持。本书具体分工如下：由伍贤柱、刘乃震、汪海阁统编。第一章由汪海阁、韩烈祥、白璟、谢意、王龙、王灵碧、谭清明、贾利春、张斌等编写；第二章由查永进、毕文欣、张庆、王维斌、钱斌、唐馨、赵晗、徐剑良、黎翔、张俊成、李玉成、高清春、李宜真、王欣等编写；第三章由韩烈祥、高远文、卢毓周、赵云、李洪兴、谭清明、贾利春、倪超、刘敏、李洪、陈志学、刘伟、黄崇君、陈东、连太炜、张继川等编写；第四章由钱斌、陈锋、齐宝权、唐凯、罗宏伟、张俊成、李嘉、任国辉、柳明等编写；第五章由贺秋云、潘登等编写；第六章由刘石、张祥来、马光长、钱斌、张增年、黄敏、舒畅、陶云、曾鑫、邓宇、李嘉、李明、张振华等编写；第七章由王廷瑞、解东品、汪海阁、王维斌、徐剑良、高清春、武自博等编写；第八章由查永进、韩烈祥、谭清明等编写。全书由查永进、韩烈祥进行了技术统稿和审核，最后由钟树德、孙宁审定。

中国石油集团工程技术研究院有限公司、中国石油集团长城钻探工程有限公司、中国石油集团渤海钻探工程有限公司等相关单位对本书编写提供了大力支持与帮助，在此深表感谢。

系统性论述工厂化钻完井技术的理论与方法在国内尚属首次，由于作者水平有限，书中难免有不妥之处，敬请读者指正。

目录

第一章　绪　　论

随着北美地区采用“工厂化”模式实现了“页岩气革命”，为我国致密油气、页岩气等非常规油气资源的规模效益开发提供了参考。工厂化钻完井技术是借鉴工业生产中流水线作业的理念，利用多机组以流水线方式和统一的标准对多口井施工的各个环节同时进行施工作业，从而集约建设资源，提高开发效率，降低管理和施工运营成本。我国自 2009 年开始，引进了工厂化钻完井的概念，开始尝试工厂化模式试验，使我国致密油气、页岩气开发得到快速发展。

第一节　工厂化作业概念、特点和优势

一、工厂化作业概念

工厂是由大型机械或设备、人员组成的生产某种（类）产品的场所，工厂化作业是以这些设备、人员构成的生产作业线，并结合先进的技术和科学的管理方法，使各工序之间流程化、标准化，再通过专业化操作从而达到提高效率和降低成本的目的[1]。因此，众多行业均积极探索工厂化作业方式，如采用预制的模块组件来建造石油炼化厂可显著缩短建厂周期，同样在房屋建造、桥梁工程等行业中均广泛应用预制化、模块化和专业化的方式来提高效率。

石油和天然气开采中钻井、压裂及后期作业的各环节也可借鉴这种工厂化流水线作业方式，实现低成本、高效率的开发油气资源，特别是海洋油气资源和非常规油气资源的开发。工厂化作业模式已在北美地区的致密油气、页岩油气等低渗透低品位的非常规油气资源开发中得到较大规模的应用。本书中的工厂化作业是围绕油气资源开发中的钻完井和储层改造技术展开论述，系统性介绍工厂化钻完井与储层改造技术。

当前对于工厂化钻完井技术还未形成权威的定义，系统梳理其特点，可以给出如下概念：工厂化钻完井技术是指在同一地区集中布置大批相似井，大量使用标准化、专业化装备或服务，以生产或装配流水线作业的方式进行钻井、完井的一种高效低成本作业模式，即采用“丛式布井、规模施工、整合资源、统一管理”的方式，把钻井、压裂、试油、开采等工序，按照工厂化的组织管理模式，利用多机组以流水线方式和统一的标准对多口井施工过程中的各个环节集中进行批量化施工作业，从而集约建设开发资源，提高开发效率，降低管理和施工运营成本[2]。本书的工厂化作业方式与传统的作业方式区别在于：传统作业方式是完成一口井的全部施工工序后再开始下一口井的施工工序。通常，工厂化采用水平井钻井方式，在同一平台或同一井场尽量完成多口井的钻井、完井作业，实现效益的最大化，如图 1–1 所示。

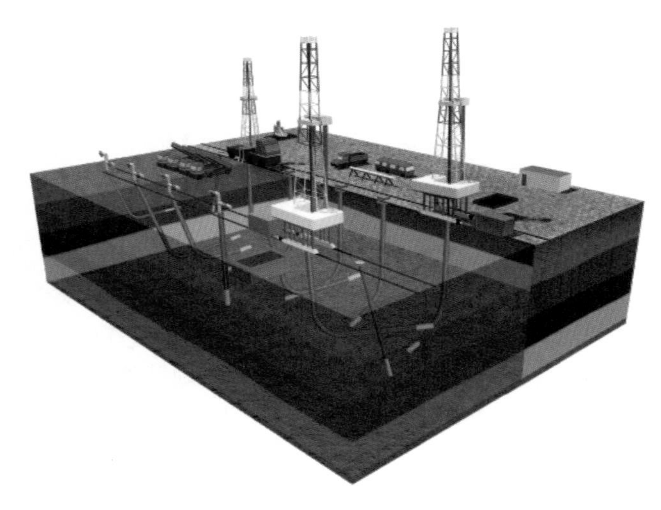

图1-1 “工厂化”模式示意图

应用“工厂化”理念贯穿于钻完井过程中，不断运用总体优化和局部优化的理念和作业模式。工厂化钻完井技术不是一项单一技术，涵盖了钻井、压裂、试采等钻完井中各个环节，具体关键技术包括：

（1）工厂化作业设计技术。工厂化作业设计是开展“工厂化”钻完井作业的基础环节，在工厂化作业可行性评估的基础上主要采用逆向设计理念，从油藏描述、压裂缝网开始，到区域井位部署优化，再进行平台丛式井钻前工程与钻完井工程设计，形成完整的设计技术。

（2）工厂化钻井技术。工厂化钻井是“工厂化”中的钻井环节，主要涉及工厂化钻井装备配套技术、批量钻井技术、交叉作业与离线作业流程、工厂化钻井管理。

（3）工厂化储层改造技术。工厂化储层改造是“工厂化”中的压裂环节，主要涉及工厂化压裂作业模式、工厂化压裂配套工艺技术、工厂化压裂地面设备配套、压裂效果监测与实时评估技术等。

（4）工厂化试采技术。工厂化试采主要涉及试采准备、地面排液试采、轻便集成计量装备。

（5）工厂化清洁化作业技术。工厂化清洁化作业技术主要有：井场工业用水清污分流技术、井场噪声及粉尘处理技术、岩屑不落地及固废处理技术、钻井液重复利用技术、返排压裂液处理及循环利用技术、放喷天然气处理及回收技术。

二、工厂化作业特点

工厂化是一种规模化作业流程，它采用的是“精益制造”的生产方式，将各项工作标准化和专业化，采用流水线的方式实现规模化作业，并使用生产数据来决定工厂化作业的模式。因此，“工厂化”具有系统化、集成化、流程化、批量化、标准化、自动化以及效益最大化等基本特征[1, 2]。

（1）系统化，工厂化钻完井技术涵盖了设计、钻井、压裂、试油、采油等环节，是一项把分散要素整合成整体的系统工程，综合应用系统工程的思想和方法，集中配置人力、设备、组织等要素，结合现代科学技术、信息技术和管理手段，将各个工序整合为一体的油气钻完井施工和生产作业。

（2）集成化，工厂化作业的核心是集成运用各种知识、技术、技能、方法与工具，满足或超越对施工和生产作业的要求与期望，增加各专业、各方的集成协调。从整体来看工厂化作业为一个集成性的管理平台，从一个项目的设计、启动、计划、执行、监控、结束和总结，可以让人一目了然地了解整个项目的进行过程，在统一的组织管理下发挥集成化的优势。

（3）流程化，移植工厂流水线作业方式，把钻完井过程中一个重复过程分解为若干个子过程，前一个子过程为下一个子过程创造条件，每一个过程可以与其他子过程同时交叉进行，实现空间上按顺序依次进行，时间上重叠并行。对于不同的井况可采取不同的策略，运用灵活性的流程化将人力和设备有效组合，实现批量化作业链条上技术要素在各个工序节点上不间断来提高生产效率。

（4）批量化，实现多口井成批量的施工和生产作业，在各种知识、技术、方法与设备等高度集成基础上，通过专业化操作，开展批量钻井、批量完井、多井同时压裂、返排和试采作业提高作业效率。

（5）标准化，是工厂化提高作业效率的关键要素，标准化模式在相对可控的资源配置条件下利用成套设施或综合技术使资源共享，借助大型丛式井组实施工厂化作业，通过制定标准化专属设备、标准化井身结构、标准化钻完井设备及材料、标准化地面设施、标准化施工流程等便于快速形成学习曲线，支撑钻井作业的批量化施工。

（6）自动化，是指“工厂化”作业中综合运用现代高科技、新设备和管理方法，将机械化、自动化技术用于钻完井作业。自动化平台的基础为信息化，而信息化的基础又是现代化的机械设备、先进的技术和科学的管理方法，能够实现在人工创造的环境中进行全过程的联系不间断的作业，实现“工厂化”的高效率。

（7）效益最大化，工厂化作业的最终目的是大幅度降低工程成本和提高作业效率，这在北美地区的非常规油气资源开发中有了很好的实践。工厂化作业与传统单井作业模式相比，生产时效、建井周期、作业成本等均产生明显改善，实现效益最大化的最终目标。

三、工厂化作业的优势

工厂化作业在同一平台钻多口井，以标准化设计、流程化施工、批量化作业共用钻完井机械设备和后勤保障系统，循环利用钻井液和压裂液等材料，以实现降本增效的目标，其主要优势如下[2-4]：

（1）减少井场占地面积。工厂化作业模式在单个平台部署多口井，采用单排或多排排列，井口布局充分考虑地面条件限制、作业规模等因素。参照 SY/T 6396—2014《丛式井平台布置及井眼防碰技术要求》规定，以 ZJ50J 钻机为例，单排布置 12 口井平台井场面积为 $1.33\times10^4m^2$；两排各 12 口井平台井场面积为 $2.288\times10^4m^2$，并且只建设 1 条进井场道路，共用 1 个生活区。如按单井井场用地计算，井场占地面积就达到 $1.0\times10^4m^2$，对于 12 口井将达到 $12\times10^4m^2$，两者相比可知“工厂化”在节约用地方面效果突出，并一定程度上起到保护环境的作用。

（2）降低作业成本。工厂化作业是针对多口井同时进行钻完井作业，形成“一套班子、一支队伍”，实现统一组织协调、统一管理、统一技术规范的“三统一”，节约了人工和材料成本。并且在技术上通过井身结构优化、钻机快速移动技术、优化压裂生产组织模式等集成应用，减少了钻机作业日费和专业服务成本，减少了完井服务费用，降低了生产设备的成本，在丛式井作业中通过使用共享设备（如压缩机等），生产设备费用可节约50%；采油气成本比单井降低了25%左右。

（3）缩短建井周期。建井周期是指从钻机搬迁开始到完井的全部时间，是影响钻完井成本的一个重要技术经济指标，也是决定钻井工程造价高低的关键参数。在“工厂化”钻井过程中采用流水线施工方式，井间铺设轨道使钻机整体移动快速，不仅节约钻机搬迁时间，同时可节约固井作业、水泥候凝、测井占用钻机时间。

在压裂方面，国内页岩气水平井单井分级压裂施工一般为3～5d，其中辅助作业时间占60%左右，平均每天可压裂2～3段；“工厂化”压裂为页岩气有效开发提供了高效运行模式，采用交叉或同步压裂方式，不仅节省了机械设备搬迁时间，同时大幅缩短设备摆放、连接管线、压裂液罐清洗等辅助作业时间，降低工人劳动强度，施工效率可提高1倍以上。如在长庆油田苏南区块，通过“工厂化”作业，平台钻井周期由380d降到245d，降幅35%；平台压裂试气作业移交周期从52d缩短至35d，降幅32.7%，在加快施工速度、缩短投产周期方面效果突出。

（4）节约资源消耗。采用批量化钻井作业模式，钻井液可实现多口井资源的重复利用。在“工厂化”作业模式下，同一开次钻井液体系相同，完全可以循环利用，不仅减少对资源的消耗，又能实现绿色施工，减少废弃钻井液拉运和无害化处理费用。2012年下半年，中国石油集团川庆钻探工程有限公司在川渝地区累计重复利用旧钻井液近$2 \times 10^4 m^3$，减少超过$1 \times 10^4 t$的重晶石粉消耗，还极大地缓解了重晶石等资源性材料的供求矛盾。

（5）减少废弃物排放。工厂化压裂通常采用水平井分段压裂技术，压裂液以滑溜水为主，用水量极大，在水资源贫乏地区，压裂成本非常高。中国页岩气多分布在四川、贵州、新疆、松辽等丘陵、山区地带，水资源匮乏，交通运输不便，剩余水资源和压裂后返排污水回收处理费用高。“工厂化”压裂方便回收和集中处理压裂残液，重复利用水资源，每3口井就可以节约出1口井的用水量，大幅减少了污水排放，减少有害化学物质对环境的危害，同时也节约了污水处理费用。通过回收利用、固液废弃物处理和资源利用（如废弃岩屑制砖等）三个渠道减少废弃物的排放。

（6）提高产能。工厂化作业中钻井以长水平段水平井为主，当前国内页岩气水平井水平段长度普遍在1500m以上，北美地区水平段长度最高已达到5000m左右，对于提高产能起到显著左右。且“工厂化”通过多口水平井拉链式压裂、同步压裂，可改变井组间储层应力场的分布，利用裂缝之间的应力干扰增加改造体积和裂缝网络的复杂程度，水力裂缝延伸扩展中能有效沟通页岩地层的原生裂缝和弱面滑动产生的次生裂缝，形成有效的裂缝网络改善连通性，可以大幅度提高初期产量和最终采收率。

（7）便于油气的净化和集输。工厂化平台通常部署多口井而且井口之间的距离较近，便于对平台各井统一规划、管理，实现同一平台多口井的净化和集输，提高油气的净化和集输效率。

第二节　工厂化钻完井技术发展历程

现代意义上的工厂化钻完井（Factory Drilling）起源于北美，由加拿大能源公司 EnCana 首先提出，主要是借鉴了美国机器生产流水作业方式，能够利用快速移动式钻机对单一井场的多口井进行批量钻井和脱机作业，以流水线的方式，实现边钻井、边压裂、边生产。

最早的工厂化作业模式起源于海洋钻井丛式井的批量生产，自 1934 年开始，形成了丛式井钻井技术，随着丛式井增多，逐步形成了一些作业的批量、脱机作业的技术。1990 年形成了以批量钻井、脱机作业为特征的工厂化钻井技术的雏形。在这阶段工厂化主要体现在：（1）一个井场一台钻机钻多口井；（2）依次钻不同井的相同阶段，并下套管固井；（3）注水泥、候凝和测井不占用钻机作业时间。

进入 21 世纪，随着北美地区非常规油气资源大规模商业开发，该技术得到迅速发展并逐步推广，特别是美国“页岩气革命”使高效低成本的“工厂化”作业模式得到了迅速发展，形成了成熟的工厂化钻井成套技术。这一阶段的技术特征是采用流水线方式进行钻井、完井、压裂、生产。使生产效率大幅度提高，资源得到有效重复利用。这导致了页岩气、致密油气的水平井钻完井成本大幅度下降，开发效益大幅度提升。图 1–2 为钻井作业模式的发展历程。

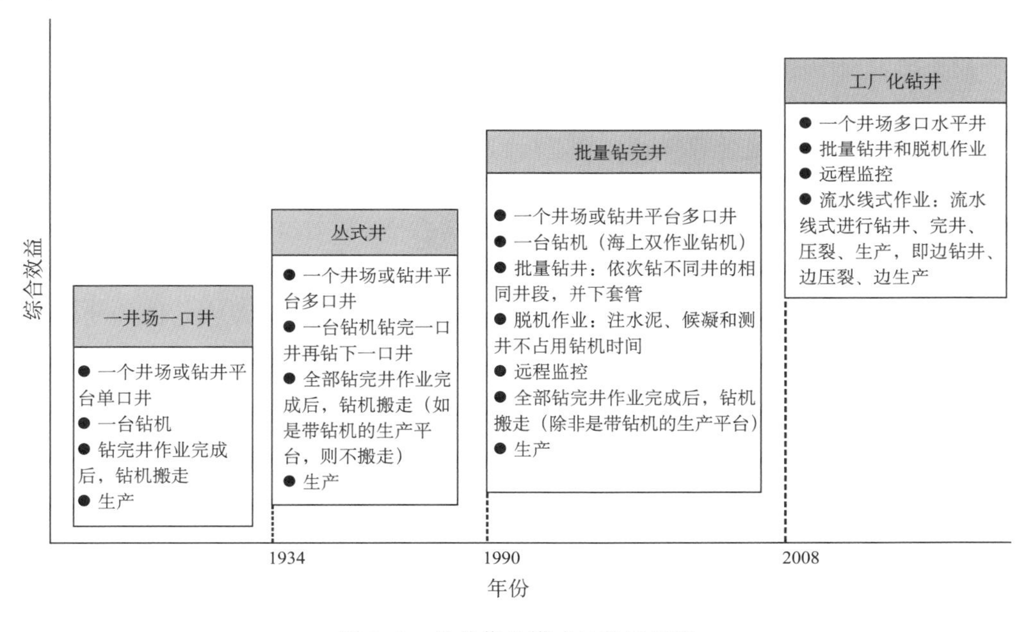

图 1–2　钻井作业模式的发展历程

与工厂化钻完井对应的是长水平段水平井与多级大规模体积压裂（Frac Factory），以美国 Barnett 页岩气开发为例，其技术发展可分五个基本阶段：

（1）第一阶段（1981—1985 年），此阶段已直井为主，采用泡沫压裂（570 ～ 1100m³ 液量），加入 20/40 目支撑剂 140 ～ 230t，施工排量约为 6.4m³/min，采用氮气辅助排液。

（2）第二阶段（1985—1997 年），直井压裂使用交联凝胶，总液量增加至 1500 ～ 2300m³，加砂量增加至 450 ～ 680t。

（3）第三阶段（1998—2003 年），仍为钻直井，但采用清水进行压裂，这种简单的压裂液比凝胶压裂液节约成本 50% ～ 60%。

（4）第四阶段（2003—2008 年），开始采用水平井，水平段长度在 300 ～ 1100m，采用滑溜水压裂，总液量达 7600 ～ 23000m³，加砂 180 ～ 450t，施工排量 8 ～ 16m³/min。2006 年，开始实施丛式水平井，实施工厂化钻井、压裂，从而大幅降低了工程成本。

（5）第五阶段（2008 年后），美国页岩气水平井与体积压裂技术进一步成熟，水平段长一般在 1500 ～ 3000m，压裂级数多达 15 ～ 30 级，单井压裂支撑剂用量达 1000m³ 以上，用液量达 10^4m³ 以上。

Bakken 油田位于美国最大的陆上沉积盆地——Williston 盆地，总面积约为 52×10^4km²。自 20 世纪 50 年代初开发生产以来，始终处于直井低产开发状态，开发效果甚微。从 2005 年起，Bakken 油田开始探索实施水平井，水平段长从初期的 800m 发展到了目前的 3000m 以上，直到 2007 年开始规模应用水平井及多级压裂技术，单井产量得到了显著提高，才真正实现致密油的成功开发，石油产量实现突破式增长，并为致密油的商业开发树立了成功的典范。Bakken 致密油开发经历了三个里程碑式的转变：一是从直井向水平井的转变；二是由短水平井段向长水平井段的转变；三是小压裂规模向大压裂规模的转变。

以 PetroBakken（巴肯石油）公司为例，初期采用连续管压裂系统压裂了 33 口井，2005—2006 年期间陆续投产，但发现产液量较高，压裂缝高无法控制，而且产水量越来越高。后期改用裸眼封隔器分段压裂系统进行完井，控制了缝高，降低了含水率。在压裂作业中，巴肯石油公司发现增加分压段数是提高产量的有效手段。该公司选择了 115 口长水平段水平井和 35 口短水平段水平井进行对比，长水平段水平井水平段长约 1400m，短水平段水平井水平段长约 600m，这些井都分 8 段进行压裂，经过 200d 的生产资料对比发现，短水平段水平井虽然和地层的接触长度不足长水平段水平井的一半，但由于压裂级数相同，这些井的产量和采收率却相差无几。通过不断改进，在 2005—2010 年的 6 年里，解决了产水量高、压裂缝高无法控制和产量增长不理想等问题。2010 年以来，该公司通过在双分支水平井进行裸眼封隔器压裂，每个分支都进行 15 段压裂，相比过去，使油井第一年产量就提高了 25%。图 1–3 为 PetroBakken 公司水平井多级压裂技术革新的历程。

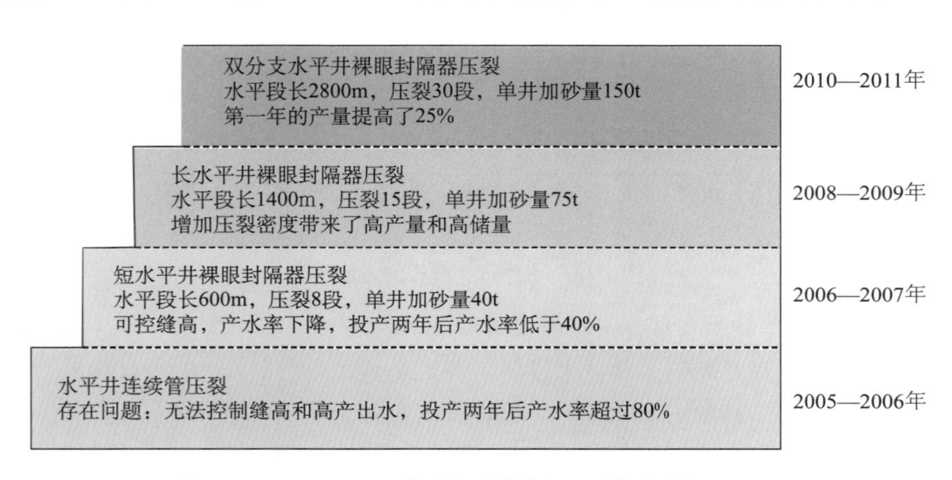

图 1–3　PetroBakken 公司水平井多级压裂技术革新历程

第三节　工厂化钻完井技术特征与实施成效

一、工厂化钻完井技术特征

工厂化钻井的核心是在钻井作业过程中实现设备以及作业流程的标准化，并持续改进。它主要具有批钻、整车运输、集装箱存储、批量操作、减少钻井液体系的更换等特点。对同一个平台数口井采用批量作业，从而大幅度提高钻井效率。

"工厂化"技术主要包括布井、施工、资源、管理、环境五大方面，具有批量化、流程化、标准化、自动化、效益最大化等优点。"工厂化"以系统工程为理论基础，集中配备人力、物力、施工用料、地面设施等生产要素，将工厂化管理手段、方式和理念应用到常规、非常规能源的勘探开发过程中，实现资源合理配置。工厂化钻完井就是在充分考虑地理条件，成功应用关键技术的条件下，集中在单个井场对多口水平井在空间和时间上进行优化设计和部署，实施系统化、批量化和标准化流水线钻完井作业，达到节约成本和提高效益的目的。

工厂化钻完井主要有两种方式：

（1）批量钻完井后钻机移走，采用工厂化压裂模式进行压裂、投产。

（2）以流水线的方式，实现边钻井、边压裂、边生产。

目前美国非常规油气开发普遍采用第二种作业模式。工厂化钻完井的基本流程是：钻井过程中，利用可移动式钻机进行一开，中途完井后短距离移动，在井组各井间依次进行二开、三开，实现批量化钻完井。

由于井口位置较常规井组集中，钻机配套的大部分施工设备等无须移动，在井场内部实现同步大规模水力压裂也只需通过管汇阀门开关组合实现，采用裂缝监测技术监测裂缝延伸和发展情况。与此同时，集中统一的批量作业也便于钻井液、压裂液实现循环利用与回收。

国外工厂化钻完井作业中通常采用以下技术：

（1）钻机移运性。为了缩短钻机搬运时间，提高钻井效率，国外在页岩气、致密油气开发中针对丛式水平井钻机进行了大量改进，适应工厂化钻井对钻机快速移动要求。

（2）钻机自动化。国外为提高钻机作业效率，尽可能减少用人，钻机设计上自动化程度都比较高，配有顶驱、自动化井口设备、自动排管系统、自动送钻、数字化司钻操控系统等，作业数据能够实现卫星传送。为减少接、卸单根时间，采用 13.5m 甚至更长的长单根钻进，配合钻机自动化设备，以进一步提高作业效率。

（3）表层小型钻机批钻。国外在页岩气、致密油丛式水平井钻井上，部分采用车载小型钻机批量钻表层井眼，并下入表层套管，完成固井作业。表层采用小型钻机批钻节省了大钻机的占用日费，节省了每口井表层固井的候凝时间，也有利于充分发挥大钻机的作用，更加专业化，更加高效。

（4）丛式井地面井口设计。工厂化钻井丛式井组设计各家做法有所区别，但大同小异，或一排井设计，或两排井设计。采用丛式井组设计有利于实施集中作业，便于提高效率，有效减少非生产时间。在丛式井组设计中，优化井场布局十分关键，既要考虑钻机高效搬运，也要考虑水处理集中、服务和供应集中等问题，还要考虑交叉压裂的实施、压裂设备摆放等问题。通过集中装置实施集中作业，包括压裂集中、水处理集中、服务和供应集中，利用管理优化方法实现有效减少井场布置和钻机装卸及钻完井等作业的非生产时间。

（5）流水线式同步作业程序，在同一平台有些井在钻井、有些井在压裂、有些井在生产。早期的工厂化钻井，按照钻井、完井、返排、生产的顺序分批量作业，只有前一项作业全部完成，才能实施下一项，拖延了整个生产作业周期，通过实施优化的工厂化的同步作业，使用两台钻机批量钻井，第一台钻机依次完成同一井场所有表层井段的钻井、固井作业，紧接着用另一台快速移动钻机钻第一口已经胶结好的井，依次完成各井余下井段的钻井和固井作业，依此类推，直到完成所有井的全部作业，省去了大量的水泥候凝时间和测井时间，有效提高了工厂化钻井效率，降低了总成本。以一个 6 口井井场为例，相对于优化前的工厂化批钻井、完井、返排、生产作业过程，优化后的同步作业可节省 62.5% 的时间。

（6）优化井下系统，多项关键技术集成应用。工厂化钻井中，多项关键技术得到了集成应用。基本形成了包括水平井套管完井、分段多簇射孔、快速可钻式桥塞、滑溜水多段压裂等系列关键技术；广泛应用适应三维丛式井的钻头、导向钻井液马达、旋转导向钻井系统、随钻测井仪器等井下工具；采用微震监测技术实时监测压裂过程，优化压裂方案，优选钻井井位。

（7）应用自动化和信息化技术，实现多井场作业实时管理。应用自动化和远程控制技术，实时监控和管理钻完井作业的每一道工序，实现一个团队同时管理多个井场作业的目标，保证了施工安全，节省了作业时间，大幅度降低了作业成本。例如，斯伦贝谢公司的一个远程监控团队由 4 人组成，分别是 1 名钻井总监和 3 名工程师，掌控现场传出的实时数据，可同时对 3 台钻机的作业进行远程监控。

（8）多方协调作业，实现各作业环节均无缝衔接。工厂化钻井强调通过油公司、钻井承包商和技术服务公司的多方协作，实现各个作业环节的无缝衔接，以减少或避免非生产时间，包括地质资料和方案的共享及作业方和物资材料供应方等各方的协调优化管理等。为此，石油公司通过制定作业规范或指导手册来指导区块作业。例如雪佛龙公司针对工厂化作业中的同步作业，给出了作业许可条件及作业指导手册。

（9）科学系统的管理方法，优化多方力量实现高效作业。工厂化钻井借鉴通信、机械制造和电子企业管理领域卓有成效的精益六西格玛管理方法，以消除浪费，提高经济效益。国民油井华高公司（NOV）和贝克休斯公司用其管理制造业务，斯伦贝谢和美国科罗拉多州的 De Wardt 等公司用其优化工厂化作业。

精益六西格玛法的优化服务范围覆盖地层评价、试井、定向钻井、固井、增产、完井和人工举升等，通过实时获取最新技术信息，研究形成综合技术信息解决方案。此外，通过组合和优化各服务系统，形成物流控制和第三方供应管理等多项作业的无缝衔接，实现系统高效运营。

二、工厂化实施成效

通过集成性、批量化、标准化作业，实现非常规油气开发经济效益最大化。在美国各大页岩油气产区，工厂化作业模式日益盛行。近些年，用工厂化作业模式完成的井的占比快速增长，现已超过70%，个别产区达到90%以上，如图1–4所示。页岩气和致密油开发中，在先进高效的钻完井技术的协同配合下，国外工厂化作业提速提效显著，水平井的钻井周期甚至比开发常规油气的同井深直井还要短。加拿大Groundhirch页岩气项目采用“工厂化”作业模式，单井钻头用量减少到2～3只，单井建井周期从40d缩短至10d。

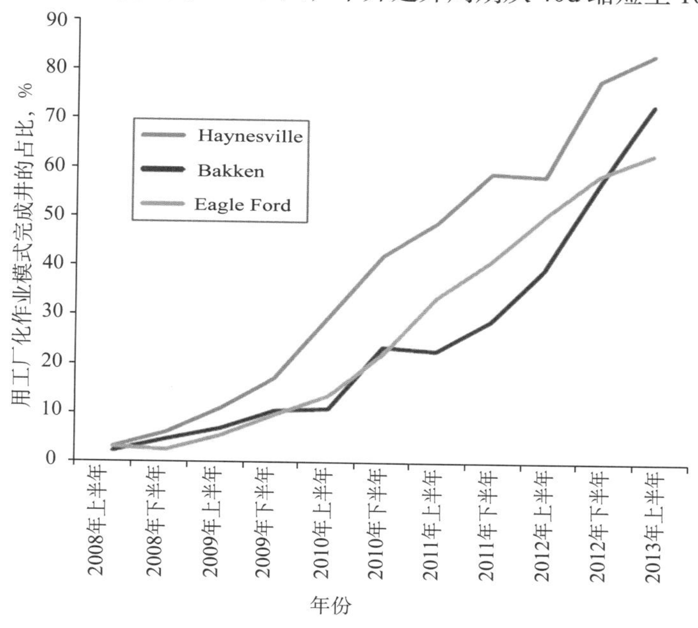

图1–4　2008—2013年以工厂化作业模式完成的井的占比

工厂化技术带动水平井钻井数量快速增长，到2011年美国水平井钻井数量达到16076口（80%以上用于开发页岩气），占全美当年钻井总数的1/3；完成水平井钻井进尺6184.39×10^4m（图1–5），接近2011年全美钻井总进尺的2/3。

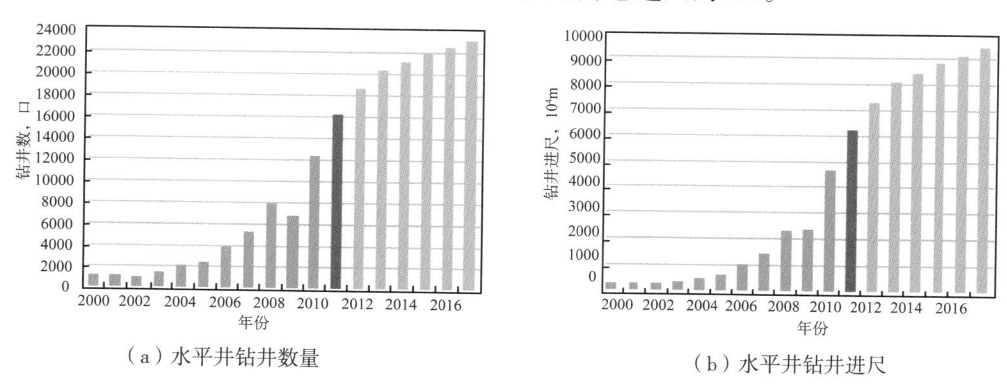

（a）水平井钻井数量

（b）水平井钻井进尺

图1–5　美国历年水平井钻井数和钻井进尺

由于工厂化作业显著的提速提效效果，这一钻完井模式成为美国页岩油气革命的一个重要推手，其应用范围已拓展到开发致密油和致密气等非常规资源。在先进高效的钻完井技术的协同配合下，工厂化作业模式不仅大幅度缩短了钻井周期，而且显著降低了单位进尺的钻完井成本，并对环境保护起到了显著效果。

采用工厂化技术实施的长水平段水平井与多级压裂直接带来了美国页岩气革命。2007

年后，由于长水平段水平井与多级体积压裂技术的大规模应用，使得页岩气产量得到快速增长，2009 年巴内特页岩气产量达到了 $878\times10^8m^3$。此时，美国页岩气与致密气的产量已达到与常规气相近的水平。水平井与多段压裂技术使页岩气开发效益显著，带动巴内特页岩钻井活动钻井数量快速增长，2009 年其钻井数达到 13740 口，其中 95% 为丛式水平井。

页岩气革命的成功，以及技术向致密气的移植，使得美国天然气资源评估值发生重大变化，美国 2005 年的资源评价非常规气可采的资源量为 $10.9\times10^{12}m^3$，但 2010 年考虑页岩气与致密气的商业开采后，非常规气可采资源量达到了（34.9 ～ 47.9）$\times10^{12}m^3$，美国非常规天然气资源量具体变化情况见表 1–1。

表 1–1　美国非常规天然气资源量变化情况　　单位：$10^{12}m^3$

类型与领域	2005 年资源评价		2010 年资源评价		资源量变化	
	地质	可采	地质	可采	地质	可采
煤层气	36.8	10.9	36.8	10.9	0	0
页岩气			86 ～ 166	15 ～ 25	86 ～ 166	15 ～ 25
致密砂岩气			17 ～ 25	9 ～ 12	17 ～ 25	9 ～ 12
合计	36.8	10.9	139.8 ～ 227.8	34.9 ～ 47.9	103 ～ 191	24 ～ 37

致密油也是工厂化钻完井技术应用的重要领域，致密油商业开发打破了美国石油生产的高峰论，使美国从原油净进口国实现了原油自给，特别是自 2009 年后，美国原油产量实现快速增长。

美国工厂钻井完井与增产技术目前仍在持续改进中，总体上来说是向着开发效果越来越好，成本越来越低的方向发展，其整体发展趋势是：

（1）钻井速度越来越快，水平段越来越长，成本越来越低。

通过工厂化钻井，钻井效率大幅提升，图 1–6 是美国近几年水平井钻机月速度对比，可以看出，2005—2011 年，水平井钻机月速度从 2600m 提升到了 4700m。

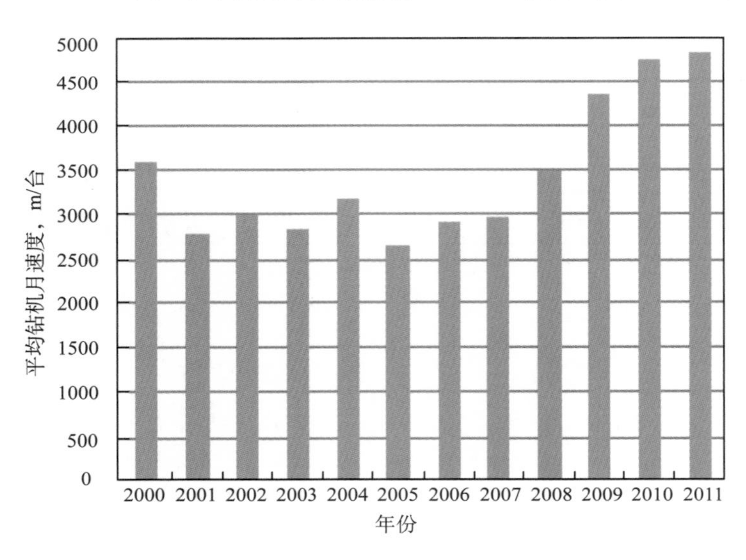

图 1–6　美国水平井平均钻机月速度对比

图 1-7 是美国西南能源公司 2007—2011 年在 Fayetteville 页岩气产区的钻井指标对比，水平井钻井周期从 17d 降为 8d，水平段长却从 810m 增加到 1474m。其中 2011 年共钻水平井 650 口，有 104 口水平井钻井周期不超过 5d。尽管平均水平段长度逐年增加，但单井的钻完井成本并没有增加，说明单位进尺的钻完井成本逐年还有所下降。

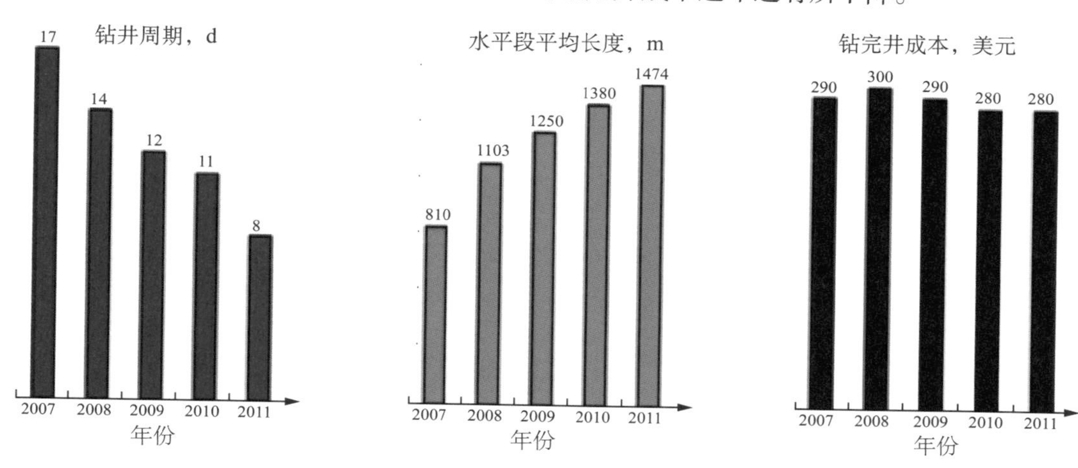

图 1-7 美国西南能源公司在 Fayetteville 页岩气产区水平井钻井情况

巴肯区块水平井垂深约 3048m，2008—2013 年，平均水平段长度从 1524m 增至约 3048m，平均井深从大约 4877m 增至 6401m。有的水平井的水平段长度达到 4572m 左右，井深超过 8229m。尽管如此，巴肯地区的平均钻井周期从 32d 缩短至 18d 以内，个别水平井的钻井周期只有 12d。

在巴肯，2008 年水平井单井平均钻井成本为 250 ~ 300 万美元；到了 2013 年，虽然钻机日费上涨，且平均水平段长度增加了 1524m，但平均钻井成本并没有明显的增加，为 300 ~ 350 万美元。

BP 公司在 Haynesville 页岩气水平井钻井中于 2012 年前技术没有显著变化，但到 2014 年实现了水平段长显著增长，压裂级数显著增加（图 1-8）。

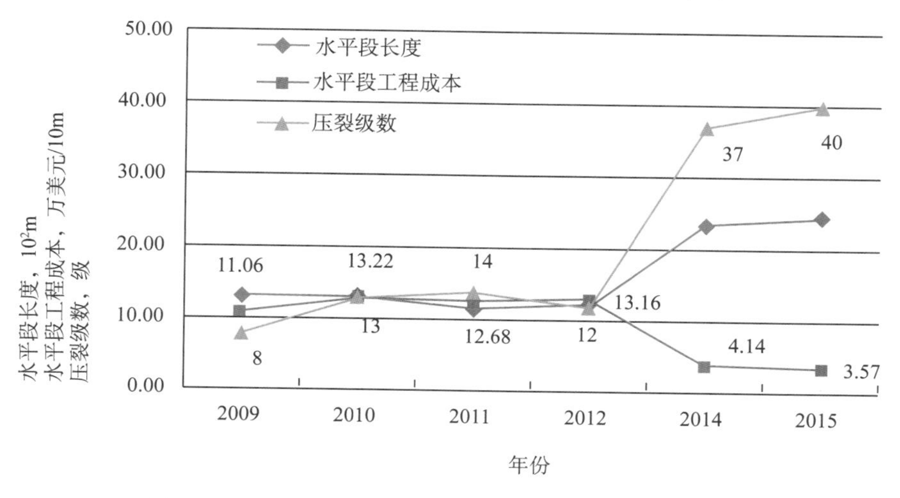

图 1-8 BP 公司在 Haynesville 页岩气田水平井技术变化趋势

（2）压裂规模越来越大，压裂级数越来越多，开发效果越来越好。

因水平段长度大幅增长，平均单井压裂段数从 2008 年的 10 段增加到 2013 年的 32 段，多的甚至达到 40 段，水平井水平段长度、平均勿压段数以及平均段间距、平均单段加砂量分别如图 1–9、图 1–10 所示。2008 年平均单井完井成本为 100 ～ 150 万美元，2013 年平均单井完井成本为 500 ～ 550 万美元；水平井平均单井日产量从 2008 年的大约 10.5t/d 增长至 2013 年的 17.8t/d。

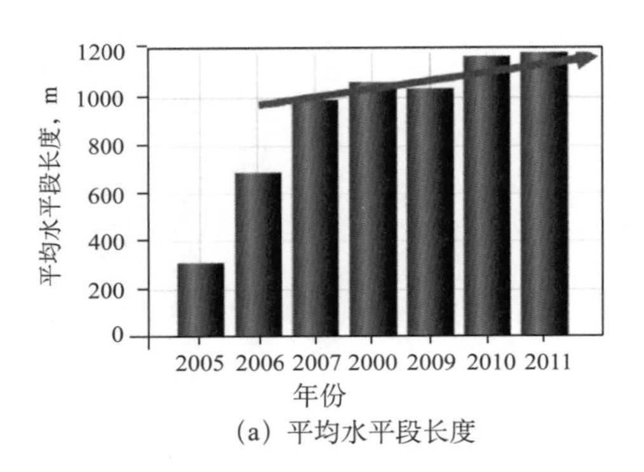

（a）平均水平段长度

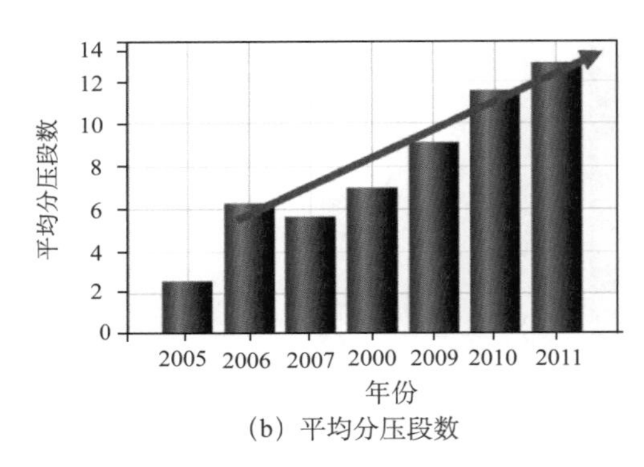

（b）平均分压段数

图 1–9　水平井水平段长度和分段压裂段数变化情况

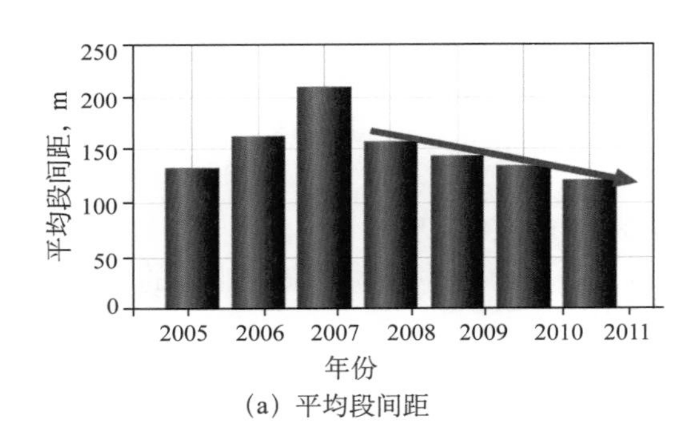

（a）平均段间距

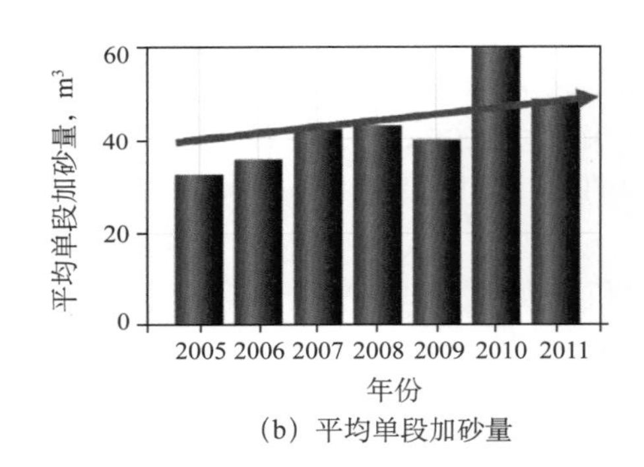

（b）平均单段加砂量

图 1–10　水平井分段压裂段间距和单段加砂量变化情况

（3）技术进步使造斜率越来越高，勺形水平井应用越来越多。

目前国际上大多数致密油气水平井眼轨迹都设计成单一的圆弧剖面，采用 6°/30m ～ 20°/30m 增斜率，力争实现采用一只钻头，一趟钻完成从直井段到斜井段、水平段的钻进。一般增斜率设计为井下动力钻具能达到的增斜率，实现较小的靶前位移。针对致密油气水平井眼轨迹的需求，国外针对性研发了高造斜率旋转导向工具。

由于采用丛式井开发时，向两个相反方向钻水平井会导致两口相反水平井的水平段之间存在一定的空白带，这会导致这部分的油气无法采出，使资源浪费，采用较小曲率半径水平井靶前距较短，满足了丛式井场水平井在同样水平位移条件下可更多地接触油气藏，更多地控制储量规模，减少井场下面的“死油区”，既有利于提高单井产量，也有利于降低总井数。Barnett 页岩水平井采用的“勺”形井眼轨迹即先向相反的方向钻进，再降斜后使井眼拐一个弯，从相反方向一定距离开始造斜向目标钻进。

第四节 中国石油工厂化钻完井技术进展

一、概述

1996—2007年中国石油新增探明石油地质储量 62.5×10^8t，其中低渗透储量 39.8×10^8t，占新增探明石油地质储量的64%。1996—2007年中国石油新增探明天然气地质储量 $3.39\times10^{12}m^3$，其中低渗透储量 $2.87\times10^{12}m^3$，占新增探明天然气地质储量的85%（图1−11）。

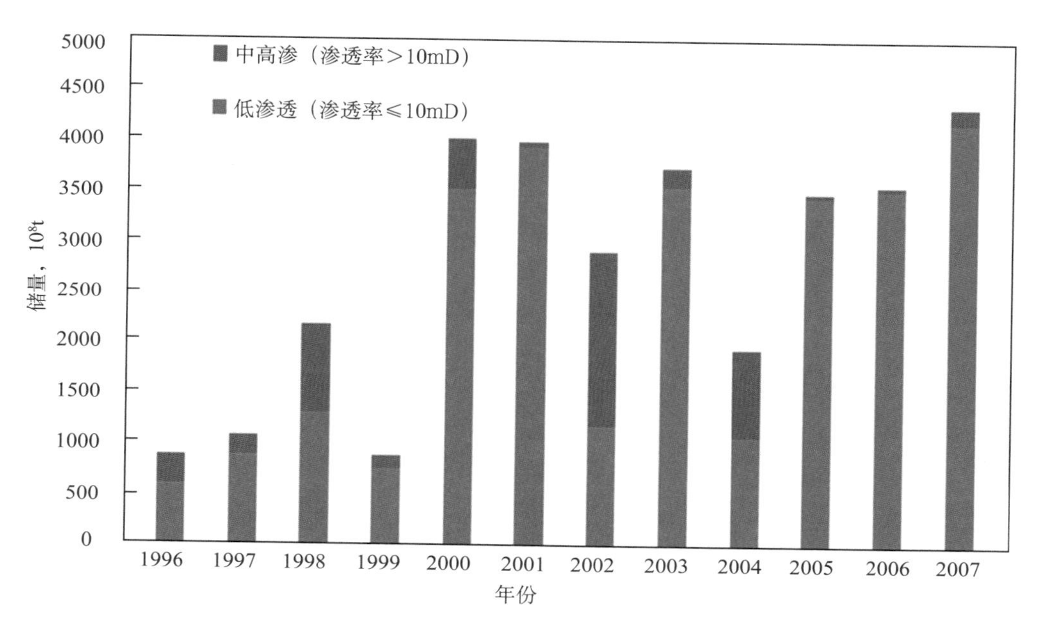

图1−11 中国2007年前新发现天然气储量品质变化

与此对应的是中国石油平均单井产量持续走低，导致开发效益日益下降。一方面我国油气保障战略需求要求中国石油有义务保持油气产量持续稳定增长，但另一方面常规油气资源日益枯竭，迫切需要中国石油大量开发非常规油资源。受美国页岩气革命与致密油气商业开发的启发，我国迫切需要借鉴美国页岩气革命的经验，大力推进工厂化钻完井技术，带动我国低渗透、致密油气与页岩气的大规模商业开发。

中国石油在借鉴国外工厂化作业先进经验的基础上于2009年开始探索应用工厂化钻完井技术，采用边摸索边学习，边研究边完善的工作思路，"十二五"期间工厂化钻完井与增产技术实现了从无到有，主要分为三个发展阶段。

第一阶段为前期准备阶段。2009年3月，中国石油首次在苏里格致密气区开展水平井开发先导试验[5, 6]。2009年11月，中国石油与壳牌公司合作项目即"富顺—永川区块页岩气项目"在成都启动；2010年，在"大型油气田及煤层气开发"科技重大专项中专门设立页岩气勘探开发关键技术研究项目，标志着中国石油全面进入开发致密气和页岩气开发新局面。与此同时，国内一些石油专家利用技术研讨会等方式介绍了国外工厂化作业理念，学习了国外工厂化作业的主要做法，决定将国外工厂化作业技术引入到非常规油气资源开发，大力推广了水平井技术开发致密气藏，梳理丛式平台井组的批量钻井技术，引进拉链式压裂技术等，通过与国外合作，宝鸡石油机械有限公司等在常规钻机上进行了改造，研制了步进式、滑轨式快速移动装置等，为下步工厂化作业试验提供了技术和装备保障。

第二阶段为探索试验阶段。2012 年，中国石油与法国道达尔、英国壳牌等国外公司合作，先后在苏里格南合作区和长宁—威远页岩气示范区进行了工厂化作业模式探索与实践。试验中先后应用了丛式井平台部署技术、钻机平移技术、批量化钻完井技术、同步压裂技术等。在苏 53 区块进行了大组合平台工厂化技术先导试验，设计了一个 13 口井的钻井平台（直井 1 口、定向井 2 口、水平井 10 口），结合该区块的实际地质特征，采取“流水线作业、批量化施工、程序化控制、规范化管理”的方式[2]，与 2012 年同区块相比，平均机械钻速提高 31.3%。2013 年，在吉林油田让 53 区完钻 4 口勘探水平井，应用同步、交叉压裂施工方式获产能突破，试油产量为同区块直井的 10 倍。

第三阶段为研究应用阶段。2014 年，中国石油认真总结了前期工厂化试验的经验和教训，组织各钻探公司开展了“水平井优快钻完井与压裂改造一体化技术研发”专项课题研究。设立了吉木萨尔、长 7 区、让 53 区致密油示范区，苏 53 区致密气示范区，长宁页岩气示范区等 5 个示范区，开展了工厂化作业设计、工厂化钻完井、工厂化压裂等关键技术研究，形成了以“一体化逆向设计方法、钻完井与压裂统筹设计、批量钻井和交叉作业同步施工方案”为核心的“工厂化”优化设计技术，有效指导了示范区的工程地质一体化施工[2, 5-10]。五个示范区建设中共完成了 12 井组 56 口井钻井和压裂一体化现场试验，实现了生产时效提高 20% 以上，钻井和压裂周期缩短 30% 以上，综合成本大幅下降，取得了较好的效果。2015 年以后，通过全面总结工厂化作业的成功经验，编制了《50L 轨道钻机平移 SOP》《苏 53 区块大平台钻井作业 SOP》《大平台工厂化作业生产组织 SOP》《工厂化钻完井与压裂标准化作业规程》等 11 项技术规范，集成应用“工程质量、优质页岩钻遇率、储层压裂改造效果的最优化，气藏地质与工程技术一体化”等配套技术，全面推行了工厂化作业模式。

二、工厂化钻完井配套技术

经过“十二五”期间的探索、研究与应用，提出了适合页岩气工厂化的计价方法，制定了工厂化钻完井及压裂相关标准，形成了以苏 53 区致密气示范区和威远—长宁页岩气示范区为代表的工厂化钻完井配套技术，主要包括平台丛式井组优化部署技术、钻机平移技术、批量钻井技术、钻井液循环利用技术、完井及储层改造技术等。

1. 平台丛式井组优化部署技术

平台丛式井组布井方式有“一字形”单排井和双排井两种方式。“一字形”排列方式适用于平台内井数少的陆地丛式井，有利于钻机及钻井设备移动，井距一般为 3 ～ 5m[10, 11]。例如，在苏里格南天然气合作区部署了多个 9 口井的钻井平台，9 口井均呈单排布置（图 1–12）；双排排列方式适用于一个丛式井平台上打多口井，为了加快建井速度和缩短投产时间，可同时动用多台钻机钻井，同一排里的井距一般为 3 ～ 5m，两排井之间的距离一般为 30 ～ 50m。例如，苏里格苏 53 区块部署的 13 口井的钻井平台（直井 1 口、定向井 2 口、水平井 10 口），如图 1–13 所示。

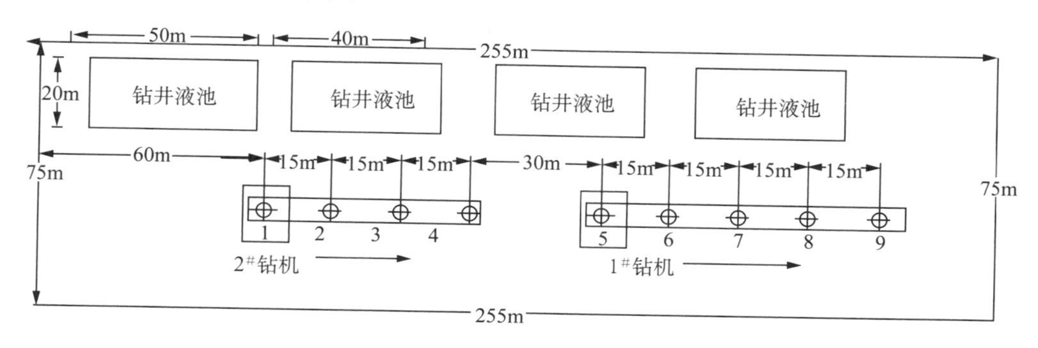

图 1–12　苏里格南区块井口一字排列示意图

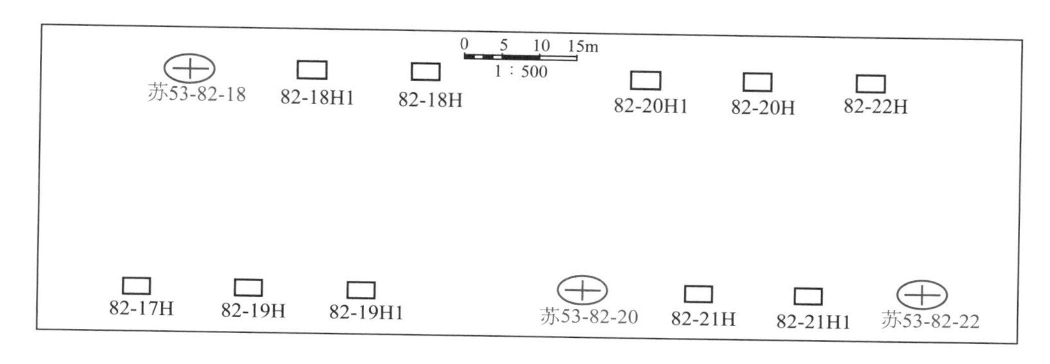

图 1–13　双排双钻机井场布置示意图

2. 钻机平移技术

为了满足工厂化钻井施工要求，钻机平移技术可大幅缩减钻机搬迁时间，同时为工厂化、批量化、流程化钻井模式奠定了基础，根据移动方式分为液压滑轨式和液压步进式。这两种类型的平移方式均能实现在不甩钻具的情况下，完成钻机整体平移换井位。当平台上 15m 井距时 3h 可平移到位，当 60m 井距时 10h 平移到位。两种装置各有利弊，对比情况见表 1–2。

表 1–2　钻机平移装置对比

平移装置名称	优点	适用范围
滑轨式	平移负荷大	机械、电动钻机，只能纵向移动
步进式	装备小，安装简单	电动钻机，可进行横向、纵向移动

3. 批量钻完井技术

批量钻井技术主要用于海洋、渤海浅海油藏和辽河的稠油开发。引进工厂化技术理念后，对批量钻完井技术进行了改进和完善，使其更加规范化和标准化。目前主要做法是通过一个平台的多口井依次一开，依次固井，依次二开，再依次固井、完井。整个过程中，钻井、固井、测井设备无停待，实现设备利用的最大化，多个工序并行作业达到无缝衔接，从而缩短建井周期，降低工程成本。常用的批量钻井施工流程为一开快速钻固表层，然后移钻井平台至第二口井继续一开钻固表层，接着移钻井平台至下一口井，如此顺序一开钻固完所有的井后再移钻井平台回到第一口井开始二开的钻固工作，重复以上操作直到二开钻固完所有的井，再次移钻井平台回到第一口井开始三开，依次类推钻完所有的井。在井深比较浅的情况下，有人提出先一开钻固表层后继续二开钻井及下套管固井后再移至下一口井开钻，实践证明这种方式也可以减少作业成本10%以上。

国外在页岩气开发过程中，利用旋转导向等先进工具，实现了一趟钻完成整个水平井的轨迹控制和地质导向任务，开创了一趟钻技术。为了进一步提高工厂化作业效率，中国石油积极探索，开始实施一趟钻技术，实现一只钻头钻完整个定向井段或水平井段。

4. 钻井液重复利用及废弃物处理技术

工厂化钻井过程中，为了实现钻井液重复利用，同一个平台的多口井的同一开次，采用相同的钻井液体系，使用同一套钻井液循环系统，如图1–14所示。

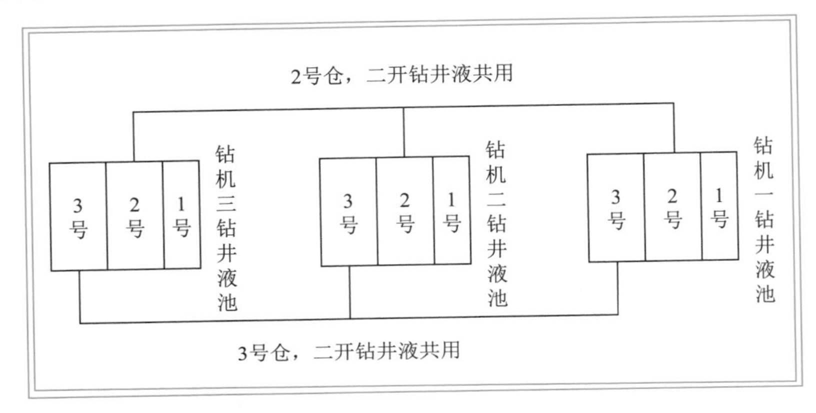

图1–14　钻井液共用示意图

在废弃物处理方面，主要采用集中储存、安全填埋、化学反应微生物降解、干粉干燥等方式处理。例如，废弃油基钻井液处理技术可实现钻井液既不落地污染环境又能重复利用，节约了成本。

5. 完井及储层改造技术

非常规油气平台井组完井方式主要有套管固井完井和裸眼分段完井2种。根据管外及管内压裂段隔离及井筒与地层沟通方式的差异，派生出多种压裂完井方式（表1–3）。其中，套管固井＋速钻桥塞与裸眼封隔器分段压裂是目前应用最广、技术最成熟的方式。

表1–3　工厂化平台完井方式对比

完井方式	管外隔离	管内隔离	井筒与地层沟通
套管固井	固井水泥	速钻桥塞	射孔、水力喷射、径向钻孔
		砂塞或封隔器	套管滑套
裸眼封隔器	裸眼液压膨胀封隔器	速钻桥塞	射孔、水力喷射、径向钻孔
	裸眼机械膨胀封隔器	砂塞或封隔器	滑套

在借鉴国外先进经验的同时开展了大量有效的工厂化压裂研究与试验，目前成功的做法是根据地质特征及钻井参数，采用同步压裂和段内多缝体积压裂相结合的方式进行储层改造。通过对两口或两口以上配对井进行同步压裂、顺序压裂或交叉压裂，使压裂液及支

撑剂在高压下从一口井以最短距离向另一口井运移，增加了水力压裂裂缝网络的密度及表面积；利用井间裂缝连通的优势增大了目标区域水力裂缝的程度和强度，促使水力裂缝扩展过程中相互作用，产生更复杂的裂缝网络，增加有效改造体积，提高初始产量和最终采收率。通过工厂化压裂技术，一般平均产量比单独压裂类比井产量提高 21% ～ 55%，成本降低 50% 以上。

三、工厂化钻完井应用成果

开展了威远—长宁页岩气和长 7 致密油、吉林萨尔致密油和让 53 致密油、苏 53 致密气等五个示范区建设，共完成了 12 井组 56 口井钻井和压裂一体化现场实验，实现了工程时效提高 20% 以上，钻井和压裂周期缩短 30% 以上，综合成本大幅下降，取得了较好的效果。各示范区取得成果见表 1–4。

表 1–4　各示范区取得的成果

序　号	攻关方向	形成成果
长 7 示范区	水平井交错布井技术	确定水平井方位与最大主应力方向垂直，合理水平段长度为 1000 ～ 1500m，合理井距为 700 ～ 800m
	长 7 示范区一体化设计方法	形成“逆向设计”的一体化方法；完善设计变更和审在管理流程
	优快钻完井关键技术攻关与装备配套	三维水平井安全快速钻井技术；油井水平井“两趟钻”技术，长 7 长裸眼防塌钻井液体系研发；工厂化作业装备配套；韧性水泥石改性与配套固井工具
	压裂改造关键技术攻关与装备工具配套	可回收清洁压裂液体系与回收处理技术；工厂化压裂提速装备及工艺技术；工厂化压裂提速工具研制及应用技术；建立和完善了工厂化压裂流程
吉本萨尔示范区	一体化设计技术	岩石力学与地应力评价，井身结构优化设计，井眼轨迹优化设计，井壁稳定性研究，钻井液体系优选和实验
	工厂化钻井技术	钻井作业顺序及钻机布置技术，高效钻井工具配套与旋转导向应用技术
	工厂化作业装备与集中控制技术	连续供水系统、连续混配系统、连续输砂系统、连续泵注系统
	水平井体积压裂技术完善及应用	致密油体积压裂设计技术，分段压裂工具配套与完善，混合压裂液体系研究及连续混配技术
让 53 示范区	工厂化优快钻井配套技术研究与应用	快速移动钻机配套升级，钻井提速工具研制及应用，成熟技术集成应用，批量钻井流程优化
	工厂化压裂作业设备配套和技术完善	体积压裂系统优化，更新与完善压裂装备，完善配食地面施工工艺技术，开展了新立Ⅲ区块北平台井压裂施工前导性试验
苏 53 示范区	平台井一体化设计技术	区块优选及井位部署技术，井场布局优化技术，优快钻完井设计技术，压裂作业模式优化技术
	优快钻完井技术	批量钻井技术，距离的安全快速施工，钻井提速工具应用、一趟钻技术
	水平井分段压裂技术	工厂化压裂施工参数优化，段内彩缝休和压裂技术，裸根水平井分段压裂工具改进完善，低浓度瓜尔胶压裂液改进完善

1. 长宁—威远页岩气示范区

在威远—长宁页岩气示范区采用工厂化作业方式后，平均钻井与同类井相比钻井周期缩短 15% 以上[10]。通过不断摸索完善，应用双钻机同步进场，同步安装、同步开钻的钻井方式，缩短了平台钻井周期；通过压裂与射孔交叉同步作业，有效提升了平台的压裂施工效率；采用统一组织管理、统作业模式、统一技术规范的管理方式，有效地减少了管理和技术人员，提升了现场管理水平。

长宁—威远示范区经过几年建设，已完成井 100 余口，形成了埋深 3500m 以浅六大主体开发技术系列，包括页岩气综合地质评价技术、页岩气开发优化技术、页岩气水平井钻完井技术、页岩气水平井体积压裂技术、页岩气水平井组工厂化作业技术、页岩气地面集输技术。

（1）形成了页岩气综合地质评价技术：

①形成了页岩气分析实验技术，建立了 7 大类 28 项分析实验评价体系，达到国内领先水平；

②形成了测井储层识别技术，建立了地化、岩矿、物性、含气性、力学 5 类储层关键参数测井解释方法，解释符合率达 80% 以上；

③形成了地震储层识别技术，建立了优质页岩厚度、孔隙度、有机碳、含气量、脆性矿物等关键参数的预测方法，初步解决了裂缝检测、甜点预测等难题，预测符合率近 75%；

④形成了评层选区技术，确定了 23 项关键指标，优选出长宁、威远、富顺—永川 3 个有利区，锁定了宁 201 井区、威 202—威 204 井区 2 个建产核心区。

（2）形成了页岩气开发优化技术：

①形成了产能评价技术，优选了幕律指数递减、扩展指数递减等方法，预测了 3 个井区超过 40 口页岩气井产量、递减规律及 EUR，指导了开发生产；

②形成了页岩气井开发部署技术，充分利用地下和地面两个资源，部署建产平台 23 个，实现井位部署平台化；

③形成了页岩气开发方案设计技术，完成长宁、威远两个开发方案，指导年产 20 亿方页岩气产能建设。

（3）形成了页岩气水平井优快钻井技术：

①形成了水平井地质工程一体化导向技术，镇定有利靶区，精细建立导向模型，优化导向方案，随钻伽马与元素录井结合准确导向、应用旋转导向工具精细控制井眼轨迹，Ⅰ类储层钻遇率达 95% 以上；

②形成了水平井钻井设计技术，优化了井身结构，集成推广气体钻井、高效 PDC 钻头等配套技术，单井钻并周期较评价期下降了 50% 以上，水平段最长达 2000m；

③形成了油基钻井液技术，提高了乳化稳定性，优化了流变性，增强了滤失造壁性，解决了页岩水平段井壁垮塌等复杂问题；

④初步形皮油基钻井液条件下的固井工艺技术，优化了隔离液和水泥浆体系，固井优质率近 80%。

（4）形成了页岩气水平井体积压裂主体工艺及配套技术：

①形成了以低黏滑滴水 + 低密度高强度陶粒为主的水平井分段体积压裂工艺技术，大幅提高单井产量，宁 201 井区建产期井均测试产量 $20.38 \times 10^4 m^3/d$；

②实现分段改造及多簇射孔关键工具国产化，现场应用 48 口井，性能达到国外同类产品指标；

③研发了低摩阻可回收滑澜水压裂液体系，降阻率达 70% 以上，返排液回收利用率达 90% 以上，提高了水资源利用率；

④形成了压裂施工实时控制技术，适时调整关键参数，减少了施工复杂、提高了压裂效果。

（5）初步形成了页岩气水平井组工厂化作业技术：

①初步形成“双钻机作业、批量化钻进、标准化运作”的工厂化钻井模式，钻前工程周期节约 30%，减少设备安装时间 70%，成本得到有效控制；

②初步形成“整体化部署、分布式压裂、拉链式作业”的工厂化压裂模式，压裂作业效率提高 50%，时效达到 12h 压 2 段，平台半支压裂周期平均 30d。

（6）形成了页岩气地面集输技术：

①形成了集输管网运行优化方案；

②形成了标准化设计和一体化橇装技术，实现了不同阶段的橇装组合，满足了页岩气井初期压力高、产气量大、产液量大、递减快的生产特点，实现了快建快投、节能降耗；

③形成了页岩气数字化气田建设方案，在宁 201 井区局部实现了数据自动采集、远程传输、实时监控、自动控制及井站的无人值守。

2. 致密油气示范区

长庆、新疆、吉林、大庆、西南等油气田也分别开展了长 7 致密油、吉木萨尔致密油和让 53 致密油、苏 53 致密气等示范区建设（表 1–5）。苏里格南合作区的井型选择以大位移定向井为主，水平井为辅，经过九轮工厂化作业后，平均水平井建井周期缩短了 40%（图 1–15），平均井组压裂入井液量 5000 ～ 7000m^3，压裂施工周期 6 ～ 8d。试气作业周期从初期的 50d 缩短至 35d，缩短了 30%[12]。

表 1–5　致密油气示范区建设效果

示范区	完成井数	应用效果
长 7 示范区	5 井组 14 口井	总体工程时效提高 34.03% 以上，钻井周期最快缩短 50.18%，综合成本降低 20% 以上
吉木萨尔示范区	3 井组 10 口井	平均机械钻速提高了 27%，平均单片钻井周期 70.01d，与开题前（163d）相比缩短了 36.36%
让 53 示范区	1 井组 4 口井	单井钻井周期 89.35d
苏 53 示范区	1 井组 13 口井	单井建井周期缩短 47.34% 以上，综合成木降低 20% 以上

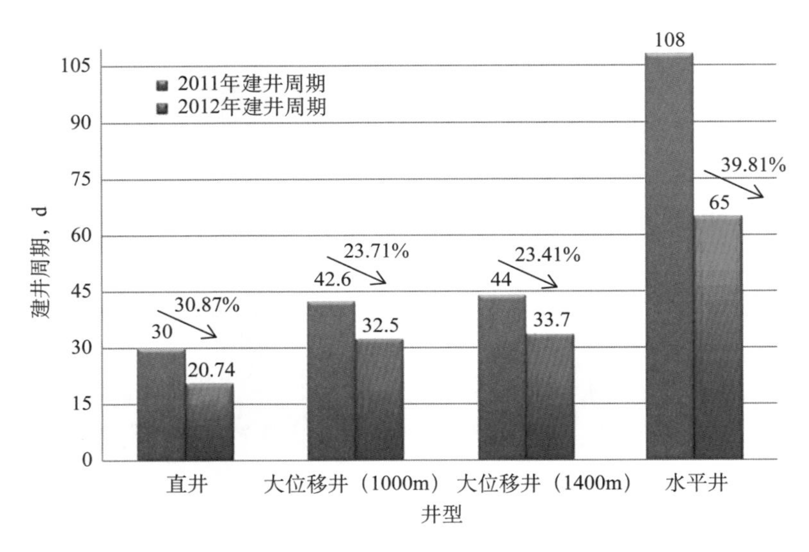

图 1–15　苏南合作区工厂化作业前后建井周期对比

2013 年在苏 53 区块进行了大组合平台工厂化技术先导试验，设计了一个 13 口井的钻井平台（直井 1 口、定向井 2 口、水平井 10 口），结合该区块的实际地质特征，采取"流水线作业、批量化施工、程序化控制、规范化管理"的方式，与 2012 年同区块相比，平均机械钻速提高 31.3%，平均建井周期缩短 44.6%（图 1–16）。

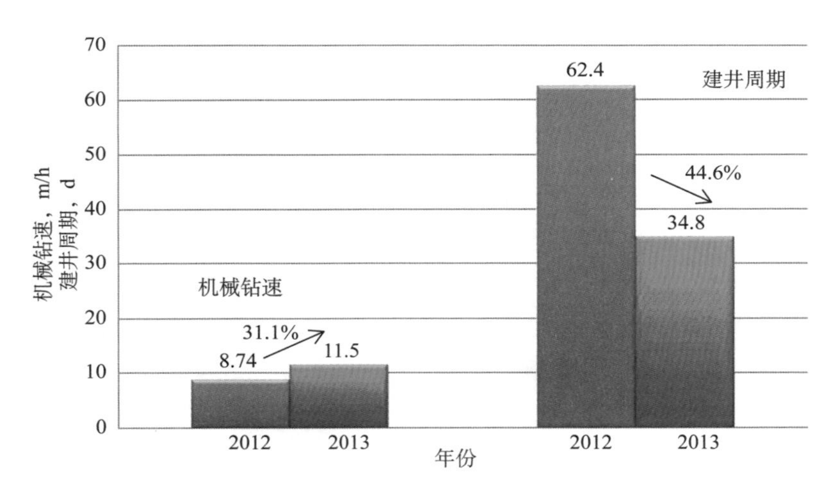

图 1–16　苏 53 大平台采用工厂化作业前后机械钻速、建井周期对比

在新疆油田吉木萨尔凹陷二叠系芦草沟组采用"集中钻井、逐井压裂"模式，平均机械钻速提高了 27%，平均单井钻井周期 70.01d，与前期施工井相比缩短了 36.36%。

另外，在长庆油田安 83、西 233，东三区、神木 4 个区块开展了"工厂化"作业先导性试验。采用"水平井 + 直井 + 定向井""直井 + 定向井"混合井丛开发，共完成工厂化作业从式水平井组 26 个（共 56 口），平均单井建井周期缩短 1.2d。

经过攻关探索，形成了以下主体技术：

（1）初步形成了水平井优快钻完井与压裂一体化优化设计技术。形成了一体化逆向设计方法，完成水平井优化设计软件开发，可开展致密油气三维水平设计。

（2）形成工厂化井口布局总体方案。形成了工厂化作业井场功能区布局，提高了井场利用率、保证了连续作业、交叉作业有条不紊地进行。

（3）形成批量钻井和交叉作业方案。分开次的流水化钻井作业，通过共享工具材料、管理团队和技术措施，减少运输成本等途径实现效益交叉作业方案：依靠钻机的高运移性和合理井场布局，不同作业工序交替进行、无缝衔接，提高设备利用率，缩短作业时间。

参考文献

[1] 胡文瑞．页岩气将工厂化作业［J］．中国经济和信息化，2013（7）：18–19.

[2] 张金成，孙连忠，王甲昌，等．“工厂化”技术在我国非常规油气开发中的应用［J］．石油钻探技术，2014，42（1）：20–25.

[3] 王敏生，光新军．页岩气“工厂化”开发关键技术［J］．钻采工艺，2013，36（5）：1–4.

[4] 郑新权．推进工厂化作业应对低油价挑战［J］．北京石油管理干部学院学报，2016（2）：17–19.

[5] 王国勇．致密砂岩气藏水平井整体开发实践与认识——以苏里格气田苏 53 区块为例［J］．石油天然气学报，2012，34（5）：153–156.

[6] 唐钦锡．水平井地质导向技术在苏里格气田开发中的应用［J］．石油与天然气地质，2013，34（3）：388–394.

[7] 许冬进，廖锐全，等．致密油水平井体积压裂工厂化作业模式研究［J］．特种油气藏，2014，21（3）：1–6.

[8] 文乾彬，杨虎，等．吉木萨尔凹陷致密油大井丛“工厂化”水平井钻井技术［J］．新疆石油地质，2015，36（3）：334–337.

[9] 刘伟．四川长宁工厂化钻井技术探讨［J］．钻采工艺，2015，40（4）：24–28.

[10] 叶成林．苏 53 区工厂化钻完井关键技术［J］．石油钻探技术，2015，43（5）：129–134.

[11] 韩烈祥，向兴华，鄢荣，等．丛式井低成本批量钻井技术［J］．钻采工艺，2012，35（2）：5–11.

[12] 刘社明，张明禄，陈志勇，等．苏里格南合作区工厂化钻完井作业实践［J］．天然气工业，2013（8）：64–69.

第二章　工厂化作业设计

在工厂化作业方式未引入到油气资源开发前，钻完井设计通常以单口井开展，以“正向设计”方式进行井位选择、钻前工程、井身结构和井眼轨道等方面的设计。随着工厂化作业模式的引进和推广，设计理念也逐渐发生转变，由“正向设计”过渡为“逆向设计”，这是由于工厂化钻完井需要从油藏描述开始，对大片油气区域进行总体设计，才能实现集中批量开发，充分体现工厂化作业的优势。具体设计时采用“逆向设计”理念，从压裂的缝网优化开始，先设计出压裂方式、单级压裂的缝网影响范围，再设计水平段方向与水平段长、水平井水平段间距等参数。在此基础上，进行地下井网部署，再根据技术经济条件设计地面平台布置，进行钻前工程设计与钻完井设计。

第一节　工厂化作业可行性评估与技术准备

一、工厂化作业可行性评估

工厂化钻完井采取批量作业的方式完成若干口丛式井或丛式水平井，可以最大幅度地重复利用资源，节省钻完井周期，但也带来工程难度的增加，使得成本与工期又会有所增加。因此，工厂化钻完井技术并非适应于所有油气藏，增加的投入小于工厂化钻完井节省的时间与成本是工厂化钻完井技术应用的前提。

（1）油气藏大片连续分布。实施规模对工厂化钻完井效益将产生较大的影响。对于分散、不连续的块状油气藏不适合工厂化作业。这就要求实施工厂化钻完井前对油气藏条件认识清楚，且油气藏大片连续展布。在这种情况下，批量布井才能得以实现。

（2）油气藏储量丰度相对低，井网完善程度并不是决定开发效益的重要因素。工厂化钻完井应尽可能增加单一井场井数，但是增加单井会提高平台的钻井成本，在开展工厂化作业时要以单井控制泄油面积和钻井成本的最优化为目标，实现开发效益的最大化。

（3）地面占用成本较高，且具备修建较大井场的条件。工厂化钻完井可以多井共用一个井场，这可以减少平均单井井场占用面积，从而减少地面占用成本。但多井共用井场需要较大的井场，在复杂山地地表条件下，这将导致丛式井场成本增加，对工厂化的效益产生一定的影响。

（4）一定的装备与技术条件。工厂化钻完井一般采用三维丛式水平井，提高开发效益的关键是尽可能延长水平段长度，在同一个井场钻多口水平井将会导致部分水平井有较大的偏移距，这些都带来水平井的难度增加，需要提高水平井钻井技术水平。从提高效率出发，“一趟钻”技术是进一步缩短周期的重要途径，这需要在钻具组合、导向方式、钻头、钻井参数等方面都要特殊考虑。此外工厂化钻完井还需要配套专用的设备，如钻机的快速移动、共享资源的相关设备等。

工厂化钻完井采用批量作业的方式，可以节省一定的钻机与设备占用时间，同时钻井液等资源可以共享使用，从而具有较好的经济效益。影响工厂化钻完井效益的因素有：

（1）节省钻机占用时间。

工厂化钻完井通常采用小钻机批量钻表层，再采用常规钻机钻表层以下井段。由于表层钻井从开钻到固井完成一般需要 3 ～ 5d 时间，而车载小钻机日费水平仅不到深井钻机的一半，因此表层小钻机批钻可以节省表层钻井钻机费用。

在常规钻井情况下，每一口井完成后，需要甩下钻具，在下口井钻进时再接钻具，一口深井通常需要 3 ～ 5d 时间。而在工厂化钻完井配有顶部驱动系统情况下，可以在不甩钻具情况下在导轨上移动钻机，从而节省甩钻具时间。

此外，每次开钻固井、装井口时间都需要占用钻机作业时间，而在工厂化钻完井时，则可以将钻机移到下一口井，进行正常作业时进行水泥候凝与装井口作业，从而节省完井与中完时间。此外钻机的安装调试也需要占用时间，而电动钻机采用导轨方式可以仅移动前台井架，后台基本可以不移动，从而使钻机搬安时间可以从一天缩短到 1 ～ 2h 时间。

（2）节省修建井场道路成本。

工厂化钻完井可以修一个较大井场，完成一批井的作业，避免了常规钻井重复多次征地，修建多个井场所耗费的费用。通常一个深井井场占地大约为 20 亩[1]，如果 6 口井则占地达 100 亩以上。从征地到修井场、道路都需要消耗成本，一个井场通常需要耗费数十万元，特别是四川山地等地区，一个井场费用可能达到百万元以上。而工厂化钻完井根据井数与钻机数量不同可能只需要一个井场，占地仅为 30 ～ 40 亩。

（3）资源重复利用，降低成本消耗。

工厂化钻完井采用批量作业方式，这样每一开次钻井液都可以重复利用，表层不分散钻井液可以在平台全部表层钻完后两天转化为二开钻井液，同样二开与三开钻井液也可以重复使用，通过重复使用减少钻井液的消耗，而减少钻井液材料消耗的同时，也减少了废液的排放，从而减少环保处理的费用。

压裂后返排液由于都集中在一个井场，因此更便于集中回收处理，从而减少压裂水的消耗量。

压裂时，大量的车组集中在井场，工厂化作业可以大大减少设备的排放与管线连接时间，从而提高压裂作业的效率。而且工厂化压裂可以采用集中供液与混砂装置，从而减少费用消耗。

此外工厂化钻完井也会带来某些成本的增长，主要是需要更新步进式钻机或专用钻机底座装置，这带来装备投入的增加，此外工厂化钻完井属三维丛式水平井，除两口相反方向的水平井是二维外，平台上其他水平井还要额外打出偏移距，这导致了水平井进尺的增加，也同时带来水平井的摩阻、扭矩增加，从而显著增加钻井难度。因此相对于二维水平井来说，三维丛式水平井的钻井周期更长。

综上所述，工厂化钻完井适用经济条件为工厂化收益 – 投入增加为正，即：

节省的钻机占用费用 + 节省的井场道路费用 + 资源重复利用的节约 > 钻进进尺加长的费用 + 钻机设备投入增加

[1] 1 亩 =666.667m^2。

如：某致密油区块评价工厂化钻完井与常规钻完井相比成本变化情况见表2–1。从表2–1中可以看出，该区块采用工厂化钻完井方式，每口井可以节约成本224万元，具有较好的经济效益，适合于实施工厂化钻完井。

表2–1　工厂化钻完井与常规钻完井成本对比

项目		节约单价，万元	节约合计，万元
占地面积	临时占地面积23000m^2	0.0004	9.2
	永久占地面积5300m^2	0.0100	53.0
3次钻前工程		25.8	77.4
3个沉砂池修建		0.3948	1.2
表套施工4d		6.8	27.2
单井钻井液重复利用		150	150.0
顶驱滑道配合8d节约钻机作业费		6.8	54.4
600m扭方位井段增加施工费用		−0.24	−144.0
钻机改造40d增加折旧费		−0.1	−4.0
合计		—	224.4

二、工厂化钻完井技术准备

工厂化钻完井需要的钻机装备条件为：

（1）顶部驱动钻井装置可以提高三维水平井的复杂条件下的作业能力，同时可以实现不甩钻具移动井架，大幅度提高钻井效率。

（2）避免岩屑床堆集是长水平段水平井能否安全顺利钻井的关键，大功率钻井泵是有效携岩的保证。

（3）适合快速移动的钻机系统，要求井架可以快速移动，此外还要考虑除井架及坡道外的其他系统在井场可以不必移动，此时需要对钻机进行必要的改造。

工厂化钻完井实施三维水平井还应准备以下技术：

（1）高效的轨迹控制与导向技术。要求能实现一趟钻或尽可能少起下钻就可以完成直井段、斜井段、水平段作业，从而缩短钻井周期。这需要选择适应低钻压、稳定性好的PDC钻头，形成满足安全入靶并保持储层最佳位置钻进的井眼轨迹控制技术，设计采用适应一趟钻的钻具组合。

（2）水平井钻井液技术。考虑重复利用特点，设计钻井液体系配方，从水平井携岩特性以及井身结构设计特点设计钻井液性能。一般水平段携岩需要钻井液有较低的黏切，而大斜度井段需要钻井液有较低的黏度与一定的切力。

（3）适应大规模压裂的固井与完井技术。大规模体积压裂对套管强度要求较高，需要适当提高套管的钢级壁厚。而压裂也对水泥封固质量、水泥环力学性能提出了更高的要求。

（4）适应大规模体积压裂的装备与技术。在提高压裂效果的同时，提高压裂的作业效率，同时缩短从压裂到投产的时间。

（5）低成本的压裂液技术。在大幅度提高压裂规模的同时，控制压裂成本。

（6）废弃物回收处理技术。丛式井组虽然可以减少钻完井期间的单井平均废弃物排放总量，但一个平台多井产生的废弃物也大于常规钻井方式一口井的排放量。而大规模体积压裂会产生更多的返排液，需要形成回收处理技术，以减少对环境的污染。

工厂化钻完井对生产组织提出了更高的要求，要求物资、材料、装备提前到位，提前完成区块的开发方案。要求在实施前集中进行布井，并集中完成钻完井压裂设计，以便于有效组织生产，发挥工厂化作业的优势。

第二节　油气藏描述

一、油气藏甜点描述

油气藏甜点描述是在区域地质研究的基础上，通过对地震、钻井、测井、取心、分析化验、测试等资料进行综合研究，查明待开发区区域及盆地演化的构造旋回、区域层序地层格架与沉积体系分布、烃源岩分布，描述储层岩性、物性、非均质性、微观空隙结构、黏土矿物、裂缝发育情况、储层敏感性等内容，确定成藏组合和圈闭类型，优选有利开发区，选取地质“甜点”、工程“甜点”，为后期钻完井工程提供明确的地质靶体。

“甜点区”是指在非常规油气规模发育区，目前经济技术条件下可优先勘探开发的油气富集高产的目标区，其核心为评价“烃源性、岩性、物性、脆性、含油气性与应力各向异性”六特性及其匹配关系，评价“生油气能力、储油气能力、产油气能力”，勘探寻找油气连续分布边界与“甜点区”。烃源性评价，旨在寻找高有机质含量区；岩性评价，旨在寻找有效储集层发育区；物性评价，旨在筛选孔渗性（含裂缝）相对较好的甜点；脆性评价，旨在优选利于规模压裂的高脆性储集层；含油气性评价，旨在优选含油性好的储集层；应力各向异性评价，旨在沿地应力最小方向钻水平井，利于储集层改造。

1. 致密砂岩油气

致密砂岩油气，通常是指低渗透—特低渗透砂岩储层中，无自然产能，需通过大规模压裂或特殊采油气工艺技术才能产出具有经济价值的石油或天然气，大多分布在盆地中心或盆地构造的深部，往往是盖层、圈闭界限或者油气藏边界不明确，呈大面积连续分布，主要具有以下地质开发特征：

（1）烃源岩多样，常见进入正常热演化程度的含煤岩系和湖相、海相烃源岩。

（2）储层孔隙类型以粒间及粒内溶孔、粒间微孔、微裂缝等次生孔隙为主，原生孔隙少见。

（3）储层物性差，孔隙度、渗透率低，非均质性强，含水饱和度较高，储层大规模分布。

（4）成藏组合以自生自储为主，源储一体，紧密接触。

（5）油气运移以一次运移或短距离二次运移为主，油气聚集主要靠扩散方式，浮力作用受限，油气渗流以非达西流为主。

（6）具有多期多阶段成藏特点，成藏机理特殊，与常规油气藏互补；一般说来，致密砂岩气具有多期多阶段成藏的特点，致密砂岩油具有连续成藏的特点。

（7）流体分异差，无统一流体界面与压力系统，饱和度差异大，油气水易共存。

（8）资源丰度较低，平面上形成大油气区，但一般无自然产量或产量极低，需采用适宜的技术措施才能形成工业产量，稳产时间较长。

致密油气藏的描述，通常建立在地层层组划分基础上，主要研究储层岩性、物性、非均质性、微观孔隙结构、黏土矿物、裂缝发育情况、储层敏感性等内容，最后依据储层物性、孔隙结构、非均质性和有效厚度等指标，综合考虑储集体形态和分布范围，结合产能情况，对致密砂岩储层进行评价。一般研究认为，生烃部位、构造高部位、有利储层及裂缝的发育程度共同作用影响了致密砂岩油气的富集高产。

鄂尔多斯盆地中生界长7致密油和上古生界致密气“六特性”甜点区评价参见表2–2。

表2–2 鄂尔多斯盆地中生界致密油和上古生界致密气“六特性”评价参数

油气类型	烃源岩特性	岩 性	物 性	含油气性	脆 性	地应力特性	含油气面积	储量丰度	单井产量
中生界致密油	湖相页岩，厚度20～30m，总有机碳含量（TOC）平均值5%～8%，原油成熟度（R_o）值0.7%～1.2%，Ⅰ、$Ⅱ_1$型干酪根	岩屑长石砂岩	孔隙度7%～13%，渗透率小于1mD，孔喉半径0.06～0.80μm	含油饱和度60%～80%，密度0.80～0.86g/cm^3	脆性指数35%～45%，泊松比0.25，杨氏模量（2～3）×10^{4}MPa	水平方向主应力差5～7MPa，压力系数0.70～0.85	3×10^{4}km^2	20×10^{4}t/km^2	2～3t/d
上古生界致密气	煤系、炭质泥岩，厚度30～120m；总有机碳含量（TOC）值：煤60%～70%，炭质泥岩3%～5%；原油成熟度（R_o）值1.3%～2.5%，Ⅲ型干酪根	石英砂岩、岩屑石英砂岩	孔隙度6%～14%，渗透率0.03～1.00mD孔喉半径0.01～0.70μm	含气饱和度50%～60%，甲烷含量大于93%	脆性指数40%～60%，泊松比0.23，杨氏模量（2.5～4.0）×10^{4}MPa	水平方向主应力差7～8MPa，压力系数0.70～0.95	4×10^{4}km^2	（1.1～1.3）×10^{8}m^3/km^2	（2～4）×10^{4}m^3/d

2. 页岩气

页岩气是指从富有机质页岩地层系统中开采的天然气，主要以吸附或游离状态赋存于暗色富有机质、极低渗透率的页岩、泥质粉砂岩和砂岩夹层系统中，自生自储、连续聚集的天然气藏，主要具有以下特征：

（1）典型的源储一体的自生自储含气系统，以热降解气与原有热裂解气等热成因气为主，为原位滞留成藏，没有或仅有极短距离运移，成藏早，持续聚集。

（2）无明显圈闭界限，无统一气水界线，无传统意义上的圈闭，但较易保存，不过封闭层或盖层仍必不可少。

（3）储层致密，具有特低孔隙度和特低渗透率特征，以纳米级孔隙为主，在断层或裂缝发育带区，页岩储层的孔隙度和渗透率可以提高很多。

（4）页岩气赋存方式多样，存在吸附态、游离态及溶解态等多种方式，以前两种为主；页岩气的吸附主要受到页岩中有机组分、矿物组分、热演化程度、孔径等的影响。

（5）不受构造控制，大面积连续分布，资源规模大。

（6）具有独特开采机理，气体产出非达西流为主，一般不产水或产水很少；开采机理上，早期以产出游离气为主，后期以吸附器的解吸、扩散为主。

（7）采收率变化较大。一般说来，埋藏较浅、地层压力较低、有机质丰度较高、吸附器含量较高的采收率较高，如 Antrim 页岩气藏的采收率可达 26%；而埋藏较深、地层压力较高、吸附气所占比例相对较低的采收率变化较大，前期较低后期较高。

（8）单井产量低，生产周期长。

北美页岩气评价主要采用埋深、页岩厚度、有机化学、矿物组成、裂缝结构和类型、内部垂向非均质性、物性、岩石力学等指标。而根据我国南方海相和北方海陆交互相页岩气富集特征，一般从厚度、地化指标、脆性矿物含量、物性、孔隙流体和岩石力学性质等方面来确定中国页岩储层的评价标准：厚度大于 30m，热成熟度为 1.1% ～ 4.5%，有机质含量大于 2%，具有较好脆性（石英、方解石等脆性矿物含量大于 40%，黏土含量小于 30%），有效孔隙度在 2% 以上，含油饱和度低于 5%，岩石杨氏模量在 3.03MPa，泊松比小于2.5。而四川盆地页岩气的开发，在研究页岩储层的有机碳含量、有效页岩厚度、成熟度、干酪根类型、物性、储集空间类型及特征、岩石矿物组分、含气性、脆性与地应力特征、保存条件、裂缝发育程度等的基础上，一般选择高有机碳含量、高孔隙度、高含气量、高脆性的层位作为靶体层位进行开发。

四川南部威远、长宁和富顺—永川区块志留系龙马溪组“六特性”评价优越，是页岩气优先勘探开发的有利区（表 2–3）：富有机质页岩发育，总有机碳含量（TOC）大于 2%，自然伽马值大于 130API；纹层状硅质钙质页岩和纹层状钙质硅质页岩等有利于储集层发育；页岩储集层物性较好，总孔隙度 3% ～ 8%，含气孔隙度 2% ～ 5%，基质渗透率 10^{-5} ～ 1mD；含气性较好，平均总含气量 2.3 ～ 4.1m³/m³；高脆性储集层发育，脆性指数大于 40，弹性模量一般大于 1.3×10^4MPa，泊松比小于 0.29；水平地应力差值较小，一般小于 20MPa，易形成复杂缝网，有利于提高单井产量。

表 2–3 致密油气与页岩油气“甜点区”评价标准

油气类型	评价标准及区域	地质甜点				工程甜点			
		烃源层	储集层	裂缝	局部构造	压力系数	脆性指数，%	水平主应力差 MPa	埋深，m
致密油气	评价标准	TOC>2%	孔隙度 10% ～ 15%	微裂缝发育	相对高部位	＞ 1	＞ 40	＜ 6	＜ 4500
	准噶尔盆地吉木萨尔凹陷芦草沟组致密油	厚 100 ～ 130m，TOC 值为 5%～ 6%，R_o 值为 0.8%～ 1.0%	厚度 25 ～ 50m，孔隙度 12% ～ 20%，含油饱和度大于 70%	微裂缝发育	斜坡相对高部位	1.2 ～ 1.5	＞ 50	＜ 6	1000 ～ 4500
	鄂尔多斯盆地苏里格盒 8 段致密气	厚 6 ～ 20m；TOC：煤 60%～ 70%，碳质泥岩 3%～ 5%；R_o 值为 1.3%～ 2.5%	厚度 20 ～ 40m，孔隙度 10% ～ 14%，含气饱和度大于 50%	微裂缝发育	平缓斜坡相对高部位	0.70 ～ 0.95	40 ～ 60	＜ 8	1500 ～ 4500
页岩油气	评价标准	TOC ＞ 2%（其中页岩油 S_1 ＞ 2mg/g）	孔隙度大于 3%	微裂缝发育	相对高部位	＞ 1.2	＞ 40	＜ 10	＜ 4500
	鄂尔多斯盆地华庆地区 7 段页岩油	厚 10 ～ 30m，TOC 值为 3% ～ 25%，R_o 值为 0.8% ～ 1.2%，S_1 值为 1 ～ 8mg/g	孔隙度 2% ～ 5%，含油饱和度大于 80%	微裂缝发育	斜坡相对高部位	0.8 ～ 1.0	30 ～ 50	＜ 15	1000 ～ 3000

续表

油气类型	评价标准及区域	地质甜点				工程甜点			
		烃源层	储集层	裂缝	局部构造	压力系数	脆性指数，%	水平主应力差 MPa	埋深，m
页岩油气	松辽盆地青一段页岩油	厚 40 ~ 60m，TOC 值为 2% ~ 8%，R_o 值为 0.7% ~ 1.4%，S_1 值为 1 ~ 7mg/g	孔隙度 2% ~ 5%，含油饱和度大于 80%	微裂缝发育	斜坡相对高部位	1.2 ~ 1.6	30 ~ 60	< 10	1300 ~ 2000
	四川盆地蜀南龙马溪页岩气	厚 30 ~ 100m，TOC > 2%，R_o 值为 2.0% ~ 3.0%	孔隙度 3% ~ 8%，含气量大于 $3m^3/t$	微裂缝发育	稳定斜坡区	1.3 ~ 2.0	> 40	< 20	1500 ~ 4 000

二、地应力与储层岩石特性研究

1. 地应力

地层应力直接关系到油气生成、运移、聚集、保存或破坏等全过程的研究。从国内外研究现状分析，地应力与致密砂岩气、页岩气形成分布存在下列关系：

（1）地应力的性质控制着烃源岩有机质成熟演化的力学化学效应；

（2）地应力的性质影响着微裂缝的形成分布、储集层次生孔隙发育带的形成分布；

（3）地应力特征影响着油气初次运移和二次运移的方向、通道及强度；

（4）地应力的发展变化与油气藏的保存或破坏也有着紧密联系；

（5）地应力特征对于井位平台部署，特别是水平井轨迹参数确定具有重大参考意义。

地应力研究主要包括地应力大小和方向，地应力方向主要是根据成像测井获取，对井壁垮塌、天然裂缝及张性裂缝等进行描述，据此可以准确确定最大水平主应力的方向和井壁垮塌的宽度；地应力大小则是根据密度积分、地破实验（或压裂数据）和相关理论反演得到。

例如从威 201 井龙马溪组（1525 ~ 1575m）成像测井资料解释和分析可以看出，威 201 井龙马溪组井眼垮塌方位为 36.75°，钻井诱导缝的方位为 133.89°，从而推断该井区最大水平地应力方向为 133.89°。同理，根据井壁应力垮塌方位，可以确定威 201 井筇竹寺组最大水平地应力方位为 114°。

对于地应力大小，需确定垂向地应力、最小水平地应力、最大水平地应力。例如对于威 201 井，通过密度测井曲线积分来计算确定垂向地应力梯度为 $2.57g/cm^3$，根据地破和地漏试验数据得到最小水平地应力平均梯度为 $2.02g/cm^3$，反演得到最大水平地应力梯度平均值为 $3.22g/cm^3$。

地应力研究表明，在一个区域范围内，最大水平主应力与有效应力比和最小水平主应力与有效应力比在深度剖面上通常为常数。根据前面的研究和分析，威 201 井区的最小水平主应力与有效应力比约为 0.76，最大水平主应力与有效应力比约为 1.31，据此可知，威 201 井区目前地应力都处于走滑地应力机制，即最小水平主应力 < 有效应力 < 最大水平主应力；地层孔隙压力接近于静水压力状态。

对于地应力模型验证的基本思路是：以建立的地应力模型为基础，预测各井垮塌和张性裂缝的发育情况，若地应力模型预测与井壁实际坍塌情况吻合，则说明地应力模型是正确的，反之，则要对模型进行修正。根据实际钻井过程中钻井液密度，对威 201 井龙马溪组井壁坍塌情况进行预测的结果可以看出，预测井壁垮塌方位和垮塌宽度均与实际垮塌情况吻合的比较好，从而验证了威 201 井区地应力模型的正确性。

2. 储层岩石特征研究

在油藏工程上，含脆性矿物（如硅质）多的岩石，比含黏土矿物多的岩石容易产生裂缝，而粉砂或砂质夹层可改善储层渗透性，开启或不完全充填的天然裂缝能够有效地提高页岩储层的渗透能力。因此，就需要对储层的岩石特性进行研究。岩石特征又主要分为几个方面，首先是岩石的矿物组分特征，其次是岩石的力学特征，这两个方面又都可以反映岩石的脆性特征。

岩石矿物组成特征是影响基质孔隙与微裂缝发育程度、含气性及压裂改造方式的重要因素。岩石中黏土矿物含量越低，石英、长石、方解石等脆性矿物含量越高，岩石脆性越强，在外力作用下越易形成天然气裂缝和诱导裂缝，形成树状或网状结构缝，有利于开采。而黏土矿物含量高，塑性强，吸收能量强，以形成平面裂缝为主，不利于体积改造。岩石矿物组分的研究可以通过对岩屑、岩心样品的薄片观察、样品的实验室测定和测井计算等方法进行。

岩石力学参数主要有杨氏模量、泊松比、剪切模量、体积模量、拉梅系数和体积压缩系数等弹性参数以及强度参数、内聚力和内摩擦角等，通常可以通过实验分析和测井计算获得。这些岩石力学参数有助于判断岩石的致密程度、风化情况及岩性变化，是制定钻井、完井与油气开发方案和施工措施的重要依据。

岩石的脆性是页岩体积压裂所考虑的重要特征参数之一，脆性特征同时也决定了页岩压裂设计中液体体系与支撑剂用量选择。通常可以通过脆性矿物组分含量或者杨氏模量、泊松比来评价页岩储层的脆性。石英、长石等脆性矿物含量高有利于后期的压裂改造形成裂缝；碳酸盐矿物中方解石含量高的层段，易于溶蚀产生溶孔。泊松比和杨氏模量结合起来能够反映岩石在应力（泊松比）下破坏和一旦岩石破裂时维持裂缝张开（杨氏模量）的能力，因此，就泊松比而言，其值越低，岩石越脆，并且当杨氏模量值增加时，岩石将更脆。

三、储层特征与地质导向方案设计

虽然致密砂岩储层或者页岩气储层多为连续性成藏，但储层在纵横向上非均质性较强，储层特征会发生明显变化，如有机碳含量、矿物组分含量等，这些变化就表现在电性、地球化学等特征，因此可以通过对待开发区纵横向上储层特征变化的刻画，明确不同地区不同层段的储层特征，通过对相关参数的实时采集，进而在钻进过程中明确钻头位置。

地质导向就是一套综合运用录井、随钻测井等实时地质信息和随钻测量的实时轨迹数据，根据地质认识调整井眼轨迹，准确入靶，并使井眼轨迹在目的层有利位置向前延伸的技术。其基本原理是地层对比和深度校正，即根据录井和随钻测井提供的钻时、岩屑、荧光及气测等录井信息和自然伽马、电阻率等测井信息对地层，尤其是标志层进行识别和对比，根据标志层的实钻垂深、预估的标志层距目的层顶底的距离和水平井所在区域的构造特征，预测出不同位移处目的层顶底的垂深，及时校正设计，调整钻井轨迹，确保准确入靶以及合理穿越油气层。

由于地层在纵向上由于沉积环境的改变和后期成岩作用的影响，不同的岩性会呈现出不同的元素和伽马能谱组合的特征。因此，建立不同地区纵向上元素和伽马能谱变化特征的剖面，就能在钻井过程中通过特殊录井技术快速判断地层辅助导向。因此，在现今的页岩气钻井过程中，除了采用常规的综合录井技术外，还多采用XRF元素录井技术、伽马能谱录井技术等特殊录井技术辅助单伽马地质导向技术。这些特殊录井技术除了可以辅助地质导向，还可以快速识别岩性，辨别沉积环境，判识矿物的类型，后期计算有机碳含量、矿物组分含量，丰富了录井评价非常规储层的技术。

第三节　工厂化压裂设计

一、储层可压性评价

大量研究成果表明，储层是否具备实施体积改造的条件，最主要因素为岩石力学特性、地应力以及天然裂缝发育状况。

1. 岩石力学特性（脆性）

储层岩性具有显著的脆性特征，是实现体积改造的物质基础。岩石破裂是指岩石承受的外力超过岩石原子晶格及骨架之间的内聚力使其发生破坏的现象。岩石破裂前瞬间时态越短，说明岩石越易发生脆性断裂，如果岩石在破裂前出现延展特性后再破裂，则说明岩石具有塑性特征，脆性指数是岩石发生破裂前的瞬态变化快慢难易程度的表征。基于岩石性质的水力裂缝模式如图2-1所示。

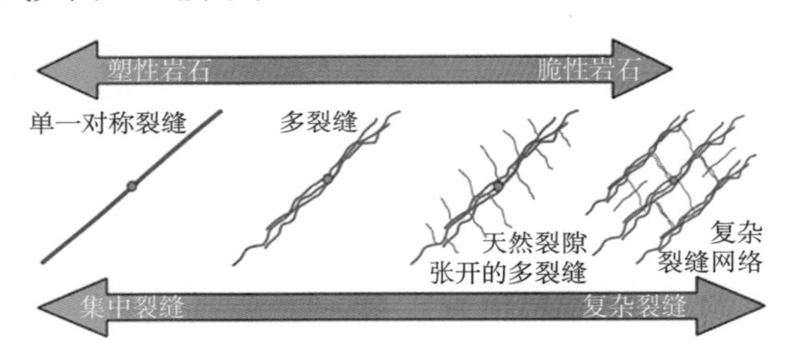

图2-1　基于岩石性质的水力裂缝模式

储层矿物组分如果以石英和碳酸盐岩两类占优，则有利于产生复杂缝网；如果以泥岩占优则具有显著塑性特征。不同区域的页岩矿物组分差异较大，使用的改造技术和液体体系各不相同。目前一般通过对杨氏模量及泊松比的计算来确定脆性指数的高低，脆性指数高的易形成缝网。此外，国外许多学者对脆性指数和形成复杂缝网的关系都做了大量研究，目前除用岩石力学参数进行计算之外，还有用矿物组分来计算脆性指数的方式，主要取决于岩石样品的获取以及求取的实验数据的多少。

2. 地应力

地应力的大小及方向是决定裂缝开启方式及开启难易程度的重要指标（图2-2）。当最小主应力值较低时，水力裂缝能够在较小施工压力下开启。应力差则是能否形成体积裂缝的一个关键因素，在施工总液量相同的情况下，水平主应力差增大，体积裂缝的分布长度增大，分布宽度降低，长宽比增加。水平主应力差越小，裂缝的复杂程度越高。

人工裂缝在高度上的延伸主要则受到垂向应力剖面的控制，垂向上的应力差异将对人工裂缝的延伸起到遮挡作用，储层和隔层的最小水平主应力在垂向剖面上的大小变化，直接影响着裂缝的高度。

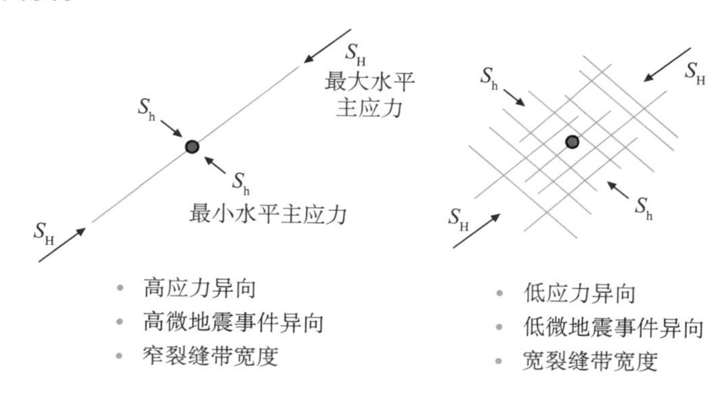

图 2-2　应力状态对形成缝网的影响

3. 天然裂缝

页岩储层发育良好的天然裂缝及层理，是实现体积改造的前提条件。天然裂缝存在与否、方位、产状及数量直接影响到体积改造裂缝网络的形成，而天然裂缝中是否含有充填物对形成复杂缝网起着关键作用（图 2-3）。天然裂缝几乎存在于所有的页岩产层中，但在水力压裂施工打开和沟通这些天然裂缝前，它们都几乎对产量不起任何作用。无论天然裂缝是潜在缝或张开缝，以及被胶结物充填等，在压裂过程中，天然裂缝的开启所需要的缝内净压力与注入液体的黏度及排量密切相关。

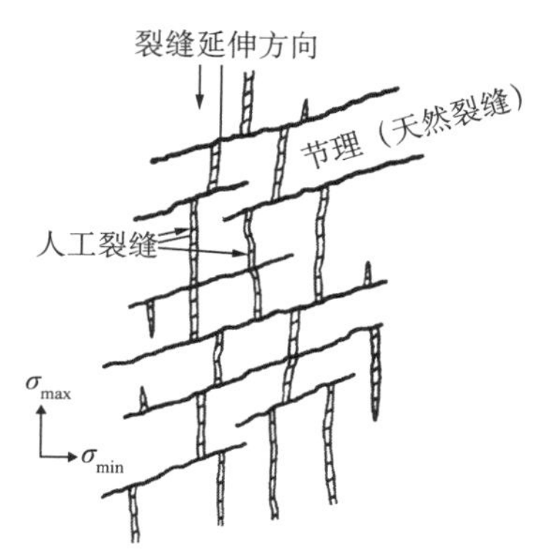

图 2-3　天然裂缝对形成缝网的影响

压裂施工中，通过优化排量、液体黏度以及采用相应的技术方法，可以确保缝内净压力满足裂缝开启条件，就能较为容易地形成复杂缝网。但压裂形成缝网的难易程度与天然裂缝和水平层理的自然状态（是否为潜在缝或张开缝，裂缝内是否有充填物等）密切相关。如 Woodford 页岩与 Barnett 页岩的矿物组分基本相似，但滑溜水压裂效果明显较 Barnett 页岩差，主要原因之一就是 Woodford 页岩不含碳酸盐岩，压裂时天然裂缝起裂难，或不能有效开启，或者支撑剂嵌入在裂缝黏土层，难以形成有效支撑。

二、裂缝扩展模式分析

针对不同的油气藏储层特性，研究裂缝扩展模式是缝网设计的前提。裂缝扩展模式具有以下几种：

1. 裂缝剪切滑移

传统裂缝扩展模型的最大特点就是假设压裂人工裂缝起裂为张开型，且沿井筒射孔层段形成双翼对称裂缝。以 1 条主裂缝实现对储层渗流能力的改善，主裂缝的垂向上仍然是基质向裂缝的长距离渗流，最大的缺点是垂向主裂缝的渗流能力未得到改善，主流通道无法改善储层的整体渗流能力。

体积改造依据其定义，形成的是复杂的网状裂缝系统，裂缝的起裂与扩展不简单是裂缝的张性破坏，而且还存在剪切、滑移、错断等复杂的力学行为。

Hossain 等人采用分形理论反演模拟天然裂缝网络，考虑了线弹性和弹性裂缝变形和就地应力场，建立了节理、断层条件下裂缝剪切扩展模型。其用于判断裂缝是否产生剪切滑移的模型为：

$$\tau_n \geqslant \sigma_{eff} \tan(\varphi_{basic}+\varphi_{dil}^{eff}) \tag{2-1}$$

如果剪切膨胀作用产生的裂缝宽度的增加量为 α_s，其计算模型为：

$$\alpha_s = U_s \tan(\varphi_{dil}^{eff}) \tag{2-2}$$

当 $\sigma_{eff}>0$ 时，总的裂缝宽度可以表示为：

$$\alpha = \frac{\alpha_0}{1+9\sigma_{eff}/\sigma_{nref}} + \alpha_s + \alpha_{res} \tag{2-3}$$

残留裂缝宽度 α_{res} 通常在高有效应力下存在，这里假设为0，则缝宽 α 最终数学表达式为：

$$\alpha = \frac{\alpha_0 + U_s \tan(\varphi_{dil})}{1+9\sigma_{eff}/\sigma_{nref}} \tag{2-4}$$

式中 τ_n——裂缝壁面剪切应力，MPa；

σ_{eff}——垂直有效应力，MPa；

σ_{nref}——缝宽减小到原90%时施加的垂向应力，MPa；

φ_{basic}——裂缝表面的摩擦角，（°）；

φ_{dil}^{eff}——有效剪切膨胀角，（°）；

φ_{dil}——测量得到的膨胀角，（°）；

α、α_0、α_{res}、α_s——裂缝总宽度、初始宽度、剩余宽度、剪切滑移时裂缝宽度，m；

U_s——剪切位移，m。

以该模型为基础，可以用来计算剪切滑移形成的缝宽，为页岩气裂缝导流能力的形成及保持提供了计算方法。

国内研究者研究了裂缝张性起裂及剪切起裂的条件，建立了相应的计算模型，现场探索试验了缝网压裂技术，为页岩气体积改造研究进行了有益探索。当天然裂缝发生张性断裂时：

$$p > \sigma_n \tag{2-5}$$

式中 p——天然裂缝近壁面的孔隙压力，MPa。

产生张性裂缝所需净压力方程为：

$$p_{net}(x, t) > \frac{\sigma_H - \sigma_h}{2}(1-\cos 2\theta) \tag{2-6}$$

作用于天然裂缝的剪应力过大，则天然裂缝容易发生剪切滑移，此时：

$$|\tau| > \tau_0 + K_f(\sigma_n - p) \tag{2-7}$$

由此建立相应的发生剪切断裂所需裂缝净压力方程为：

$$p_{net}(x, t) > \frac{1}{K_f}\left[\tau_0 + \frac{\sigma_H - \sigma_h}{2}(K_f - \sin 2\theta - K_f \cos 2\theta)\right] \tag{2-8}$$

当$\theta=\frac{\pi}{2}$时有p_{max}最大值，最大值p_{max}为：

$$p_{max} > \frac{\tau_0}{K_f} + (\sigma_H - \sigma_h) \tag{2-9}$$

式中　p_{net}（x，t）——裂缝内净压力，MPa；

σ_H，σ_h—— 水平最大主应力和水平最小主应力，MPa；

τ—— 作用于天然裂缝面的剪应力，MPa；

τ_0—— 天然裂缝内岩石的黏聚力，MPa；

K_f—— 天然裂缝面的摩擦因数；

σ_n—— 作用于天然裂缝面的正应力，MPa；

p—— 天然裂缝近壁面的孔隙压力，MPa；

θ—— 天然裂缝逼近角，rad。

一般认为，天然裂缝τ_0=0，因此天然裂缝或地层弱面发生剪切断裂的最大值同样为水平主应力差值。综合分析认为，在天然裂缝性储层使天然裂缝张开形成分支裂缝的力学条件为施工裂缝内净压力超过储层水平主应力差值。

2. 应力干扰

裂缝扩展形态的计算采用 Roussel、Olson 等的假设，即不考虑流动摩阻和滤失，考察恒定高度裂缝在缝间应力干扰作用下扩展形态。矿场尺度下水力压裂裂缝扩展通常处于黏度控制阶段，裂缝应力强度因子小于其断裂韧性时也会发生扩展。根据 Pollard、Olson 等研究，采用亚临界扩展模型计算扩展速度：

$$v_t = A\left(\frac{K}{K_{Ic}}\right)^m \tag{2-10}$$

Ⅰ－Ⅱ复合型裂缝尖端应力强度因子为：

$$K=0.5\cos(\beta/2)\left[K_{Ⅰ}(1+\cos\beta) - 3K_{Ⅱ}\sin\beta\right] \tag{2-11}$$

其中Ⅰ型、Ⅱ型应力强度因子通过缝尖位移不连续量确定。

裂缝扩展角度φ采用最大周向应力准则确定：

$$K_{Ⅰ}\sin\varphi + K_{Ⅱ}(3\cos\varphi - 1) = 0 \tag{2-12}$$

式中　v_t——裂尖扩展速度，m/s；

A—— 常数，m/s；

m—— 亚临界扩展指数；

K，K_{Ic}—— 裂尖应力强度因子和材料断裂韧性，MPa · $m^{1/2}$；

β—— 单元高度修正系数。

多裂缝同步扩展情况下，多条裂缝尖端根据扩展速度增加单元长度。需要注意的是，非等单元条件下，裂缝尖端应力强度因子存在较大误差。为了避免裂缝非等单元扩展，对多裂缝同步扩展处理方法为：计算各缝尖应力强度因子，确定各自扩展速度，将各缝尖扩展速度进行排序，最大扩展速度的缝尖增加一个单元，其他缝尖则根据其扩展速度累积单元增量，当累积单元增量达到一个扩展单元时，进入位移不连续裂缝扩展模型的计算部分，否则累积缝长直到一个扩展单元。由于裂缝体积等于注入液量，因此以裂缝体积达到注入液量为计算终止判定条件。

由于水力裂缝沿最大主应力方向延伸，因此若应力条件满足 $\sigma_{\mathrm{H}}+\sigma_{xx}>\sigma_{\mathrm{h}}+\sigma_{yy}$，即：

$$\sigma_{xx}-\sigma_{yy}<\sigma_{\mathrm{H}}-\sigma_{\mathrm{h}} \tag{2-13}$$

式中　σ_{xx}，σ_{yy}——沿 x 轴、y 轴的法向应力，MPa。

当诱导应力差 $\Delta\sigma=\sigma_{yy}-\sigma_{xx}$ 大于水平主应力差时，水力裂缝会发生 90° 转向。考虑到应力干扰程度与净压力相关，为探讨应力干扰作用范围，以 $\Delta\sigma/p_{\mathrm{n}}=0.2$ 对应的位置作为应力干扰的最大作用范围。分别计算缝长与缝高之比 L/H 为 0.2、0.5、1、3、5、10 时 $\Delta\sigma/p_{\mathrm{n}}$ 的分布特征，以考察不同形态的水力裂缝的应力干扰作用范围。计算中缝高取 50m。

由图 2-4 可知，应力干扰作用范围与裂缝形态有关。当 $L/H=1$ 时，应力干扰作用范围为 50m；当 L/H 为 3、5、10 时，应力干扰作用范围为 60 ～ 75m，满足 1.2 ～ 1.5 倍裂缝高度，表明缝长大于缝高时，增大缝长不会扩大应力干扰作用范围，应力干扰作用范围由裂缝面最小尺寸——缝高确定；而缝长小于缝高时，如 L/H 为 0.5、0.2 时，应力干扰作用范围为 32 ～ 15m。应力干扰作用距离不再为 1.2 ～ 1.5 倍缝高，而是 1.2 ～ 1.5 倍缝长，表明裂缝长度小于高度时，应力干扰作用范围与缝高无关，由裂缝面最小尺寸——缝长确定。

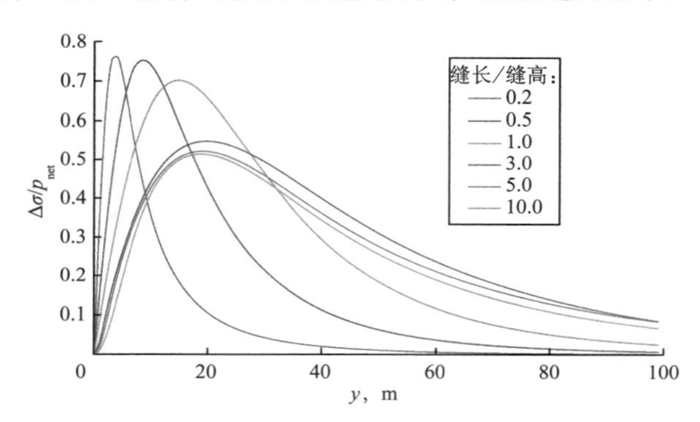

图 2-4　不同尺寸裂缝的 $\Delta\sigma/p_{\mathrm{net}}$ 与 y 关系

综上所述，应力干扰作用范围由裂缝面最小尺寸确定。由于水力裂缝通常缝长大于缝高，因此，水力裂缝应力干扰作用范围通常受控于缝高；在缝高过量增值的情况下，应力干扰作用范围将受控于缝长。

应力干扰作用范围实质上为三维应力向二维应力转化的结果。当缝长大于缝高时，垂直于缝长的截面近似为平面应变，缝高是控制岩体变形的特征量，应力场则受缝高影响；缝长小于缝高时，垂直于缝高的截面近似为平面应变，缝长是控制岩体变形的特征量，应力场则受缝长影响。

3. 与天然裂缝交互

根据储层两个水平主应力差值与裂缝延伸净压力的关系，当裂缝延伸净压力大于储层天然裂缝或胶结弱面张开所需的临界压力时，产生分支缝或净压力达到某一数值能直接在岩石本体形成分支缝，形成初步的缝网系统；以主裂缝为缝网系统的主干，分支缝可能在距离主缝延伸一定长度后又回复到原来的裂缝方位，或者张开一些与主缝成一定角度的分支缝，最终都可形成以主裂缝为主干的纵横交错的网状缝系统。

当裂缝尖端的残余应力大于地层岩石的抗张强度时，水力裂缝将穿过天然裂缝延伸，并且可能同时打开天然裂缝（图 2–5）。水力裂缝的延伸方向除了受岩石强度影响外，另一个关键因素是水力裂缝与天然裂缝的夹角，水力裂缝与天然裂缝正交时需要更大的突破压力，但是这种情况下有助于形成更大的裂缝网络和改造体积。压裂缝与原生缝作用机理如图 2–6 所示。

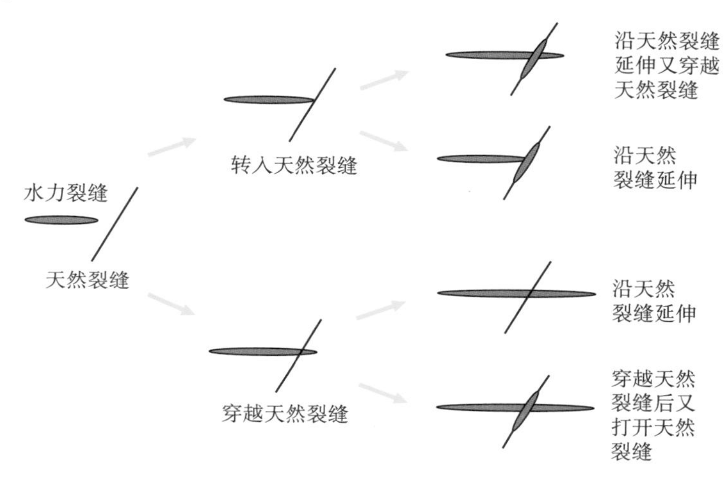

图 2–5　水力裂缝与天然裂缝交互示意图

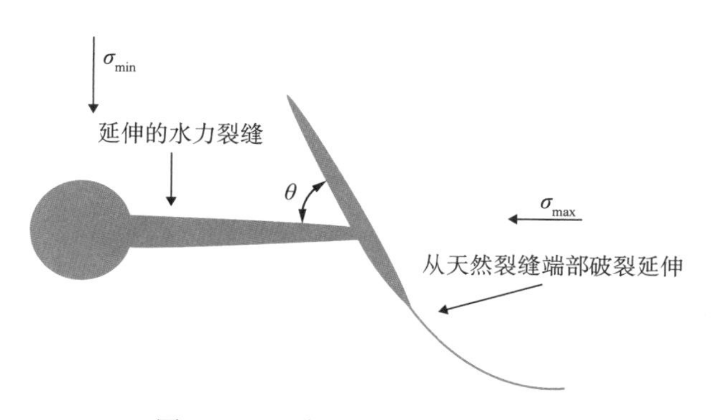

图 2–6　压裂缝与原生缝作用机理

根据弹性力学理论，考虑水力裂缝沿天然裂缝延伸，从天然裂缝端部起裂延伸需要满足以下数学表达式：

$$p_i - \Delta p_{nf} > \sigma_n + T_0 \tag{2–14}$$

式中　T_0——岩石抗张强度，MPa；

Δp_{nf}——交点与裂缝端部间的流体压力降，MPa；

p_i—— 交点处的流体压力，MPa。

考虑水力裂缝在相交点被天然裂缝钝化，在水力裂缝与天然裂缝相交点的流体压力为:

$$p_i=\sigma_h+p_{net} \tag{2-15}$$

作用在天然裂缝面上的正应力为：

$$\sigma_n=\frac{\sigma_H+\sigma_h}{2}+\frac{\sigma_H-\sigma_h}{2}\cos(180°-2\theta) \tag{2-16}$$

得到：

$$p_{net}>\frac{\sigma_H-\sigma_h}{2}(1-\cos2\theta)+T_0+\Delta p_{nf} \tag{2-17}$$

Δp_{nf} 可由天然裂缝内流体的流动方程计算得到：

$$\Delta p_{nf}=\frac{4(p_i-p_0)}{\pi}\Sigma_{n=0}^{\infty}\frac{1}{2n+1}\exp\left[-\frac{(2n+1)^2\pi^2K_{nf}t}{4\phi_{nf}\mu C_t L_{nf}^2}\right]\sin\frac{(2n+1)\pi}{2} \tag{2-18}$$

式中 K_{nf}——天然裂缝渗透率，mD；

ϕ_{nf}—— 天然裂缝孔隙度，无量纲；

μ—— 地层流体黏度，mPa · s；

C_t—— 天然裂缝综合压缩系数，MPa^{-1}；

p_0—— 储层的初始流体压力，MPa；

t—— 时间，s；

L_{nf}—— 天然裂缝长度，m。

根据式（2−18）可以看到，施工净压力越高，水力裂缝沿天然裂缝转向延伸的逼近角和水平应力差涵盖范围越大，水力裂缝越容易发生转向延伸，且更容易形成复杂的裂缝网络。室内人工裂缝与天然裂缝和层理面的交互延伸如图 2−7 所示。

图 2−7 室内人工裂缝与天然裂缝和层理面的交互延伸

实际页岩压裂时的裂缝形态更为复杂，其不仅受到地应力、岩石力学性质、天然裂缝的控制，同时还受到空间内相邻裂缝扩展的影响。目前的页岩水力压裂模拟均是建立在简单的裂缝平面模型的基础上开发出来的，不能考虑裂缝空间非平面、多分支扩展的复杂过程，对水力裂缝之间及水力裂缝与天然裂缝之间相互作用的力学机理考虑不足，难以反映页岩压裂中水力裂缝扩展的物理本质。

部分天然裂缝壁面不吻合且粗糙，在裂缝扩展时水力裂缝将开启早已存在的天然裂缝，天然裂缝面上剪切应力释放使得缝面滑移，压裂结束后天然裂缝具有较高导流能力。闭合天然裂缝开启后其导流能力由裂缝面的滑移量决定，滑移量与地应力、天然裂缝尺寸与产状、地层弹性参数有关。

三、压裂方式与压裂工艺优选

针对不同的油气藏储层物性，从形成最佳缝网出发，确定压裂方式，通常适用于致密油气与页岩气大规模压裂的压裂方式有以下几种：

1. 快速可钻式桥塞分段压裂技术

该工具是从直井常规铸铁可回收式桥塞发展而来，下入方式通常采用（连续）油管、水力爬行器或水力泵入。技术特点包括节省钻时（同时射孔及坐封压裂桥塞）；易钻，易排出（钻掉时间小于 35 min，常规铸铁时间小于 4 h）；适用于套管压裂，可满足多种套管尺寸需要。核心技术主要包含快速可钻式桥塞材料、桥塞送入及坐封技术、桥塞与射孔枪分离技术。

速钻桥塞分段压裂技术应用于套管完井，使用电缆传输桥塞和射孔联作技术，实现水平井段下段封隔、上段射孔及压裂作业，完成多段分压工序后快速钻磨桥塞，达到分压合采的目的，能满足任何级数分段压裂（图 2–8）。速钻桥塞整体采用复合式材料，该特殊材料具有易钻性强的特点，且钻后能实现井筒的全通径。施工方式采用光套管大排量注入的方式，具有封隔可靠、改造规模大、人工裂缝起裂位置明确、压后易钻磨等优点。最新的大通井桥塞和可溶桥塞已经在现场开展应用，在一定程度上减少了后期钻磨作业的风险。

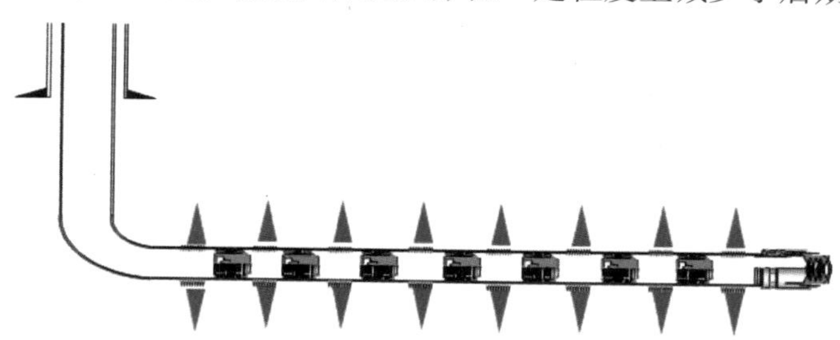

图 2–8　快速可钻式桥塞分段压裂技术示意图

2. 水平井封隔器滑套分段压裂技术

水平井裸眼封隔器滑套分段压裂技术在致密油气藏水平井压裂改造中取得了良好的应用效果。其主要技术路线为：使用套管连接由裸眼封隔器及裸眼滑套组合的多段完井压裂管柱下井，通过液压方式实现封隔器坐封，利用投球打开滑套来实现不同层位压裂（图 2–9）。

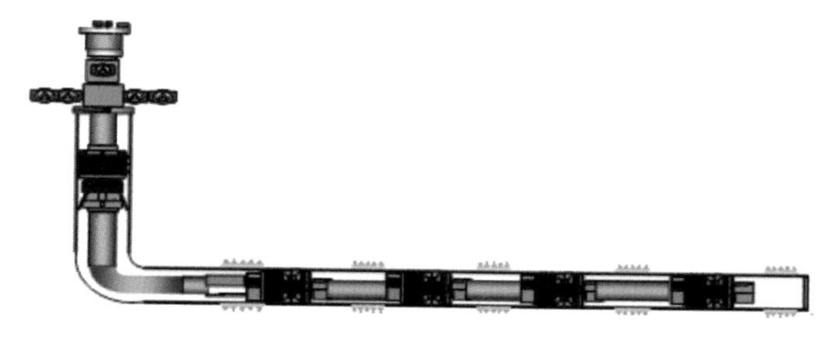

图 2–9　水平井封隔器滑套分段压裂技术示意图

3. 固井滑套分段压裂技术

该技术利用可开关式固井滑套选择性的放置在储层有利位置，固井完成后，利用钻杆、油管或连续油管代开关工具将滑套打开，然后用同一趟管柱进行压裂作业（图2–10）。该压裂完井体系可根据储层情况，选择多个滑套，实现多层压裂投产或选择性压裂开采。该技术可应用到任何利用压裂措施投产的井。

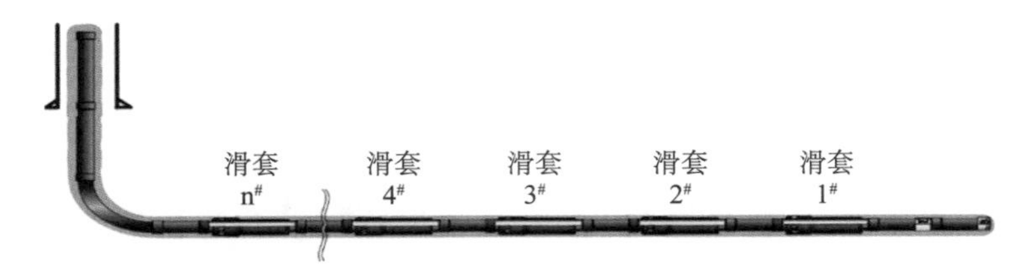

图2–10　固井滑套分段压裂系统示意图

4. 水力喷砂分段压裂技术

水力喷砂压裂主要原理为伯努利方程，集成水力压裂和水射流技术于一体，利用高速水射流将套管及地层射开并形成射孔，流体的动能进而转化为压能，在射孔周围产生一定尺寸的水力裂缝，实现压裂作业（图2–11）。由于井底压力恰好在裂缝延伸压力之下，进行下一层段压裂时，已压开层位不再延伸，从而实现在不使用桥塞和封隔器等隔离工具的条件下，就可实现自动封隔以达到压开多段产层的目的。

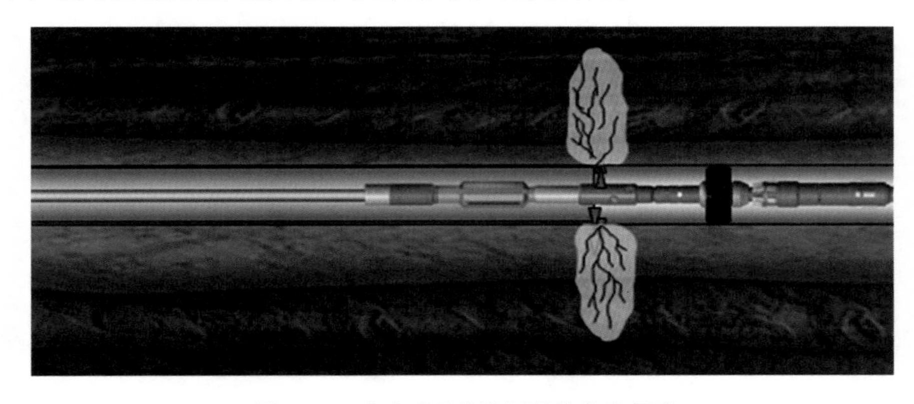

图2–11　水力喷砂分段压裂技术示意图

四、压裂参数优化设计

1. 井间优化布缝

水平井体积改造常采用平台作业模式，探索平台作业模式下，不同布缝模式的裂缝扩展形态成为体积改造优化设计的关键基础问题。对于多井平台作业，根据布缝位置，可分为对称布缝和交错布缝模式，多井对称和交错压裂裂缝扩展形态图如图2–12所示，而根据布缝时间顺序，可分为同步压裂和拉链式压裂，两口拉链式压裂井裂缝模拟如图2–13所示。根据现场施工情况，平台作业还存在每口井的布缝顺序问题。通过分析不同布缝模式的水平井体积改造的裂缝扩展形态，从而评价不同布缝模式的体积改造效果。

在不考虑天然裂缝影响的前提下，考察井间距 400m 的两口井各 3 条裂缝对称布缝压裂模式和对称交错布缝压裂模式的裂缝扩展形态（图 2−12），图中 A1 表示 A 井的第一段压裂缝，B1 表示 B 井的第一段压裂缝。

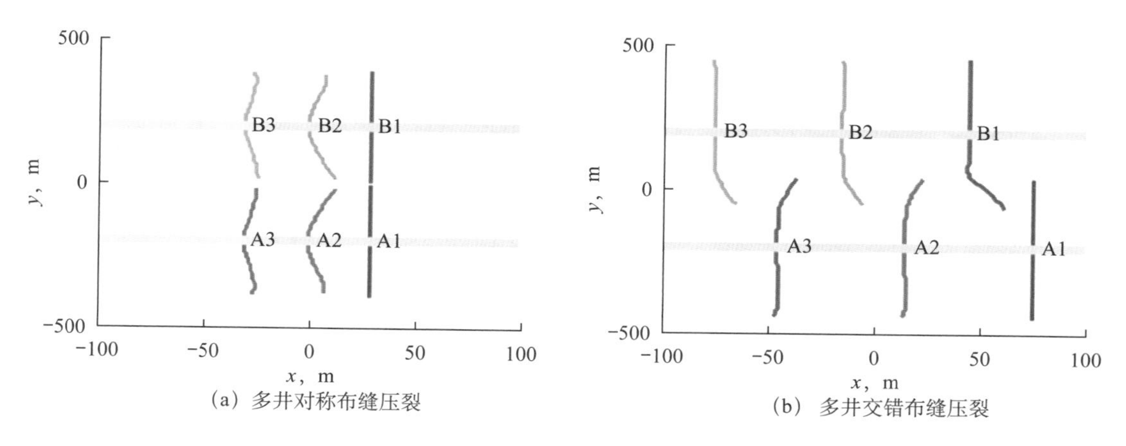

图 2−12　多井对称和交错压裂裂缝扩展形态图

图 2−13　两口拉链式压裂井裂缝模拟

两口井对称布缝时，压裂 A1 段后，在邻井压裂 B1 段，结果显示 B1 压裂缝仍沿直线扩展，因此对称分布的邻井压裂缝 B1 不受 A1 的影响。压裂 A2 段时，A2 受到 A1 影响，A2 裂缝发生偏转，但偏转幅度较小，其他裂缝也是类似的扩展形态。由此可知，应力干扰只作用于同井裂缝，并不作用于对称分布的邻井裂缝。因此，对称布缝可减小应力干扰影响和裂缝的偏转幅度。

两口井交错布缝时，结果显示，井间区域的裂缝发生偏转，而井外侧裂缝未发生偏转。A1 压裂后，井间区域的 B1 段裂缝在扩展至半缝长 150m 时，即与第 1 条裂缝有交叠时（由于井间距为 400m），井间区域的 B1 裂缝向 A1 靠近偏转，平均偏转角度 5.71°。A2 裂缝则是在扩展至半缝长 30m 时，开始靠近 B1，平均偏转角度为 5.52°，其他裂缝也是类似的偏转形态，即与井间区域的邻近裂缝有交叠时，发生靠近偏转，偏转角度均为5°～6°，井外侧区域裂缝不发生偏转。由此可知，对于交错布缝模式，井中间的交错缝会向邻近裂缝靠近偏转。

根据模拟计算结果可知，相同缝间距下，交错布缝的裂缝覆盖面积大概是对称布缝的2倍，同时对称布缝存在较大裂缝未覆盖区，因此交错布缝方式是增大油气藏改造体积的高效方法。

2. 分段优化

页岩气水平井分段优化依据包括几个方面：储层物性、脆性指标、录井显示、天然裂缝。一个页岩气水平井的压裂必须参考测井数据，而直井测井数据包括了孔隙度、伽马、声波、中子、密度和元素俘获测井。结合岩心实验数据进行的标定，可以直观的为压裂设计分段选择提供依据。

而针对页岩气水平井，由于页岩气储层具有非均质性和各向异性，所以对页岩气储层的完井压裂设计，必须通过储层质量与完井特性的结合来做相应的优化。一般传统的完井设计假设页岩在侧向上是均质的，所以在进行多级分级压裂设计时，通常各级会选择大致等距均分的方式，这样会导致不同起裂特性的岩石分在同一层段，一旦容易裂开的层段裂缝开启，就很难再压开高应力的层段，导致压裂效率的降低。

而对于页岩这种非均质性和各向异性显著的储层，那么需要根据储层质量和完井特性综合确定各级分级长度，尽量将特征相同的层段分配在同一级内，形成不均匀分级。这样通过对不同级采取相应的压裂措施，来保证裂缝在井筒内尽量均匀分布。裂缝分布由储层质量和完井特性确定，尽量分布在容易起裂，同时储层质量较好的层段，这样保证每一段都是相对低的起裂压力，降低工程施工难度的同时，有效增加产量。

段间距的优化首先要考虑裂缝间距优化。在具体的优化设计中，需通过数值模拟首先确定裂缝间距，然后根据裂缝间距确定分簇数，再根据分簇数确定每次压裂段的长度，进而根据水平段的长度来确定每口井压裂段数。

Mayerhofer等研究表明，裂缝间距对采收率影响很大，间距越小，采收率越高。国内外研究表明，如果考虑利用缝间干扰，裂缝间距一般应选择小于30m。

借助产能预测、诱导应力预测数值模拟，以实现最大单井产量与储层改造体积为目标，综合推荐段间距为：60～80m，簇间距20～30m。簇间距较小时，各簇间缝网交错较大，存在簇间流动干扰；随着改造规模增大，改造裂缝面积增大，簇间干扰幅度更大；簇间距为30m时，裂缝扩展主要沿最大主应力方向，簇间干扰不明显，增大规模难以完全波及簇间未改造区域（图2–14）。

考虑储层非均质性影响，根据储层地质模型对实际各井分段方案进行微调，加强对优质储层的重点改造。

（1）在储层品质较好的巷道位置，加密分段，段长控制在60～70m；

（2）在局部储层品质相对较差的位置，适当增大段长，段长控制在70～80m之间。

分段尽量覆盖整个水平段，过短的分段有利于复杂网络的形成，但还须综合考虑缝间、井间的应力干扰给压裂施工带来的难度和给整体工作效率的影响；过长的分段不利于改造体积的最大化，同时将储层物性、完井参数相似的尽量放在同一级进行施工。

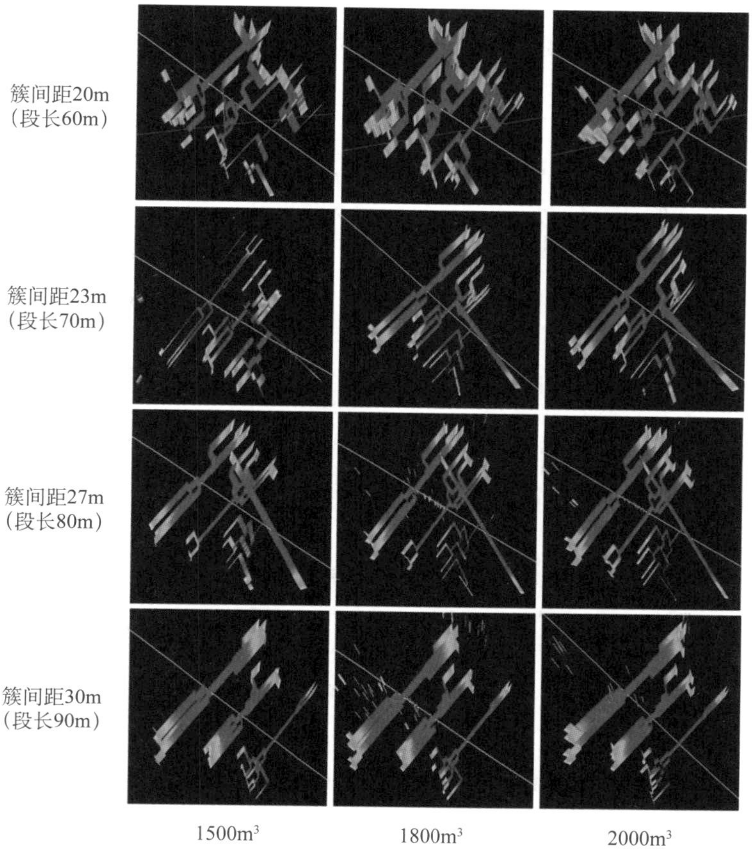

簇间距20m（段长60m）

簇间距23m（段长70m）

簇间距27m（段长80m）

簇间距30m（段长90m）

1500m³　1800m³　2000m³

图2-14　分段分簇模拟优化

3. 分簇优化

由于体积压裂需要形成在储层波及的缝网体积足够的改造，才可能获得较理想的改造效果。通过多簇射孔工艺的应用，增加了射孔簇数，缩短了每簇射孔的段长和孔眼数，从而增大了每个射孔簇的有效孔眼数和单孔进液量，有助于同时开启多条在近井地带非连通的多条裂缝向前延伸。

在确定优质页岩储层段后，就需要考虑射孔的具体方案，包括射孔位置、射孔段长、孔密、相位等。其中，最关键的就是射孔位置的选择，合适的射孔位置不仅有利于水力裂缝的起裂延伸，同时有助于减少近井地带裂缝间的重叠、干扰。因为页岩气体积压裂的目标是形成最大化的增产改造体积，而形成体积裂缝的一个关键就是页岩的脆性。因此，脆性指数是选择页岩气压裂射孔位置首要考虑的因素，尽量选择脆性指数高的位置射孔，将有利于水力裂缝的起裂延伸，若选择的射孔位置都在脆性指数低的地方，那么压裂施工将可能遇到困难。

综合考虑储层质量及完井质量影响，实施分簇位置优选：

（1）高脆性段，应力接近；

（2）高孔隙度；

（3）高 TOC 含量；

（4）录井气测显示好；

（5）固井质量好；

（6）避开套管接箍位置；

（7）避开井漏段。

10m、20m 和 40m 簇间距下裂缝的形态和缝内压力分布如图 2–15 所示。选择 20 ～ 30m 的簇间距能够在一定程度上保证主裂缝的诱导应力场相互叠加和干扰，从而形成远井地带复杂分支裂缝的沟通，从而实现体积压裂缝网改造效果。根据限流压裂原理，尽量提高单孔进液量，确保单孔液量在 0.30m³/min 左右。

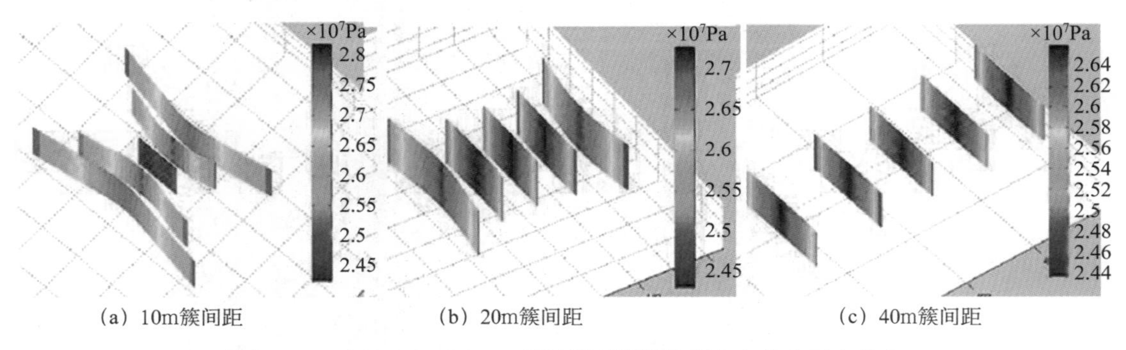

（a）10m簇间距　（b）20m簇间距　（c）40m簇间距

图 2–15　10m、20m 和 40m 簇间距下裂缝的形态和缝内压力分布

4. 压裂模式优化

储层岩石的岩石特性和破裂特征确定了水力裂缝在其中的起裂模式和形态（图 2–16），针对不同区块储层的室内研究和现场试验，形成了滑溜水压裂和混合压裂两类压裂模式。

脆性指数	液体体系	裂缝形态	裂缝宽度 闭合剖面
70	滑溜水		
60	滑溜水		
50	混合压裂		
40	线性胶		
30	泡沫压裂液		
20	交联压裂液		
10	交联压裂液		

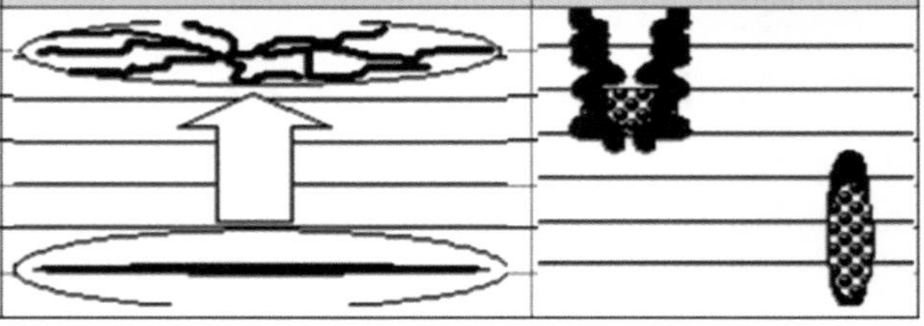

图 2–16　岩石脆性指数与压裂液体系选择及裂缝形态的关系

滑溜水压裂模式主要采用段塞式加砂方式，段塞式加砂的优点是可以灵活控制砂液比例，缺点是裂缝中铺置的支撑剂浓度低，加砂量少，这种模式适合脆性地层和浅井；而混合压裂模式为滑溜水（或线性胶）压裂和线性胶（或冻胶）压裂的组合，在滑溜水（或线性胶）压裂阶段采用段塞式加砂，在线性胶（或冻胶）压裂阶段采用连续型加砂方式，连续型加砂模式优点是裂缝中铺置的支撑剂浓度高，加砂量大，可以提高支撑裂缝的导流能

力，缺点是砂堵风险大，这种模式适合塑性地层。

当渗透率为 0.01 ～ 1.0mD 时，裂缝网络对产量的贡献占 10%，由于压裂液效率相对较低，多采用高黏压裂液体系确保主裂缝的快速延伸，以形成高导流主裂缝为主要目的，因此，支撑剂铺置多以高砂比、连续加砂为主。

当渗透率为 0.0001 ～ 0.01mD 时，裂缝网络对产量的贡献可以达到 40%，复杂缝网对产量的贡献大幅度增加，可考虑主缝与裂缝网络匹配的模式，支撑剂铺置以中低砂比、段塞式注入为主。

当渗透率小于 0.0001mD 时，裂缝网络对产量的贡献将达到 80%，因此，必须形成大型裂缝网络才能提高增产效果。此时，多采用滑溜水压裂技术，部分储集层结合复合压裂技术应用。通过大液量、大排量、低砂比、小粒径支撑剂来增大裂缝网络规模，之后通过线性胶以及较高砂比、较大粒径支撑剂来形成高导流主裂缝。

这说明，储层渗透率越低，次生裂缝网络在产能贡献中的作用越明显，提高储层整体改造效果越好。

5. 缝网优化

通过压裂水平井非线性渗流条件下产能预测分析，与不同方式的井网配置优化，采用注采井网下不等裂缝间距、不等缝长的水平井分段压裂井组整体压裂优化设计理念，实现了井网与缝网的有效匹配，从而优化生产效果。其设计流程如图 2–17 所示，井网与缝网匹配如图 2–18 所示。

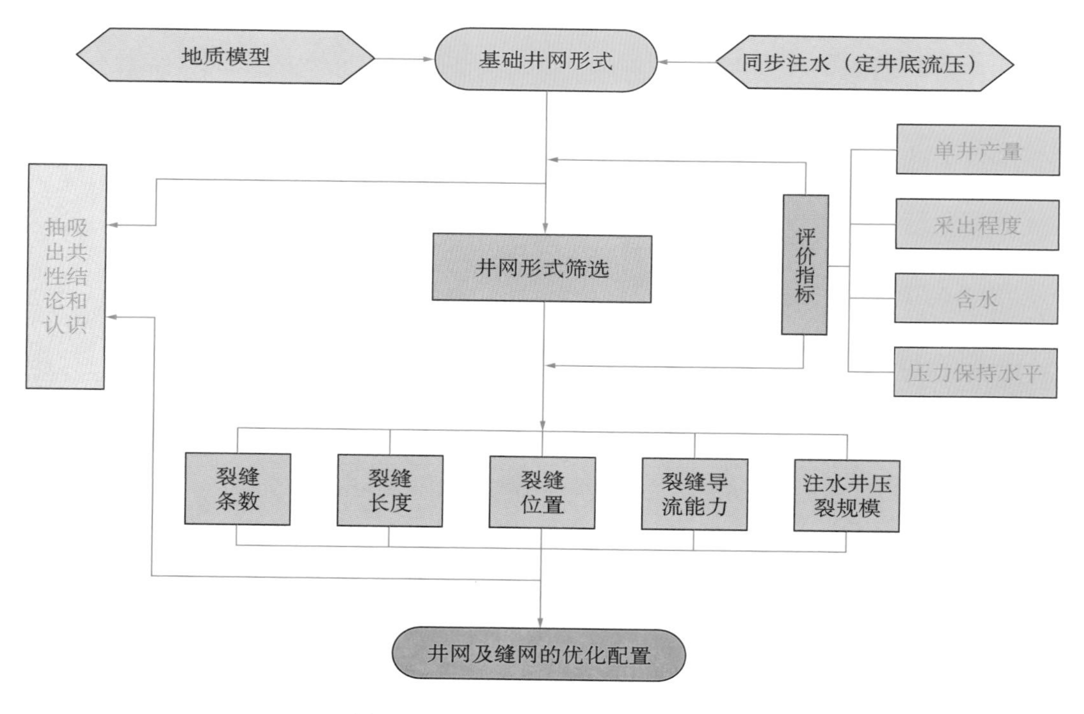

图 2–17　井网与缝网优化设计流程

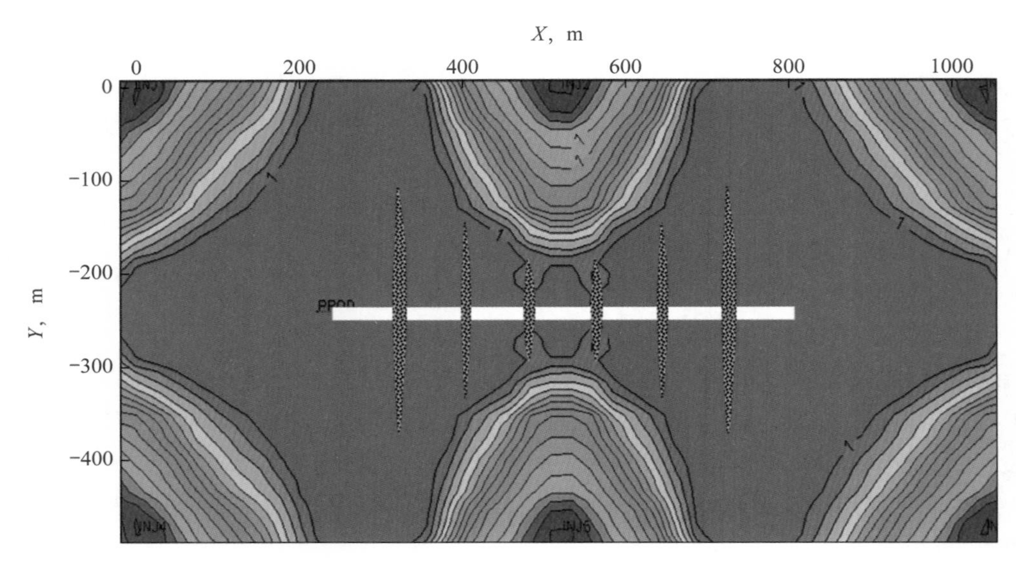

图 2−18　井网与缝网优化配置示意图

6. 施工规模设计

工厂化体积压裂设计中，首先考虑井组布井方式和井间距，在保证本井压裂裂缝拓展和改造体积的基础上，还需充分利用邻井裂缝的相互干扰，在井间形成更加复杂的裂缝网络。

根据储层的改造目标，使用增产软件进行优化设计，通过模拟不同施工规模形成的人工裂缝缝长和储层改造体积（SRV），得到缝长和 SRV 增长与施工规模的最佳匹配值，从而确定优化的单井液量、砂量（图 2−19）。

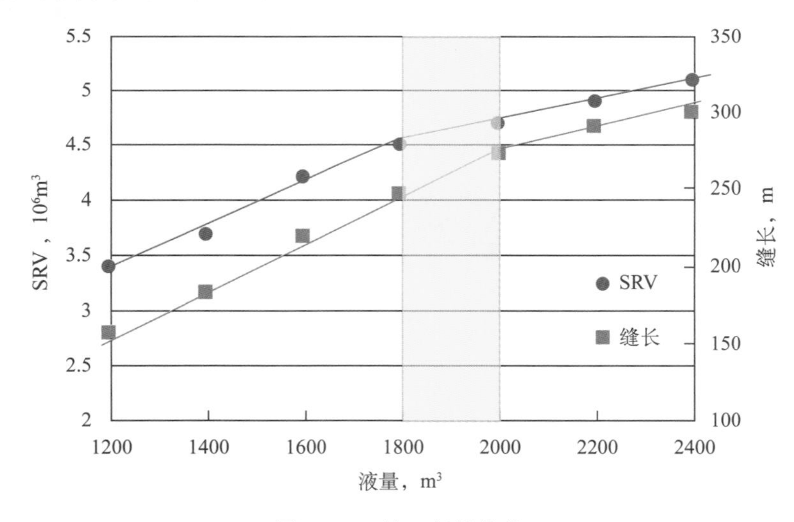

图 2−19　施工规模优化

7. 泵注程序设计

针对不同页岩储层的岩石特性和压裂特征，形成了滑溜水压裂和混合压裂两类压裂模式（图 2−20）。

滑溜水压裂模式主要采用段塞式加砂方式，段塞式加砂的优点是可以灵活控制砂液比例，缺点是裂缝中铺置的支撑剂浓度低，加砂量相对较少，这种模式适合脆性地层和浅井。而混合压裂模式为滑溜水压裂和线性胶（或冻胶）压裂的组合，在滑溜水压裂阶段采用段塞式加砂，有利于形成复杂裂缝网络；在线性胶（或冻胶）压裂阶段采用连续型加砂方式，连续型加砂模式优点是裂缝中铺置的支撑剂浓度高，加砂量大，可以提高支撑裂缝的导流能力，缺点是砂堵风险大，这种模式适合塑性地层。使用滑溜水加砂方式，在后期尾追一个小规模的连续加砂阶段，有助于提高近井地带的裂缝导流能力，加砂风险也相对较低。

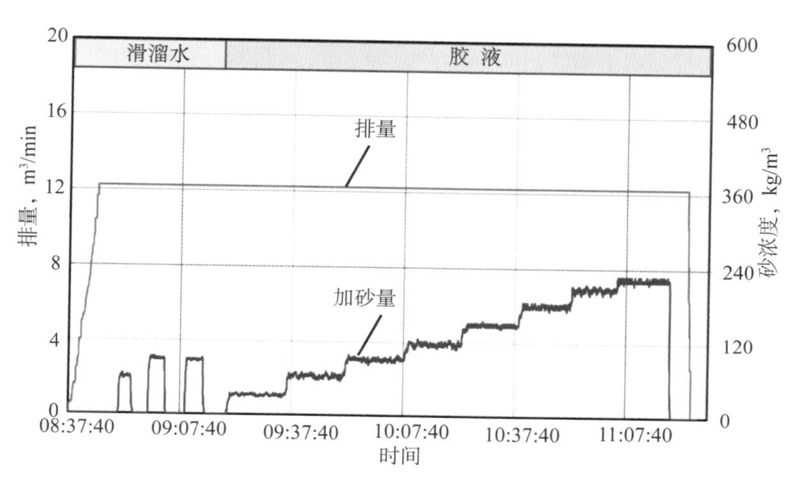

图 2-20 混合压裂模式施工

8. 材料优选

1）压裂液设计

页岩气储层特点不同，其选择的压裂液也不同。目前所使用的压裂液有滑溜水、线性胶和交联液等，而滑溜水和复合压裂液是目前主要压裂液体系。

（1）滑溜水压裂液体系。

该液体体系主要适用于无水敏、储层天然裂缝较发育、脆性较高地层。其主要特点为：适用于脆性地层；提高形成剪切缝和网状缝的概率；使用少量降阻剂，对地层伤害小，支撑剂用量少；成本低，在相同作业规模下，滑溜水压裂比常规冻胶压裂其成本可以降低 40% ～ 60%。

（2）高黏压裂液体系。

高黏压裂液包括线性胶和冻胶，其黏度相对滑溜水来说更高，具有一定的静态悬砂能力，高黏压裂液主要是针对黏土含量高，塑性较强的页岩气储层。注入高黏压裂液既可保证形成更大的缝宽和更高的携砂能力。

低分子多糖类和聚丙酰胺类两种材料均可作降阻剂。低分子多糖具有黏度高，携砂性能较好，可以交联的优点；缺点是成本高。聚丙酰胺类具有成本低，伤害小的优点，但其黏度较低，携砂性能较差。因此，目前广泛选择聚丙酰胺类作降阻剂，降阻率一般可达 60% 以上。

2）支撑剂设计

同等条件下，页岩压裂形成的裂缝比砂岩压裂形成的裂缝窄，支撑剂支撑方式多以单颗粒支撑为主，因此选择的支撑剂粒径通常较砂岩压裂小，以100目和40/70目支撑剂使用最多，施工前期前置液段塞采用100目石英砂，充分封堵微裂缝提高施工净压力从而增加裂缝复杂性，加砂中期采用40/70目低密度陶粒段塞式加砂，填充人工裂缝，后期采用40/70目低密度陶粒连续加砂，提高近井导流能力。

支撑剂的主要作用是支撑剂水力裂缝，因此必须考虑其在裂缝闭合应力下的支撑强度。闭合应力是指实际作用在支撑剂上的有效闭合应力，即闭合压力和井底生产压力的差值。考虑到页岩气井后期生产过程中的井底生产压力一般很低，因此设计时通常采用闭合压力作为优选支撑剂的标准。

对于浅层储层，石英砂足以提供足够的裂缝支撑，而对于地层闭合压力高的储层，需要根据地层实际闭合压力大小来选择合适的支撑剂类型。

随着页岩气等非常规资源的规模化开发，如何降低成本是这类低品位资源实现经济效益开发一个重要的考虑因素，近年来国外页岩气压裂所用支撑剂由以陶粒为主转变为以石英砂为主，国内也相继开始开展石英砂替代陶粒的室内实验和先导性现场试验。

第四节　区域井位部署优化设计

井位部署一般是以开发方案为依据，地面和地质条件相结合，以最大限度动用地下资源为目的，先肥后瘦，优先动用有利资源；地质条件相当的情况下，先易后难，依托已建成平台地面资源，降低成本，采取滚动外扩的方式部署井位。

一、井网部署参数优化

考虑工厂化开发钻完井工程特殊性和地质条件，井位部署重点论证水平井的巷道位置、方位、间距、水平段长度以及布井模式，力求以较少的井数实现较大的资源控制程度。

（1）水平巷道位置。

水平巷道层位的选取应在物性条件、岩石力学特征分析的基础上，以利于形成压裂体积缝网，最大程度动用页岩气资源为目的，综合选取最优巷道。实际选择过程中多会考虑电性、含气性、物性、岩石脆性等特征或指标，结合前期部署的气井产能特征分析成果，最终给出新井水平巷道位置建议。

（2）水平巷道方位。

水平井巷道方位的确定主要从井壁稳定性、压裂改造效果和钻遇天然裂缝等多方面考虑。当井眼方位为最小水平主应力方向时，压裂缝垂直于井筒，有利于提高压裂改造效果，增大泄气面积，最大程度动用页岩储量，如果井眼方位严重影响到钻井的井壁稳定时，可以考虑进行适当的妥协，兼顾钻完井的安全与效益的关系。

（3）水平巷道间距。

页岩气水平井巷道间距的优化受压裂工艺、改造规模及地质条件等多方面的影响，合理的巷道间距既要充分地动用井间储量，同时避免严重的井间干扰，SRV的过度重叠和无谓的投资，需要综合微地震数据、干扰试井、化学示踪剂和井下温压连续监测等多方面资料确定合理的巷道间距。

（4）水平段长度。

水平井水平段长度需要根据工程实施可行性和经济性综合考虑。通常，水平段越长，单井产气量越高，然而工程实施难度越大，压裂所需的级数也相应提高。随着技术的不断进步，水平段长度有越来越长的趋势。

二、井场布置优化

1. 批量钻井平台与井场布局

1）基本原则

“工厂化”模式布井的原则是用尽可能少的井场布合理数量的井，以优化征地费用及钻井费用。单个井场占地面积由井组数决定，一个井场中设计的井组数越多，井场面积越大，需要综合考虑钻井和压裂施工车辆及配套设施的布局。地面工程的设计需要考虑工程和环境的影响，为“工厂化”开发提供保障，同时使占地面积最小化。需要考虑的因素有以下几点：

（1）满足区块开发方案和油气集输建设要求；

（2）充分利用自然环境、地理地形条件，尽量减少钻前工程的难度；

（3）考虑钻井能力和井眼轨迹控制能力；

（4）最大程度触及地下气藏目标；

（5）考虑当地地形地貌，生态环境，以及水文地质条件，满足有关安全环保的规定。

2）平台布井及排列方式

平台布井设计主要包括平台井口排列设计和平台面积计算。在实际工作中应根据现场的实际情况和设计要求，选择相应的井口排列方式，再根据所选的排列方式计算出平台的面积。

根据每一个平台上井数的多少选择井口的排列方式，井口排列方式应有利于简化搬迁工序使总体钻完井的时间最短。井口的常用排列方式如下：

（1）“一字形”单排排列。

“一字形”排列方式适用于平台内井数少的陆地丛式井，井间偏移距丢失最小，有利于钻机及钻井设备移动及压裂车组布局，井距一般为3～5m。图2–21为9口井单排布置图，其中4号与5号井相距30m，其余相距15m，井场总面积19125m^2，配备一台30型钻机和2台50型钻机同时作业。

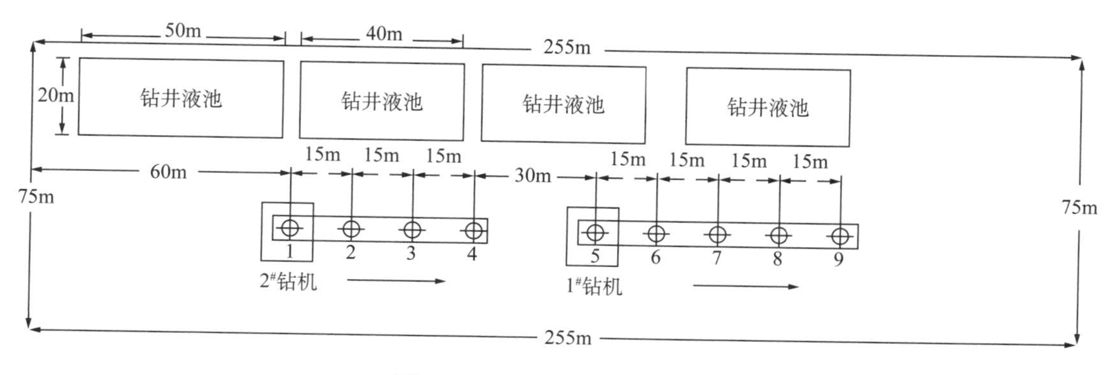

图2–21 井口一字排列示意图

（2）双排或多排排列。

双排排列方式适用于一个丛式井平台上打多口井（图 2–22），为了加快建井速度和缩短投产时间，可同时动用多台钻机钻井，同一排里的井距一般为 3 ～ 5m，两排井之间的距离一般为 30 ～ 50m。

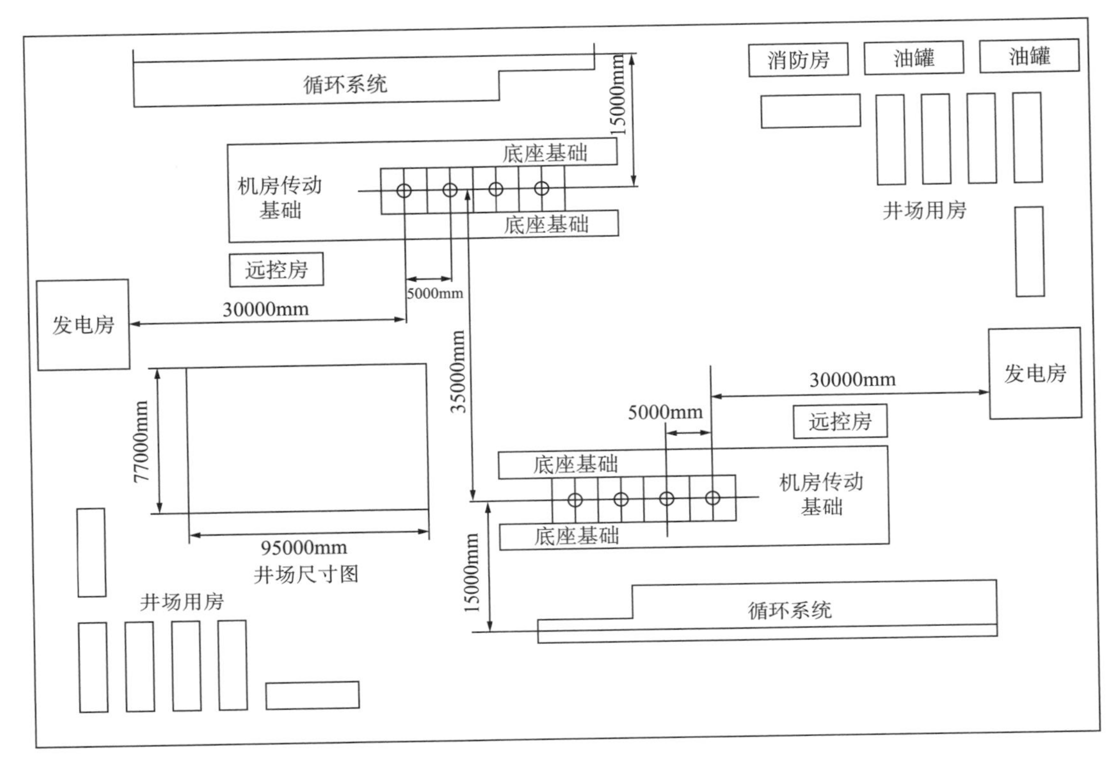

图 2–22　双排双钻机井场布置示意图

图 2–23 是威远 H3 平台双排钻井布井示意图。平台分两排共部署 6 口水平井，排间距约 30m，井口间距 5m。

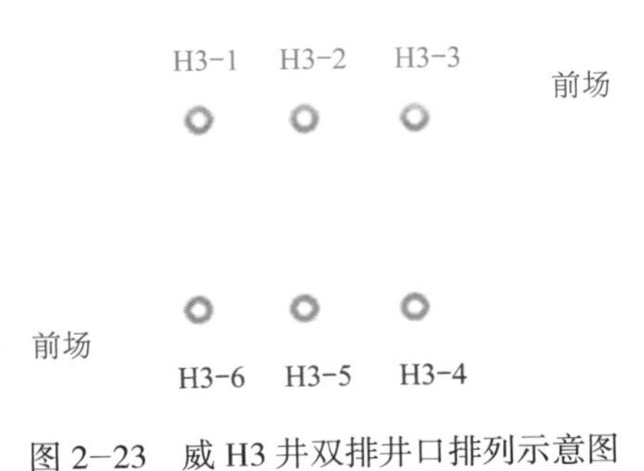

图 2–23　威 H3 井双排井口排列示意图

图 2–24 是大牛地气田 DP43–H 平台示意图。平台由 6 口双靶点水平井组成，分为 3 组，每组 2 口，井间距离 5m，井组之间相距 70m，配备 3 台 50 型钻机同时作业。

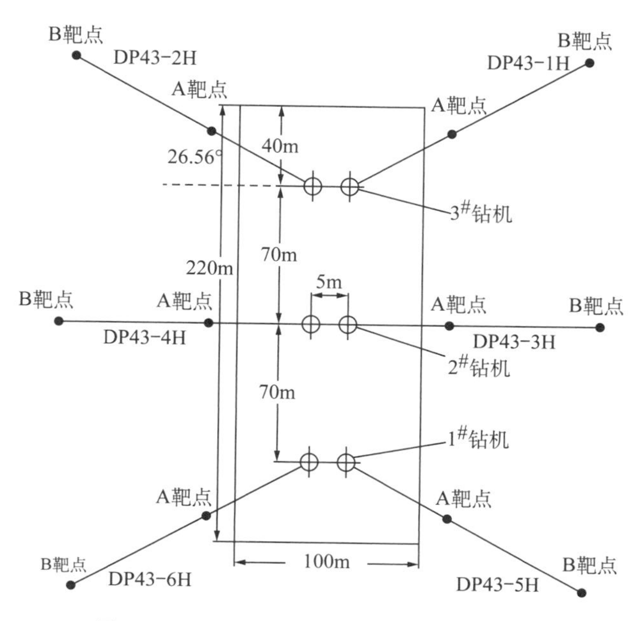

图 2–24 大牛地气田 DP43–H 平台示意图

2. 平台井组设计

目前工厂化较为成熟的井组模式为图 2–25 中模式一所示的平台丛式井，每平台的气井数量为 4 ～ 8 口，靶前距 400m，水平段长度 1500m 左右，工程实施难度小，但此模式靶前距较高，会造成平台上、下半支之间区域的储量浪费。其余可采取的井组模式分别有小曲率半径布井、单一倾斜、勺式布井、横穿盲区布井、交叉布井 5 种模式（图 2–25），各有优缺点（表 2–4）。

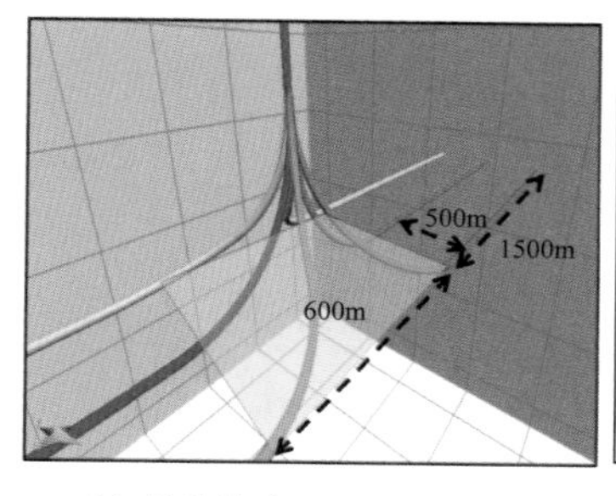

(a) 井组模式一（目前模式）

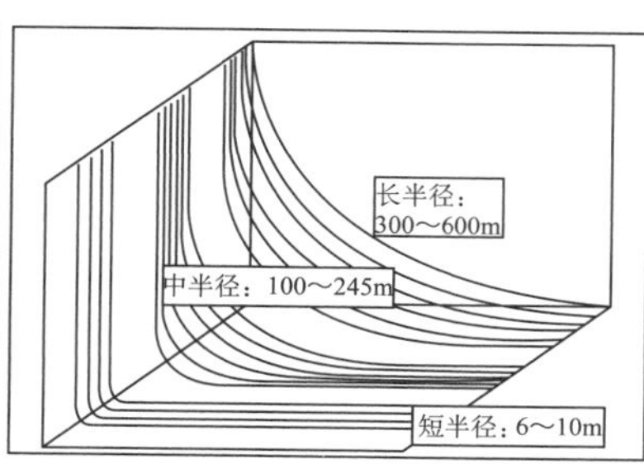

(b) 井组模式二（小曲率半径）

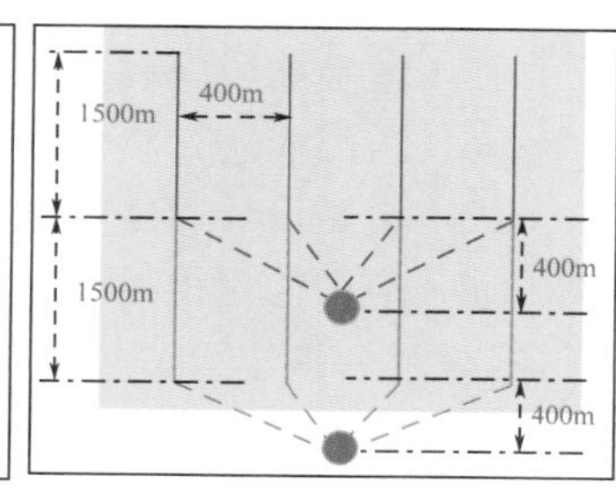

(c) 井组模式三（单一倾斜）

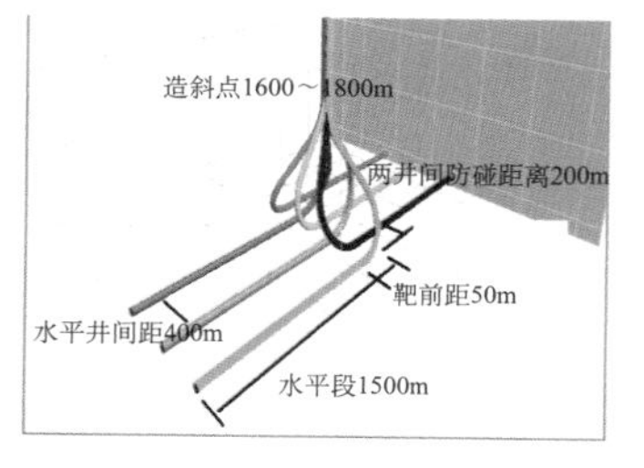

(d) 井组模式四（勺式井）

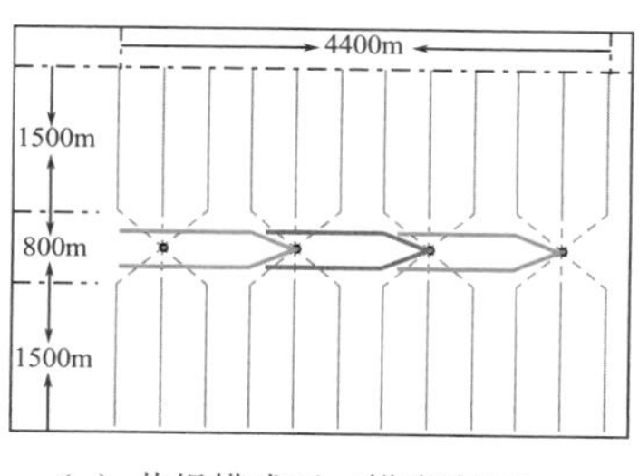

(e) 井组模式五（横穿盲区）

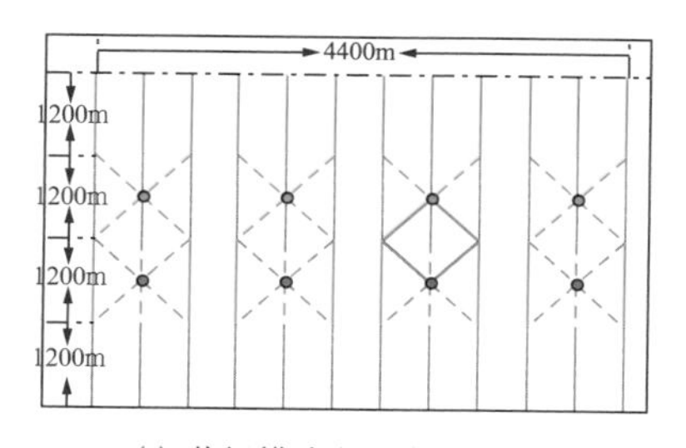

(f) 井组模式六（交叉型）

图 2–25 水平井 6 种布井模式

表 2-4　6 种布井模式参数对比表

布井模式	单个平台气井数量	靶前距 m	水平段长度 m	储量动用程度 %	经济效益	工程难度
目前模式	6 ～ 8	300	1500	82	较好	较小
小曲率半径	6 ～ 8	100 ～ 245	1000 ～ 2000	90	较好	较大
单一倾斜	6 ～ 7	400 ～ 566	1200 ～ 1500	100	一般	较大
勺式井	6 ～ 7	50	1200 ～ 1500	100	较好	较大
横穿盲区	3 ～ 4	400	1500	100	稍差	较小
交叉型	6	750 ～ 7060	1200 ～ 1500	100	一般	较大

第五节　丛式井平台钻前工程设计

一、工厂化作业井场道路设计

1. 井场道路设计原则

通往井场的道路应满足工厂化钻井作业周期内各型车辆安全通行要求，同时应满足以下条件[1-8]：

（1）道路标准不宜低于于 JTG B01《公路工程技术标准》规定的单车道四级公路标准。

（2）桥梁设计所采用的车辆荷载等级应按 JTG B01《公路工程技术标准》的规定执行，计算荷载应采用“公路Ⅰ级”或“公路Ⅱ级”。

（3）应根据井口数量及钻井周期、车辆荷载、交通量等因素计算确定路基路面结构层。

（4）应根据地形、地貌、地质水文等情况合理设计道路排水系统。

（5）危险路段应设置安全警示标识。

（6）道路应避开滑坡、泥石流等不良地质区域。

（7）道路设计速度宜采用 30km/h；受地形、地质等条件限制，采用 20km/h。

（8）应贯彻保护耕地、节约用地和工程建设资源的原则。

2. 设计依据

（1）设计委托书。

（2）线路勘察设计文件。

（3）地方政府有关主管部门同意线路走向的意见。

（4）法律法规及标准规范。

3. 线形设计

（1）路线基本走向应根据井场位置，结合地形、地貌、水文地质等条件，通过分析、对比、论证其路线走向及接线位置。

（2）正确运用技术指标，保持线形连续、均衡，确保行驶安全。

（3）路线设计在考虑行车安全、舒适的前提下，应使工程量小、造价低，便于养护。

（4）路线设计要充分利用地形、地貌条件，同农田、水利建设和城市规划相配合，应避开不可移动的文物、自然保护、古树、风景区，做到少拆或不拆房屋。

（5）公路选线时应对工程地质、水文地质、河流、洪水位等进行深入调查；路线应避免穿过滑坡、泥石流等不良地质地段。

4. 公路平面设计

1）一般要求

（1）公路平面线形由直线、圆曲线和缓和曲线组合而成。

（2）平面线形应做到线形的连续性和均衡性，并同纵面线形相互配合。

2）圆曲线

（1）公路不论转角大小均应设置圆曲线，在选用圆曲线时应与计算行车速度相适应，并结合地形、地貌，应尽可能选用较大的圆曲线半径，以提高公路的使用质量。

（2）公路圆曲线最小半径见表 2–5。

表 2–5　公路圆曲线最小半径

速度，km/h	极限最小半径，m	一般最小半径，m	不设超高的最小半径，m	
20	18	20	路拱 $\leqslant 2\%$	150
			路拱 $> 2\%$	200

（3）井场公路的圆曲线最小长度应大于 20 m 。

3）圆曲线超高

圆曲线半径小于表 2–5“不设超高最小半径”时，应设置圆曲线超高。最大超高应符合下列规定和表 2–6：

（1）一般地区，圆曲线最大超高应采用 8%。

（2）积雪冰冻地区，最大超高值应采用 6%。

（3）公路超高的过渡应在超高缓和段的全长范围内进行。

表 2–6　公路圆曲线超高坡度

半径 R，m	$15 \leqslant R < 20$	$20 \leqslant R < 30$	$30 \leqslant R < 40$	$40 \leqslant R < 55$	$55 \leqslant R < 70$	$70 \leqslant R < 105$	$105 \leqslant R < 150$	大于不设超高的最小半径
超高坡度，%	8	7	6	5	4	3	2	不设

4）圆曲线加宽

（1）圆曲线半径小于或等于 250m 时，应在圆曲线内侧加宽路面。

（2）圆曲线最大加宽值规定见表 2–7。

表 2–7　公路圆曲线加宽值

半径 R，m	$18 < R \leqslant 20$	$20 < R \leqslant 25$	$25 < R \leqslant 30$	$30 < R \leqslant 50$	$50 < R \leqslant 70$	$70 < R \leqslant 100$	$100 < R \leqslant 150$	$150 < R \leqslant 200$	$200 < R \leqslant 250$
加宽值 m	1.3	1.1	0.9	0.7	0.6	0.5	0.4	0.3	0.2

5）超高、加宽缓和段

（1）直线同半径小于150 m的圆曲线径相连接时，应设置超高、加宽缓和段。

（2）超高、加宽缓和段一般设在紧接圆曲线起点、终点的直线上。在地形困难地段，允许将超高、加宽缓和段的一部分插入曲线内，但插入曲线内的长度不得超过超高、加宽缓和段长度的一半。

（3）井场公路的超高、加宽缓和段长度见表2–8。

表2–8　公路缓和段长度

半径，m	18～20	20～70	70～150
缓和段最小长度，m	15	10	8

6）圆曲线连接

（1）同向曲线连接。

两相邻同向曲线直接相连时，应调整线形设置为单曲线或复曲线。

（2）反向曲线连接。

不设超高两反向曲线可直接相连。有超高的反向曲线应保证两曲线间的超高缓和段长度，并调整设置为S形曲线。

7）回头曲线

（1）在自然展线无法争取需要的距离以克服高差，或因地形条件所限而不能采取自然展线时，可采用回头曲线。

（2）回头曲线各部分的技术指标规定见表2–9。

表2–9　公路回头曲线极限指标

计算行车速段 km/h	曲线极限最小半径 m	缓和曲线最小半径 m	超高横坡段 %	最大纵坡 %
20	18	22	6	5

（3）两相邻回头曲线之间，应争取有较长的距离。一个回头曲线终点与下一个回头曲线起点的距离不小于30 m。

5. 公路纵断面设计

1）纵坡

（1）新建公路最大纵坡不超过9%，利用原有公路的改建路段，最大纵坡值可增加1%；回头曲线、缓和坡段、桥头引道最大纵坡不超过5%；当连续纵坡大于5%时要进行纵坡折减。

（2）越岭路线的相对高差为200～500 m时，平均纵坡不应大于5.5%；相对高差大于500 m时，平均纵坡不应大于5%；

2）坡长

纵坡的最小坡长为60 m，不同纵坡的最大坡长规定见表2–10。

表2–10　公路纵坡坡长限值

纵坡坡度 i，%	$5 < i \leqslant 6$	$6 < i \leqslant 7$	$7 < i \leqslant 8$	$8 < i \leqslant 9$	$9 < i \leqslant 10$
坡长限值，m	800	600	400	300	200

6. 路基设计

1）一般要求

（1）路基用地范围：有排水沟时为路堤两侧排水沟外边缘，无排水沟时为路堤（或护坡）坡脚；路堑为坡顶外边缘。

（2）路基设计应根据使用要求和当地自然条件进行，有足够的强度和稳定性，又要经济合理。

（3）路基设计标高绕中轴旋转时指路基中间标高。

（4）路基高度设计：应使路肩边高出路基两侧地面积水高度，同时考虑地下水、毛细水的作用，使其不影响路基的强度和稳定性。

（5）公路穿越水田等地表水位较高的软土地基，路基宜高出自然地平面 0.8m 以上。

（6）路基宽度包括行车道宽度和路肩宽度。

公路直线段路基宽为 4.5m，桥面净宽为 4.5m，弯道按圆曲线加宽值计算；如行驶拖车，路基宽度增加 0.5m；ZJ90 型钻机钻前土建工程公路直线段路基宽度按 5m 计，弯道加宽按最小圆曲线半径 40m 计算确定。

2）路基边坡

路堑边坡根据地质状况按表 2–11 和表 2–12 选用；路堤边坡按照表 2–13 选用。

表 2–11 土质路堑边坡比例

边坡高度，m	不超过 5	5 ～ 8	8 ～ 10	超过 10
边坡比例	1：0.5	1：0.75	1：1	应结合地质条件综合考虑

注：土质路堑边坡在设计时，要充分考虑边坡的稳定性，防止水土流失，增大工程投资。

表 2–12 石质路堑边坡比例

石质分类	边坡高度，m		
	8 以下	8 ～ 12	12 ～ 20
风化岩石	1：0.75	1：1	1：1.25
不易风化岩石	1：0.25	1：0.5	1：0.75

注：风化岩石边坡可与土质边坡相同。

表 2–13 路堤边坡

边坡高度，m	3 以下	3 ～ 5	5 ～ 10	10m 以上
土石混填边坡比例	1：1	1：1.5	1：1.75	设计考虑

3）错车道

错车道每公里不少于三个，并使驾驶员能看到相邻两错车道间驶来的车辆，错车道路基宽度≥ 6.5m（5m 路基宽度时，错车道路基宽度≥ 7m），有效长度保证不少于 40m，错车道的尺寸规定如图 2–26 所示。

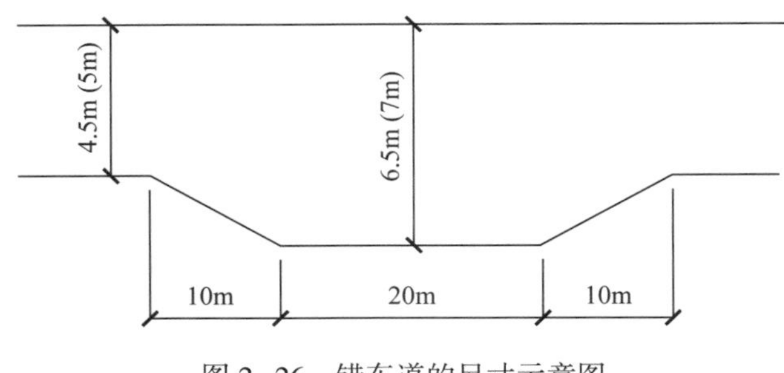

图 2-26　错车道的尺寸示意图

7. 公路路面设计

（1）路面面层选择泥结碎石路面，路面各基层的厚度适宜范围见表 2-14。

表 2-14　泥结碎石路面各类基层厚度的适宜范围

路面各基层的类型	厚度适宜的范围，mm
面层	80
基层	200
底基层	150

（2）路面宽度。

①直线段路面宽度为 3.5 m，弯道上路面宽度为 3.5 m 加上弯道加宽值，错车道路面宽度为 5.5m；如因行驶拖车，路面宽度统一加宽 0.5 m。

②路拱坡度应根据路面类型和当地自然条件，钻前工程一般采用直线段路拱横坡为 2%，弯道上可结合超高设置，对不设超高的弯道横坡按 2% 设置；路肩横向坡度一般应较路面横向坡度大 1% 。

③公路路面净空高度应不小于 4.5 m。

二、工厂化作业井场布置设计

1. 井场布置要求

井场布置应满足钻井工程的需要，公路应从前场进入井场。

（1）井场布置应符合防火、防爆、防污染以及 50 年一遇的防洪要求，应避开泥石流及滑坡等不良地带，不能避开的要采取措施进行加固治理，以确保井场的安全。

（2）有利于废弃物回收处理，防止环境污染。

（3）钻机井架和动力设备基础应尽量选在挖方区。

（4）井场应满足 GB/T 31033—2014《石油天然气钻井井控技术规范》中的安全距离要求。

（5）井场应避开滑坡、泥石流等不良地质区域。

（6）井场应满足防洪、防喷、防爆、防火、防毒、防冻等安全要求。

（7）井场地面应中间略高、四周略低，设备区域地面宜进行硬化处理。

（8）井场设备基础应符合 SY/T 6199—2004《钻井设施基础规范》基础的承压强度。

（9）丛式井组作业钻机应按钻机整体平移需求布置钻机设备。

（10）钻前工程应对地面建设工程中的部分工程（如设备基础、防雷接地网、地下管线等）进行同步设计施工，避免重复建设。

（11）工厂化多钻机作业，供电、供水、供油、污水处理、废弃物回收处理等设施应统一布置。

2. 附属设施布置原则

（1）满足钻井生产需要。

（2）节约用地，减少投资。

（3）符合 HSE 规定。

3. 设计要求

（1）首先需满足钻井工程功能的要求。

（2）应降低工程量，宜土方量平衡，节约投资。

（3）井场场基应密实、稳固。

（4）井场场面设计满足下述要求：

①场面应当平整，能满足大型车辆的行驶荷载要求，如不能满足荷载要求时应采取措施处理。

②井场中部应稍高于四周，形成 1% ～ 2% 的坡度，以利于排水。

③工厂化在一个井场打多口井，要交叉进行钻完井、压裂，综合各阶段使用要求，井场长度及宽度按表 2–15 所示的设置。

表 2–15　各型钻机井场有效面积

序号	钻机型号	长，m	宽，m	面积，m^2
1	ZJ40	90（前 50+ 后 42）	40（左 20+ 右 20）	3600
2	ZJ50L、ZJ50L–ZPD、ZJ70L、ZJ70L–ZPD	97（前 54+ 后 43）	42（左 22+ 右 20）	4074
3	ZJ50D、ZJ70D	105（前 50+ 后 55）	45（左 22+ 右 23）	4725
4	ZJ90	115（前 55+ 后 60）	60（左 30+ 右 30）	6900

注：每增加一个井口加长 5m，增加一台钻机加宽 30m。

（5）井场防护工程应满足下述要求：

①井场防护工程应具有足够的强度和稳定性；

②防护工程按 GB 50068—2001《建筑结构可靠度设计统一标准》普通建筑物的要求进行设计；

③对超过 6m 的高大挡土墙应作地基承载力、抗倾覆、抗滑移计算。

（6）井场基础应满足下述要求：

①钻机井架和动力设备基础应尽量选在挖方区。

②设备基础可根据地基承载力选用以下基础形式：砖基础、片石（卵）混凝土基础、条石基础、钢筋混凝土基础、人工挖孔桩基础、管排架基础、钢木基础等。

③井架基础、柴油机基础、钻井泵基础宜置于地基承载能力特征值大于 200kPa 的地基上，不能满足时应进行处理。

④循环系统基础、石粉房基础、发电房基础、钻井液储备罐基础宜置于地基承载能力特征值大于 150kPa 的地基上，不能满足时应进行处理。

⑤同一组设备基础平面标高偏差为 ±5 mm。

⑥工厂化钻井需要建足够容积的废液池与固体废弃物处置工程，地面由于多台钻机作业，需要建立完善的清、污水分流系统。

⑦从式井应根据建设单位和钻井工艺要求确定方井深度，方井上方应进行遮盖。

⑧清洁化生产的井场附近应设置水基岩固化操作平台或油基岩屑处理场地，地面应进行混凝土硬化处理，上铺防渗膜，能承受重 55t 车辆通行；水基岩屑固化操作平台面积不小于 200m²，油基岩屑处理场地不小于 30m × 20m。

三、附属设施及设备

1. 房屋

（1）井场生产用房的布置应本着因地制宜、有利生产及安全的原则综合考虑，各类型钻机配备的房屋面积见表 2–16。

（2）生活区野营房应位于井口上风处，距井口不小于 100m；材料房、平台经理房（队长房）、钻井监督房等井场生产用房应摆在有利生产的位置，距井口不小于 30m；综合录井房、地质值班房、钻井液化验房、值班房应摆放在井场右前方；消防房应设置在井架底座左边，距井架底座不少于 8m；防喷器远程控制台应摆放在井场左前侧，距井口 25m 以外，并保持 2m 以上的人行通道；含硫化氢油气井的工程值班房、地质值班房、钻井液化验房、消防房应按 SY/T 5087—2017《硫化氢环境钻井场所作业安全规范》的规定执行。

表 2–16　各类型钻机配备的井场临时房屋面积及野营房基础数量标准

序号	类别	3200 m 以下钻机及修井机	3200 ～ 4000 m 钻机	4000 ～ 5000 m 钻机	5000 m 以上钻机
1	机泵房面积，m²	34	290	290	290
2	循环系统面积，m²	32	272	272	272
3	发电房面积，m²	12	100	100	100
4	石粉房面积，m²	7	60	80	100
5	打水房面积，m²	5	45	45	45
6	废水泵房面积，m²	1	6	6	6
7	水泵房面积，m²	3	30	30	30
8	独立泵房面积，m²	2	20	20	20
9	厕所面积，m²	4	36	36	36
10	总计面积，m²	100	859	879	899
11	野营房基础数量，幢	26	38	40	42

2. 钻机设备

（1）钻机的主要设备宜设遮盖棚；柴油机排气管出口要避免指向油罐区，循环系统应布置在井场的右侧，中心线距井口 11 ～ 18m，从振动筛依次设置。

（2）压井管汇坑设置在井场左侧，节流管汇坑设置在井场右侧，压井管汇坑和节流管汇坑的尺寸宜采用 700mm（长）×700mm（宽）×800mm（深）。

（3）钻井液储备罐宜布置在井场右后方和后方，罐底应高于循环系统基础顶面 2.6m，且高于循环罐顶面 0.5m 以上。

（4）高架水罐、油罐、发电房宜布置在井场外。

3. 池类

钻井作业所需池类应纳入井场布设同步进行，统一规划。池周围应安装安全防护围栏，设置警示标识，并进行防渗、防腐蚀处理，以满足安全环保要求。

4. 其他

地面采输的设备基础、防雷接地、消防、供电、通信等基础宜与井场同步设计和施工，在工厂化作业中供电可使用电网或天然气发电两种方式。

第六节　丛式水平井钻完井工程设计

工厂化作业条件下，水平井一般采用三维丛式水平井，每口井都是批量生产的产品，原则上各井设计思路相同，从优快钻完井出发，采取有别于常规水平井的优化设计方法，优化井眼轨道，保证井眼轨迹满足低摩阻，并使水平段沿最有利储层位置延伸钻进。在全面了解地层情况下，从有利安全施工出发，工厂化作业平台各井要统一设计、统一施工，统一钻井工艺措施，按顺序节点有效开展钻井施工。

一、井眼轨道设计

水平井的井眼轨道决定了水平井施工的效率，水平井施工时摩阻大小，同时制约了水平段延伸长度。随着压裂技术进步以及地质认识的提高，当今页岩气与致密油气开发的趋势是水平段越来越长，而工厂化作业的发展趋势也是平台井数越来越多，在这种情况下，如何从轨道设计时通过充分的优化，降低施工摩阻就更为重要。

三维水平井井眼轨道优化需考虑的因素有：

（1）地应力与井眼稳定性。井眼轨道应尽可能使不稳定易坍塌地层避开不利于携岩的 30° ～ 60° 井斜，必要时可以考虑将技术套管下到大斜度段以下。应注意的是应将不同井眼方向的井眼稳定性数据投影到设计的井斜与方位角条件下，给出沿井眼轨道上的稳定性剖面。

（2）设计给出的靶前距。靶前距决定了钻达靶区需要的增斜率大小，在三维水平井情况下，应考虑扭方位带来的靶前距增量，此时设计的增斜率会更高。

（3）造斜点选择。造斜点选择应考虑对全井段的影响，此外应考虑斜井段以下地层相对较易于造斜与增斜。

（4）摩阻大小。不同的井眼轨道参数，其摩阻相差较大，应通过充分的轨道优化，降低摩阻，这不仅可以确保施工的顺利进行，也为了在出现井眼异常时能顺利完成水平井的施工。如井眼出现一定程度的垮塌与扩径时，携岩情况将会发生一定程度上的恶化。此时需要克服岩屑床增加的摩阻，避免钻具产生屈曲的井眼轨道。

（5）施工效率。不同的井眼轨道需要不同的定向与增斜工艺，这导致钻达靶区时间相差较大，通过轨道的优化，可以采取能有效提高作业效率的钻井工艺，从而缩短钻井周期，降低钻井成本。此外斜井段长度决定了钻头一次入井的进尺，当上部钻具不发生屈曲的斜井段中普通钻杆可以施加钻头所需的钻压时，就可以实现长水平段水平井一趟钻完成。而斜井段需要使用加重钻杆时，也应考虑在每次钻进的长度控制在加重钻杆较少进入水平井段。

如设计造斜率为 6°/30m 情况下，自 10° 井斜处到水平段垂深为 240m，此时不采用加重钻杆，仅靠普通钻杆，可施加 5 ～ 6tf 钻压，如果采用攻击性较强的 PDC 钻头，完全可以满足施加钻压要求。而如果造斜率增大，则普通钻杆可能难以满足施加钻压的要求。当斜井段加重钻杆提供钻压时，由于钻头入井钻进时，普通钻杆应位于有一定井斜的增斜井眼内，随着钻进的进行，加重钻杆下行，当加重钻杆到达水平段后，加重钻杆就不再能提供钻压，只会增加摩阻。此时就应当起出上部钻具，将更多的普通承压钻杆倒到加重钻杆的下部，从而影响钻进的效率。

根据这些影响因素，可以对水平井井眼轨道进行优化设计。三维丛式水平井设计的轨道形状有：

1. 二维剖面

一个平台中，通常会有两口井可以设计成二维剖面，从提高钻井作业效率出发，考虑钻头技术的进步，水平井斜井段目前大多数可以实现一趟钻完成，在这种情况下，设计成单圆弧剖面更易于施工控制。

对于地层可钻性差，需要多只钻头完成斜井段的情况，设计轨道时应考虑提速的影响。通常井下动力钻具滑动钻进时，钻压施加的效率较低，机械钻速通常在只有复合钻进或地面驱动钻进钻速的 50% ～ 60% 之间。因此对于可钻性较差的地层，应尽可能减少滑动钻进的井段长度，而对于软地层，由于滑动钻进的总钻时较少，则可以放宽这方面的限制。

2. 三维剖面

三维剖面的设计需要考虑到水平段井眼方向延长线偏离井口的情况，应先向偏离方向进行造斜，再通过合适的路径实现矢量中靶。此时可以有多种方案：

（1）高造斜点小井斜偏离，再扭方位增斜进靶。

（2）低造斜点造斜，大井斜偏离，扭方位进靶。

（3）中造斜点造斜，实现偏离后再扭方位增斜进靶。

此时计算分析水基钻井液工况下摩阻、扭矩与屈曲情况表明：

（1）造斜点越低，井眼长度一般越长，斜井段越短；

（2）超过一定井深后，造斜点越低，钻柱或套管处于同一井深处时的地面扭矩越大，而滑动钻进时的摩阻增加更为严重；

（3）造斜点过低，钻柱和生产套管有屈曲风险。

根据油基钻井液比选组的力学参数相对于水基钻井液比选组的变化情况，又可以得到以下几点认识：

（1）油基钻井液较好的润滑性使得同一造斜点的摩阻扭矩相比水基钻井液工况改善很多；

（2）油基钻井液工况不同造斜点方案下的同一目标井深的摩阻扭矩差异减小；

（3）管柱侧向力减小，屈曲可能性降低。

对比不同造斜率方案发现，低造斜点水平井比高、中造斜点水平井进度更快。主要原因是低造斜点井眼斜井段短，上部直井段不需太多的导向控制，直井段快打使其在整体上缩短了完钻工时，降低垮塌风险；而高造斜点除了斜井段长导向控制段更长之外，上部井眼尺寸一般很大，导向迟滞性明显。虽然低造斜点钻进钻时短，但是现场操作时经常会因摩阻较大而发生卡套管现象，经常需旋转导向系统（RSS）等新技术。

根据以上规律和认识，水基钻井液钻开储层的水平井眼推荐采用中造斜点；油基钻井液钻开储层的水平井眼推荐采用中偏低造斜点或者低造斜点。具体垂深还要根据实际情况而定，考虑以下原则：

（1）丛式井组内相邻井眼造斜点尽量错开 50m；

（2）技术套管封隔了复杂地层，可以在技术套管鞋以下的稳定地层造斜；

（3）造斜点距离上层套管鞋应保持 50m 以上的间距，防止造斜时破坏套管；

（4）尽可能利用和避免地层的自然规律的优势和劣势（造斜和方位漂移）。

分析不同的靶前距对摩阻影响发现，对于二维水平井，靶前距在 100 ～ 800m 全区域内变化的井下管柱力学环境均表现良好。

靶前距小于 200m（造斜率大于 9°/30m）时的井下管柱力学环境越为恶化。对于偏移距大于 200m 的大偏移距水平井，偏移距越大，管柱力学环境越差。当偏移距超过 900m 时，恶化加剧，当纵向靶前距比较大时，井下管柱摩阻情况良好，但扭矩传递较差，且井眼长、造斜率过小造成斜井段过长，不能达到钻井施工所提倡的“短平快”原则。

结合以上规律和认识，结论如下：

（1）控制造斜率小于 8°/30m 是科学合理的；

（2）纵向靶前距建议控制在 200 ～ 700m 的范围内；

（3）油基钻井液工况下设计井眼的最大偏移距建议不超过 800m。

水平井造斜与扭方位策略影响轨道形状，直—增—平是二维水平井从地面钻至储层的最基本最简单的造斜制度，增斜段只单纯实现井斜的调整即可。而三维井眼由于井眼迹线不在同一竖直平面上，为实现从地面垂直钻进至储层入靶，需要增加扭方位的过程，使得增斜段至少为两段。有时为了平稳入靶在近靶区井段还要实施微增探顶，入靶以后在靶区内还要进行造斜微调，此外还会有稳斜段穿插在造斜段之间为实际钻进预留调整空间。各实现不同功能的造斜稳斜段在实际钻进过程中如何实施是钻前轨道设计的重点研究内容。

斜井段造斜制度的实施现有如下四个方案：

（1）增斜走偏移—稳斜扭方位—增斜；

（2）增斜走偏移至水平—稳斜扭方位；

（3）增斜走偏移—同增同扭；

（4）增斜走偏移—降斜打直—增斜。

假设一个储层垂深 3000m，水平段长 1500m，延伸方位 90°，纵向靶前距和偏移距分别为 300m 和 400m 的待钻水平井，使用水基钻井液钻进。采用上述四种方案进行井眼剖面设计，结果如图 2–27 所示。

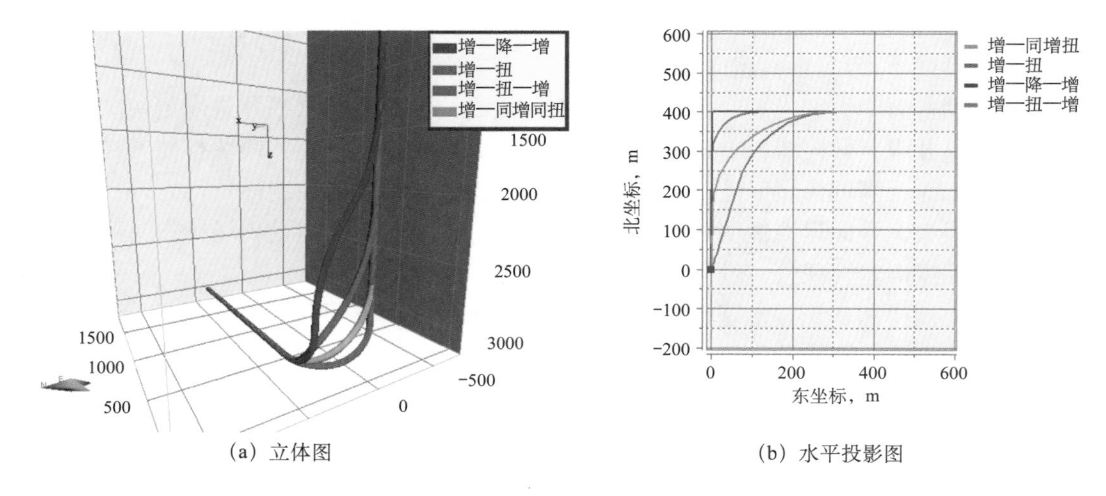

(a) 立体图　　(b) 水平投影图

图 2–27　四个井眼样本的轨道立体图及水平投影图

对四个比选样本进行摩阻扭矩进行对比分析，结论如下：

（1）四种方案井眼总长度存在差异但差异不大，方案 2 最长，为 4943.30m，方案 4 最短，为 4757.14m，方案按照井眼长度从短到长排序为 4、1、3、2；

（2）方案 1、2、3、4 斜井段总长分别为 1263.38m、683.87m、850.69m、1055.9m；

（3）方案 1、2、3、4 的最大造斜率分别为 6.61°/30m、7.16°/30m、5.81°/30m、5.74°/30m；

（4）测深 4000m 以浅段滑动钻进，钻柱摩阻差别较小，超过 4000m 测深继续钻进时，各井眼特征带来的摩阻差异开始体现，钻至靶尾时，钻柱摩阻由小到大对应的方案排序情况为 4、3、1、2；

（5）方案 1、2、3 井眼复合钻进地面扭矩差别较小，方案 4 井眼地面扭矩较前者高很多，扭矩传递较差，方案排序为 3、2、1、4；

（6）不开转盘下生产套管至井眼中间位置附近时（本组井眼样例对应 3000m 附近测深）摩阻差异较大，按套管摩阻由小到大对应的方案排序情况为 2、3、1、4；

（7）开转盘旋转下套管时各方案随着套管深入地面扭矩平稳增加，地面扭矩按由小到大对应的方案排序为 2、3、1、4；

（8）四个方案复合钻进钻柱轴向力变化基本一致，均未出现屈曲；

（9）各造斜制度方案在各自造斜段区域的侧向力增加明显，方案之间分化差异很大，方案 2 侧向力超标，按侧向力整体表现情况由优到劣对方案的排序为 3、4、1、2。

为了从中优选方案并对四个方案进行综合排序，可将以上各指标下的方案的好与差进行分项打分，并以相等的各指标权重累积各分项综合得分，各指标分项排名第 1、2、3、4 的方案分别给 4、3、2、1 分。打分情况见表 2–17。

根据得分情况，从四个方案中优选第三个方案，即“先增斜走偏移再同增同扭”作为造斜制度优选方案。各方案综合排序情况为方案 3> 方案 4> 方案 2> 方案 1。

表 2-17 四个造斜制度方案各项得分明细及综合得分

得分项	方案 1 增—扭—增	方案 2 增—扭	方案 3 增—同增同扭	方案 4 增—降—增
井眼总长	3	1	2	4
斜井段长	1	4	3	2
最大造斜率	2	1	3	4
钻柱摩阻	2	1	3	4
钻柱扭矩	2	3	4	1
套管摩阻	2	4	3	1
套管扭矩	2	4	3	1
管柱轴向力	4	4	4	4
管柱侧向力	2	1	4	3
综合得分	20	23	29	24

实施工厂化作业的平台上井通常比较多，井眼轨道的设计还应考虑以下三个方面的因素：

（1）以地质研究为基础，以油气井地质设计规范及工程设计规范为指导，综合考虑钻井工程、压裂工程技术特点，通过优化三维井眼轨迹设计降低钻进过程中的摩阻与扭矩，解决防碰等问题，降低钻完井施工难度；

（2）考虑压裂施工技术特点和技术要求，为后期压裂改造提供便利；

（3）对初步设计综合论证，优选布井方式，确保工厂化规模施工和流水线作业安全、优质和高效。

综合考虑以上影响因素，并通过优选剖面类型、造斜点位置和井眼曲率，经过反复优化设计，大多数三维水平井井眼轨道类型为三维 S 型中曲率剖面，即“直井段 + 造斜段 + 稳斜段 + 扭方位段 + 入靶点”，钻完直井段后先快速增斜，到 15° ～ 20° 井斜时稳斜调方位，在井斜达到 60° 之前，力争将方位带到接近入靶方位，避免大井斜扭方位，最后以 5°/30m 曲率增井斜微调方位到目标 A 点。水平段在纵向上的轨迹保持在储层中部，以利于形成上下对称的人造裂缝，提高波及效率。为了解决平台井的井眼轨迹防碰问题，采用三维绕障技术和随钻地质导向技术控制井眼轨迹。

苏里格等地区存在同一个井场有两套开发井网，此时三维丛式水平井设计时还应进行防碰扫描分析，根据扫描结果调整井眼轨道参数。

二、导向方式与提速设计

1. 导向方式设计

水平井导向技术根据构造地质模型，利用随钻录井、测井和随钻地层评价技术，引导钻头准确在预定的目标地层最佳位置钻进的钻井方法。其基本原理是充分利用邻井测井、录井、钻井资料，建立待钻井地质模型，钻井过程中通过地面录井、井下随钻测量等信息实时修正地质模型与井眼轨迹，实现沿储层最佳位置钻进。

储层段测量仪器选择主要考虑储层甜点识别与追踪。一般由储层的地球物理特性决定随钻测井项目。值得注意的是，由于工厂化钻井周期较短，一般可以采取随钻测井取代完钻的测井，这不仅可以节约传输测井的时间，还可以节省完钻测井的成本。

直井防斜的原理可以用于储层的导向钻进，一般在防斜时需要克服钻头所受地层侧向力，使井眼向垂直方向钻进。而在水平井导向时，则可以反向应用这一原理，甜点地层的可钻性一般要优于非甜点地层，此时钻头本身有沿甜点地层钻进的趋势，如果钻具不对钻头方向施加过多的约束，这种特性本身就有利于提高甜点地层钻遇率，并使钻头沿储层最有利位置延伸的趋势。因此适合于储层的导向钻具组合应具有较弱的刚性，这类钻具可以更少需要人工定向干预井眼方向，不仅有利于提高钻速，而且有利于提高最佳甜点位置钻遇率。

2. 提速措施设计

1）钻具组合

储层段的钻具组合一般可以设计复合钻进的钻具组合，这种钻具组合在地面驱动旋转时具有稳斜特性，而在地面锁定工具面时又可以实现改变井眼方向，长庆油田将这种钻具命名为“一趟钻”钻具组合。在复合钻进情况下，不仅可以取得较快的机械钻速，还可以有效避免托压，减少定向时间。典型的“一趟钻”钻具组合结构是：

钻头 + 井下动力钻具（下端带扶正块）+ 稳定器 +MWD/MWD+ 钻铤 1 ～ 2 根 + 斜坡钻杆（原则上控制加重钻杆少进入水平段）+ 加重钻杆（如果钻头所需钻压足够低则可以没有；如果有，长度根据所需加钻压定）+ 斜坡钻杆。

工厂化钻井的水平段钻具组合中的钻铤只是起控制井底钻具组合（BHA）的力学特性的作用，并不施加钻压。对于常规 ϕ215.9mm 井眼尺寸使用的 ϕ127mm 钻杆来说，12.7mm 壁厚的钻杆，单位线重为 38.13kg/m，如果造斜点距水平段的垂深达到 300m，则在 1.80g/cm^3 密度钻井液中可施加的钻压达到 88kN，完全可以满足一般 PDC 钻头钻进所需钻压。采用常规 9.19mm 壁厚钻杆，则可以施加钻压为 67kN，同样可以满足 PDC 钻头钻进需要。

目前在致密油气与页岩气三维水平井钻进中，由于地层一般为砂泥岩，适合于 PDC 钻头钻进，而 PDC 钻头机械钻速一般显著高于牙轮钻头，而 PDC 钻头钻压在 40 ～ 60kN 以内，此时可以不必采用加重钻杆，直接采用较厚壁厚的普通钻杆即可，这不仅可以减少水平段的摩阻，而且不必起出钻具将加重钻杆或钻铤倒换到斜井段，从而大幅度提高钻进的效率。

旋转导向系统在三维丛式水平井的大井斜段可以在地面旋转钻具情况下完成井眼方向的改变，从而使得斜井段可以大幅度提高钻井速度，因此具有一定的经济效益。目前受旋转导向系统高日费成本影响，国内仅在大偏移距三维水平井使用，但随着国产旋转导向系统成熟，或旋转导向系统应用规模增大，其使用日费会显著降低，此时旋转导向系统更具使用的经济性。

2）钻头设计

工厂化钻完井缩短钻井周期离不开钻井速度的提高，而提高钻井速度需要优选钻头、利用合适的提速工具。

传统 PDC 钻头在页岩地层中钻长水平段，存在钻头泥包、定向控制能力差、工具面角度难以掌握，引起钻头过早失效或钻进深度不理想等问题。同时，由于钻头部位缺乏水力能量，易造成钻屑在井眼底部沉积，或无法由环空返出，使钻头破岩能力下降，极大地降低了机械钻速。此外，还可能引发钻头烧钻和堵塞水眼以及卡钻事故的发生。适合于三维丛式水平井下部井段的 PDC 钻头应在外形、结构、布齿、装配上进行改进，使其具有以下特点：

（1）可在高机械钻速（ROP）条件下有效循环出钻屑，使钻屑更易被冲刷进排屑槽，而不是进入钻头的中心。

（2）增加了定向控制能力和钻速，页岩岩层中钻进对定向控制提出很高的要求。一般情况下大切削齿的切削深度比较深，极易产生瞬间扭矩，导致司钻无法有效控制工具面角，钻头设计应在保证工具面角控制能力的前提下，对机械钻速不产生任何反作用。Spear 钻头使用较小的切削齿（11 mm 和 13 mm），在保证工具面角控制能力的前提下，对机械钻速不产生任何反作用（图 2–28）。该钻头还采用 ONYX PDC 切削齿，这种切削齿的热稳定性更高、耐磨性和抗冲击性能也更强，在提高机械钻速、降低钻井成本方面具有优势。

图 2–28　Spear 钻头

（3）提升稳定性和造斜能力。

底部钻具组合振动会引起诸多钻井问题，从而导致非生产时间的产生。应减少并合理分配切削齿上的载荷、减少底部钻具组合振动，保证钻头采用最为合理的布齿结构以确保钻进中的稳定性。

此外，钻头到弯接头的长度是确定狗腿度的重要指标。如果这个长度过长，在马达和钻头上就会产生更大的扭矩。应使钻头的长度更短，使狗腿控制更容易，从而提升钻头的造斜能力。Spear 钻头的装配长度更短，使狗腿控制更容易，从而提升了钻头的造斜能力。

3）提高速度其他工具

水力振荡器产生压力脉冲，这种压力脉冲被转换为轴应震动，震动可以使钻头吃入地层的轴向力产生变化，提高钻头的机械钻速，此外轴向振动还可以使管柱不靠近井壁，避免与井壁连续接触产生较大的摩擦力，避免在长水平井水平段钻进中出现螺旋自锁，解决长水平井钻进中出现的托压问题。此外还有井底衡扭矩工具、高性能马达、随钻扩眼工具、顶驱扭摆系统等，都可以适应不同的情况，提高钻井速度。

三、完井方式与井身结构优化

1. 完井方式优化

水平井的完井是建立油气产出通道的最关键环节，采用完井方式需要与压裂技术、油气井生产工艺、修井的手段等结合，以油气井生命期范围内投入各项工作的成本与收益最大化为目标进行优化。

1）裸眼完井方式

裸眼完井是最经济的完井方式，在裸眼完井情况下，依靠裸眼封隔器可以在特定应力方向井眼实施增产改造。这种方式通常需要技术套管下到水平段的靶区“A”点，为控制致密油气藏的成本，完钻井眼通常是 ϕ152.4mm 井眼。裸眼完井后井眼内没有支撑，井眼稳定是让人担心的一个问题。但事实上在控制有限的生产压差情况下，井壁地层与该层本身产出的油、气、水是相溶的，不会造成额外的不稳定因素，只要力学上稳定就可以。而大多数情况下，致密油气层由于地层胶结良好，本身力学稳定性都具有较好水平。因此在致密油气储层的裸眼完井后井眼稳定应不是问题。即使裸眼完井有局部井壁垮塌，也不会造成井眼完全堵塞，产出油气还是不受影响，只是影响到井内管柱起出。此外，裸眼完井方式的最大优势是可以进行二次完井，从而解决生产中出现的各种问题。典型的裸眼完井的井身结构如图 2–29 所示。

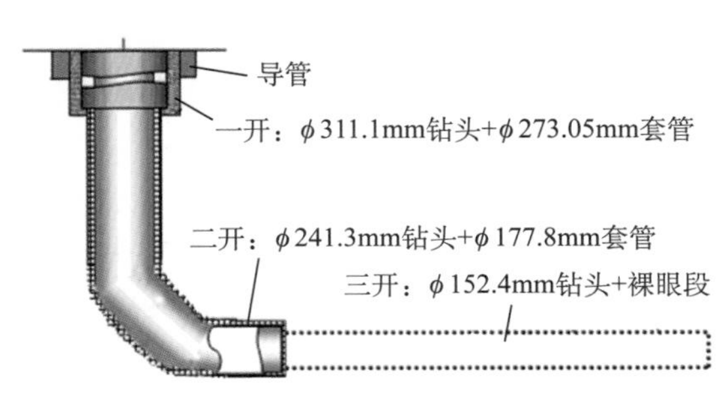

图 2–29　水平井裸眼分段改造完井井身结构

2）下套管射孔完井方式

下套管射孔完井是另一种最常见的完井方式。该完井方式可以采用分段射孔，配合管内封隔器实现分段压裂，如果射孔时进行分簇射孔可以实现分段多簇压裂。射孔完井具有最好的井眼稳定性，可以实施各种后期作业，但由于固井质量影响压裂改造效果，另外这种完井方式的完井成本也较高。采用固井射孔完井方式的井身结构如图 2–30 所示。

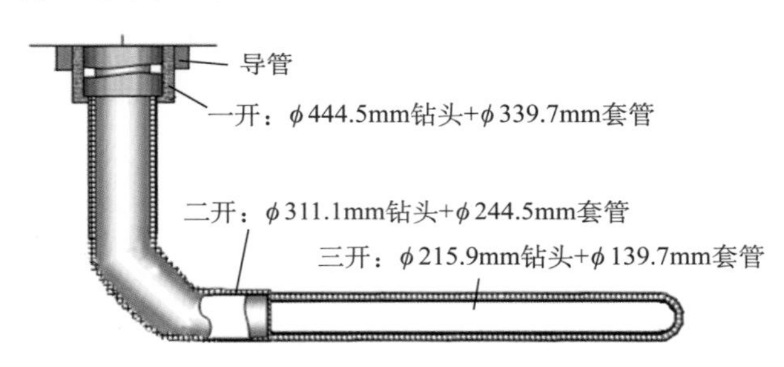

图 2–30　水平井尾管固井射孔完井井身结构示意图

3）两种完井方式对比

综合考虑两种完井方式的特点，对于致密油气来说，没有常规油气的多种复杂油水关系等问题需要考虑，考虑增产措施是其重要内容，下套管固井完井与裸眼完井是最常用的完井方式，两种方式完井前井眼准备与改造措施比较分别见表 2–18、表 2–19。目前长庆苏里格致密气田一般采用裸眼完井方式，致密油则一般采用下套管方式完井。而页岩气由于改造后储层裂缝发育，井眼稳定性差，需采用套管固井完井方式。

表 2–18　完井前井眼准备比较

完井方式名称	钻井过程	套管	固井质量	射孔
水平井裸眼分段改造完井	成本低，破岩量小	三开不用下尾管	水平段无须固井	无须进行射孔作业
水平井尾管固井射孔完井	成本高，破岩量大	三开需要下尾管增加施工时间	水平段固井质量较差时影响后期改造措施	需要水平井射孔工艺及定向射孔工艺

表 2-19 改造措施比较

完井方式	改造方式	优点	缺点
水平井裸眼分段改造完井	水平井裸眼分段压裂技术	完井管柱和压裂管柱为同一管柱一起下入；裸眼封隔器封隔水平段，实现压裂作业井段横向选择性分段隔离	井径不规则时裸眼封隔器座封效果差
水平井尾管固井射孔完井	胶塞隔离分段压裂技术	施工安全性高	时间长，气藏长期浸泡在液体中，易造成气藏的伤害，因此不适用于低渗气藏
	封隔器 + 机械桥塞分段压裂技术	具备双封分压的优点	需下入工具打捞桥塞、存在砂埋或砂卡的风险，因此不太适用于高压气藏

完井的井眼尺寸是完井设计的另一项重要内容。致密油气一般单井产量低，井眼稳定性好，因此在满足压裂要求情况下，可以选择较小的井眼直径。从而控制钻井成本。如长庆苏里格通过优化致密砂岩小井眼钻具组合、优选 ϕ152.4mm 钻头、优化钻井参数和轨迹控制措施，确保了长水平段小井眼水平井的成功实施，水平段长度突破 1000m，钻井周期与常规井眼持平，采用小尺寸井眼与较常规井眼尺寸相比，由于可以应用 5000m 钻机替代 7000m 钻机，考虑钻井液、钻头等成本降低，全井成本可节约 40%，为致密气藏小井眼水平井进一步打长、打快积累了经验。

2. 井身结构优化

与常规直井相比，三维丛式水平井在井身结构设计上还应考虑水平井带来的井眼稳定与携岩问题。

井身结构设计首先依据三压力剖面。由于三个主地应力的不一致性，斜井的井眼稳定性与直井有显著差异。需将不同层位的斜井不同井斜、方位的地层压力等值图投影到设计的井眼轨道中，形成沿斜井井眼轨道的三压力剖面图，再进行井身结构设计。

水平井携岩存在最困难的大斜度井段，在该井段不仅需要钻井液有足够的返速，依靠速度冲刷岩屑床，使其减薄消失，同时还需要一定的切力，减少岩屑沿井壁下滑速度。随着水平段的延长，钻具旋转会对下井壁产生切削作用，使井眼逐步扩大成倒梨形井眼，此时钻井液返速将逐步下降，使岩屑床逐步增厚。因此如果水平段长度较长，应考虑下入一层套管将大斜度段封隔。某些时候这层套管就直接下到了水平段的 A 点。

吉林油田长深气田登娄库致密气藏钻井过程中岩石强度高、破岩扭矩大，采用常规井身结构，水平段钻井长度难于突破 1000m，另外完井管柱也难于下入，为此需要将技术套管下深靠近 A 点。同时为了提高登娄库开发效益，研究了可钻性差、研磨性强的致密砂岩小井眼长水平段水平井钻井，从源头上为降成本和水平段打长提供了工程技术保障，为长岭登娄库经济开发寻求的开发模式。

苏 53 区水平井整体开发时原水平井井身结构为：一开 ϕ375mm 井眼，下 ϕ273mm 表层套管，下深到 600m 以下固井，主要是为了保护洛河组地层水不受污染；二开用 ϕ241.3mm 井眼钻到 A 点，下 ϕ177.8mm 技术套管固井；三开用 ϕ152.4mm 井眼钻到 B 点，下裸眼分段压裂管柱完井。由于二开井段机械钻速慢，决定对二开井段进行优化，将原二开 ϕ241.3mm 井眼钻到 A 点改为用 ϕ215.9mm 井眼钻到 A 点，下 ϕ177.8mm 技术套管固井，三开水平段不变。改进后机械钻速明显提高，但套管下入困难。后期将原二开井段用 ϕ215.9mm 井眼钻到 A 点，下 ϕ177.8mm 技术套管固井改为二开直井段用 ϕ222mm 井眼钻到造斜点，造斜段用ϕ215.9mm井眼钻到A点，下ϕ177.8mm技术套管固井，其他不变，最终形成了苏53区平台水平井井身结构标准模板，其结果见表2–20。

表2–20　水平井井身结构优化过程统计

优化过程	二开			三开	
项目	井眼，mm	套管 mm	下深，m	井眼，mm	完井及开发
优化前	241.3	177.8	A点	152.4	裸眼完井下入压裂管柱，分段封隔压裂同时开发
第一次优化	215.9	177.8	A点	152.4	裸眼完井下入压裂管柱，分段封隔压裂同时开发
第二次优化	直井段：222 造斜段：215.9	177.8	A点	152.4	裸眼完井下入压裂管柱，分段封隔压裂同时开发

四、钻井液与固井设计

致密油气大规模压裂改造对完井提出了更高的要求，要求裸眼完井时井径规则，便于封隔器坐封，并可靠密封，下套管完井套管外水泥实现完整封固，不会出现窜槽。

1. 采用优质钻井液体系

保证井径规则必须做到井眼不发生垮塌，保持井眼形状规则。防止井眼垮塌首先要保证井底钻井液当量循环密度（ECD）于安全密度窗口内。在地层应力状态以及地层强度不可改变时，利用钻井液的化学手段扩大安全密度窗口就非常必要。扩大安全密度窗口一方面要降低地层坍塌压力。增强钻井液的抑制性，减少钻井液与井壁地层相互作用，从而避免产生水化应力。另一方面，需要提高地层的承压能力，提高地层的漏失压力与破裂压力。致密油气与页岩气水平井应用的钻井液体系有水基钻井液与油基钻井液。

水平井水平段的钻井液性能以低黏切为宜，低黏切可以在更低的返速下达到紊流，从而能更好地清除岩屑床。而大斜度段则要保持一定的切力，以减少岩屑沿井壁下滑的分量。如果斜井段没有下套管封固，则水平井应重点考虑斜井段性能要求。

水基钻井液基本采取强抑制与强封堵。斜井段以下可采用钾盐聚合物体系，用KCl、KPAM配制高浓度胶液，通过补充胶液将井浆转换成双钾体系。钻井液性能采用适当的黏切，一般取设计下限，严格控制钻井液失水，保证较低的失水量，确保钻井液良好的防塌性。严格控制固相含量，保证泥饼的光滑，良好的固控设备的运转能够最大程度地清除劣质固相，使钻井液的净化工作得到保障，对于钻井液润滑性的调整上，采用大量加入生物油的办法来提高润滑性能。

油基钻井液特点是抑制性强、润滑性好、储层保护效果好、抗钻屑污染能力强、可回收循环利用。由于油基钻井液良好的性能，使油基钻井液的密度更低，井径扩大率显著降低，钻时显著提高，具有良好的经济效益，此外使用油基钻井液钻头使用寿命长，钻头磨损减轻。全油基钻井液体系具有稳定井壁、润滑减阻、保护储层的特点，可以提高钻速，缩短钻井周期。在回收循环利用的情况下，油基钻井液具有经济可行性，在致密油气钻井中是具有广阔应用前景。

2. 水平井下套管与固井特殊要求

水平井固井质量首先要保证套管安全下到井底，其次要保证水泥封固质量。

长水平段水平井套管下入可采用漂浮下套管技术，在下套管时将下部一段套管两端封堵，形成空气段，在这段套管下到水平段后，由于钻井液浮力作用，可以大大减少由于这段重量产生的摩擦阻力，从而有利于套管下入到井底。

套管扶正器不仅可以改善套管的居中度，从而有利于提高顶替质量，应尽可能使用具有爬犁结构的扶正器，利用扶正器的爬犁作用，避免套管接箍的凸出部位阻碍套管下入，从而有利于套管沿轴向向下运动，某些旋流扶正器虽然可以改善固井时的顶替效果，但可能会使底面的岩屑在扶正器刮削之下形成堆积，从而不利于套管下入，旋流刚性扶正器应少下，或间隔下入。

套管下入时，井壁的泥饼会在套管下入过程中被刮下，堆积后将会产生较大的阻力，影响套管下入。因此在长水平段水平井下套管时，可设计进行中间循环洗井，以清除这种泥饼堆积。如果安装有顶驱，应配备顶驱可循环下套管装置，实现在下套管过程中的循环，避免套管无法下入。

在水平段，因重力作用，套管总趋向于紧贴井眼下侧而形成窄环空，虽然水泥浆与钻井液密度差在这种情况下有利于提高顶替效率，但由于套管在扶正器跨度之间的偏心距是变化的，因此也导致在注替水泥过程中井眼下侧的滤饼及钻井液顶替效率较低，易形成窜槽，影响固井质量。因此水平井固井需要在套管串中加入更多的扶正器，以保证套管具有足够的居中度，从而提高顶替效率。

水平段的水泥浆存在析水，则析水聚集于井眼上侧，形成一条水带而影响固井质量。因此，水平井提高固井质量的关键在于严格控制水泥浆析水，要求水泥浆混配均匀，钻井液的流变性好。

井眼中存在岩屑床时，水泥浆并不能有效驱替掉岩屑床，在水泥凝固过程中，岩屑床中的水会影响水泥胶结质量，从而导致固井质量变差，因此下套管前应充分洗井，以利于套入，下入套管时遇阻应充分进行洗井，下入套管后还应以大排量充分洗井，以尽可能减少井眼中存在的岩屑床。

水平段固井时水泥浆在大段储层流动，在此过程中水泥浆会向地层失水，这种失水不仅造成对储层的损害，还导致水泥浆的水灰比发生改变，使水泥浆的凝固时间产生较大变化，可能导致固井失败，因此水平井固井的水泥浆需要更为严格地控制失水量。

参考文献

[1] SY/T 5466—2013　钻前工程及井场布置技术要求[S].
[2] SY/T 5972—2009 钻机基础选型[S].
[3] SY/T 6199—2004　钻井设施基础规范[S].
[4] SY/T 6426—2005 钻井井控技术规程[S].
[5] JTG B01—2003　公路工程技术标准[S].
[6] JTG D20—2006　公路路线设计规范[S].
[7] JTG D30—2004　公路路基设计规范[S].
[8] Q/ SY CQZ 001—2008 钻井技术操作规程[S].

第三章　工厂化钻井技术

钻井工程通常按照一口井的钻井设计依次进行各开次的钻井、固井作业，完成一口井后再进行钻机搬安，钻井、固井和测井等不同作业之间不存在交叉的情况，作业效率低且建井周期长。在20世纪80年代末、90年代初批量钻井技术在石油工业用得越来越多，希望通过成批地进行钻井和完井作业，降低油气田的开发成本[1]。随着批量钻井技术在海洋钻井中的成熟应用，国内海上油气田批量钻井技术以渤海油气田开发最具代表性，陆上油气田批量钻井技术以大港油田庄海4×1人工井场丛式井开发为最早。从20世纪90年代初期开始，在学习国外先进技术经验的基础上，结合渤海油田的具体情况，开始实施批量钻井技术，钻井速度得到了大幅度的提高，产生的直接效果就是带动了一大批渤海边际油田的开发。

工厂化作业模式是对批量钻井技术进一步提升，特别是在2009年开始探索应用工厂化钻井技术，引进工厂化理念和管理方法后，对批量钻井技术进行了改进和完善，使其更加规范化和标准化，通过采用移动钻机依次钻多口不同井的相似层段，固井后再顺次钻下一层段。而且各不同作业之间可交叉进行，通过重复作业提高钻具组合以及其他资源的利用效率、节约作业成本[1, 2]。2012年以来，中国石油先后在苏里格南合作区、苏里格气田苏53区块以及威远—长宁页岩气示范区等进行了工厂化钻井作业模式探索与实践。其中，苏里格南合作区工厂化作业模式的探索和应用最为成熟，2012年通过借鉴苏里格气田其他区块的开发经验，结合Total公司先进的适用技术和精细化管理理念，探索了具有该合作区特色的工厂化钻井完井作业模式，实现了“三低”气田的规模效益开发[3-5]。

工厂化钻井技术是“工厂化”作业中的中间环节，是衔接一体化设计和储层改造等作业的核心环节，也是实现油气资源高效开发的关键途径。工厂化钻井利用一系列先进钻井技术、理念和装备，系统优化管理整个钻井施工过程涉及的各项因素，集中进行批量钻井，按照时间节点统一部署开展钻井施工，批量作业、交叉作业、同步作业等先进理念提升钻井效能。工厂化钻井关键技术主要包括工厂化钻井装备配套、批量钻井、交叉作业与离线作业、工厂化钻井作业管理等。

第一节　工厂化钻井装备配套

工厂化钻井装备配套是可大幅缩减钻机搬迁时间、实现节能降耗和降本增效的基础，同时也是实施工厂化批量钻井的基础，其关键技术包括钻机平移技术、钻机网电应用技术、“工厂化”平台天然气发电技术[6-8]。

一、钻机平移技术

钻机平移技术可大幅缩减钻机搬迁时间，同时为工厂化、批量化、流程化钻井模式奠定了基础，根据移动方式分为液压滑轨式和液压步进式。

1. 液压滑轨式钻机平移技术

1）液压滑轨式钻机平移原理

钻机进入井场安装之前，在钻机底座正下方铺设对应于钻机底座尺寸的移动导轨平台，钻机安装于移动导轨之上。钻机平移时，在钻机底座正前方安装液压油缸，液压油缸尾部通过棘爪装置固定于移动导轨上，通过操控箱控制液压油缸的伸缩实现钻机在移动导轨上向前或向后移动。

2）液压滑轨式钻机平移装置组成

液压滑轨式钻机平移装置组成主要包括：移动导轨、液压动力源及操控箱、液压油缸及棘爪装置，液压滑轨式钻机平移装置原理示意图如图 3–1 所示。

液压动力源为系统提供液压动力，通过管路总成给操纵箱供油，操纵换向阀，使移动液压油缸动作。液压油缸一端铰接在棘爪装置上，另一端与钻机模块铰接。棘爪装置棘爪刃可插入并锁定在移动导轨孔中，随着移动液压缸活塞杆的伸出（或缩回），克服钻机模块与滑移导轨的摩擦力，实现对钻机的推（拉）移动。移动液压缸活塞杆的反向运行可使棘爪从导轨孔中自动抬起并重新落到下一个导轨孔中并再次锁定，如此反复，完成钻机的整体移动。移动装置每次步进 500m。

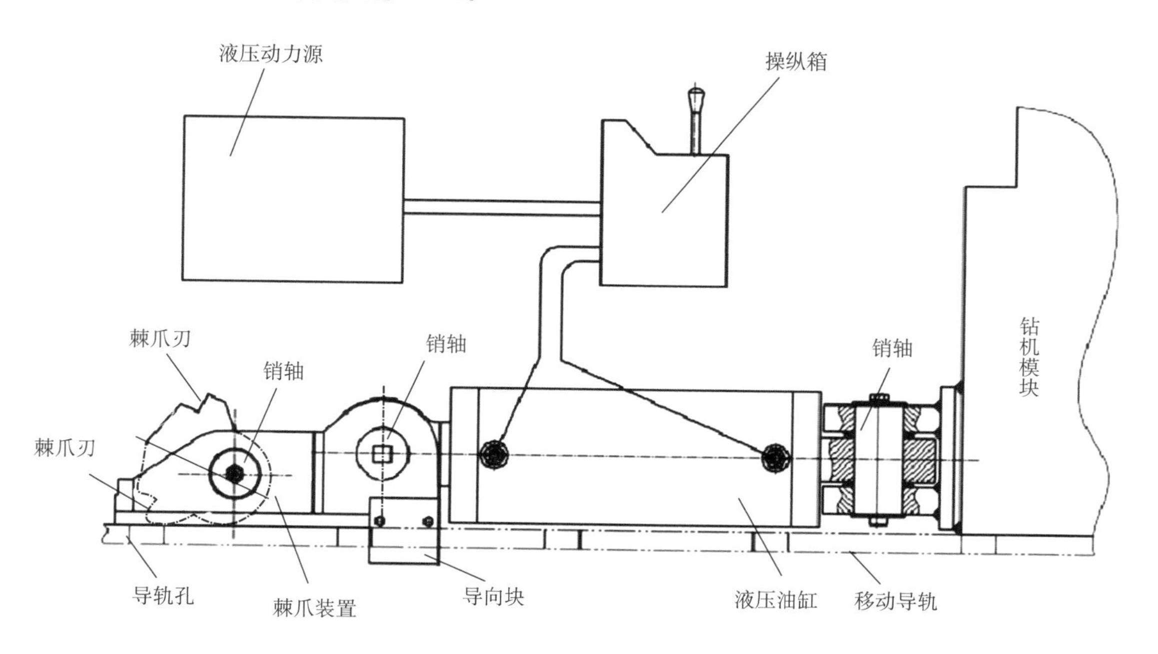

图 3–1　液压滑轨式钻机平移装置原理图

3）钻机整体平移设备

钻机整体平移设备主要有钻机底座、钻台及钻台设备、井架及提升设备、机房底座及机房设备（含机泵房房架）、2 台钻井泵（含钻井泵万向轴）、部分钻台面钻具。滑轨式钻机平移示意图如图 3–2 所示。

图 3–2 液压滑轨式钻机平移示意图

以宝鸡石油机械有限公司改造的 ZJ70/4500D 钻机为例，其技术参数主要如下：

（1）平移总重约为：690t（不含平移时需移去的坡道、滑道及梯子等）；

（2）钻机基座总长为：22.365m；

（3）前端与井口中心距离为：5.6m。

ZJ70/4500D 钻机经过自然环境考验和各种钻井工艺及长途运输的试验，设备运转正常，整机可靠性高，能充分满足钻井工艺的要求，具有较强的环境适应性和野外作业能力。通过工业性试验及现场使用，表明 ZJ70/4500D 钻机具有较高的技术含量，在同一井场搬迁只需 1 台吊车，平均钻机搬迁安装时间可节约 4 ～ 5d，运输车辆减少 3/4 左右，搬迁费用一次节约近 6 万美元，在提高生产效率及降低成本方面，有极具竞争性的优势。

4）液压滑轨式钻机平移技术特点

虽然其移动导轨体积大、前期投入成本高，但该平移技术平移负荷大（满足钻机全钻具平移），钻机平移准备工作量小，平移过程平稳、安全、移位准确，可应用于纵向井位较多、钻机总重量较大、平移频繁的钻机。

液压滑轨式钻机平移技术对于电动钻机、机械钻机均可使用。

2. 液压步进式钻机平移技术

1）液压步进式钻机平移原理

钻机液压步进式平移装置是在钻机底座前后、左右的四个方位安装上支承座，及顶升液缸、滑车、导轨和平移液缸。平移时由四个顶升液缸将钻机整体抬离地面，再操作导轨上的平移液缸完成一个平移液缸行程的平移，下放钻机缩回平移液缸。如此反复顶升钻机、平移、下放，实现钻机步进式平移。

步进式钻机平移装置可实现钻机在工作状态下的整体纵向或横向平移，具有结构紧凑、安装简便、动作平稳、移位准确等特点，特别适用于工厂化模式下，在平台较小区域内多口井连续钻井施工。

2）液压步进式钻机平移装置组成

主要包括三个部分：一是由支承座、顶升液缸及滑车总成等组成的支承移动模块；二是由导轨总成、平移液缸等组成的步进平移模块；三是由液压站、液控阀件及辅件组成的控制模块。液压步进式平移装置安装示意图如图 3–3 所示，现场照片如图 3–4 所示。

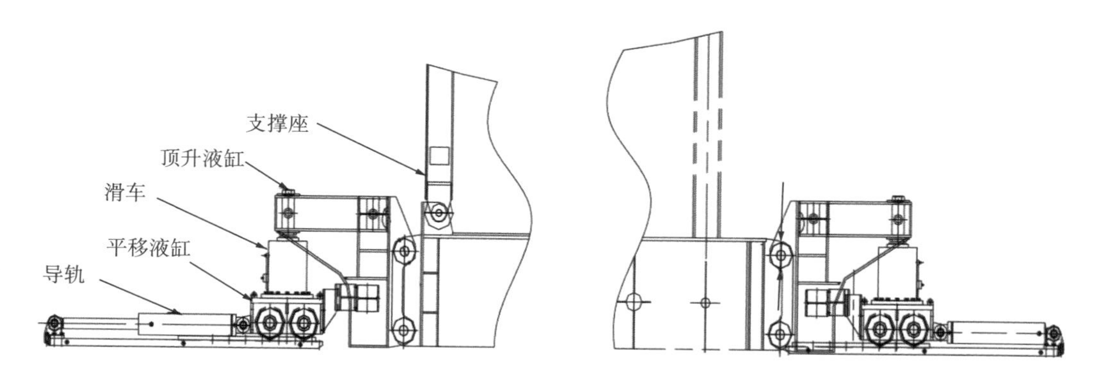

图 3-3 液压步进式平移装置安装示意图

图 3-4 液压步进式平移装置现场照片

3）钻机整体平移设备

主要包括钻机底座、钻台及钻台设备、井架及提升设备。

以四川宏华公司改造的 ZJ70/4500D 钻机为例，技术参数见表 3-1。

表 3-1 ZJ70/4500D 钻机技术参数

钻机型号	液缸额定压力，MPa	顶升液缸		最大举升高度 H，mm	平移液缸		最大步进行程 s mm	举升质量 t	基础承压强度 p MPa
		缸径，mm	数量，套		缸径，mm	数量，套			
ZJ70/4500D	18	420	4	$H < 150$	200	4	$s < 600$	700	$p \geqslant 2$

4）液压步进式钻机平移技术特点

体积较小、拆安简便，组织平移装置安装可在钻机运行中途介入，钻机平移方向可纵向或横向。同时在钻机平移时，钻具在钻台面上随之平移，无需甩钻具，提高了钻井工作效率；装置总体结构紧凑，安装简便，动作平稳，移位准确。液压步进式钻机平移技术目前仅对于电动钻机使用。

3. 钻机平移辅助配套

因钻机平移为钻机主体设备移动，为缩减钻机周边相关接口拆卸、安装时间，可将钻机周边辅助配套的管汇及平台形成模块化。

以丛式井 5m 间距为例，需要准备的模块如下（图 3-5）：

（1）钻台至循环罐的通道平台：　　　　5m/ 节；
（2）井口溢流管：　　　　5m/ 节；
（3）循环罐钻井液过渡槽及通道平台：　　　　5m/ 节；
（4）钻井泵上水管汇：　　　　5m/ 节；
（5）钻井液高压管汇短节：　　　　5m/ 节。

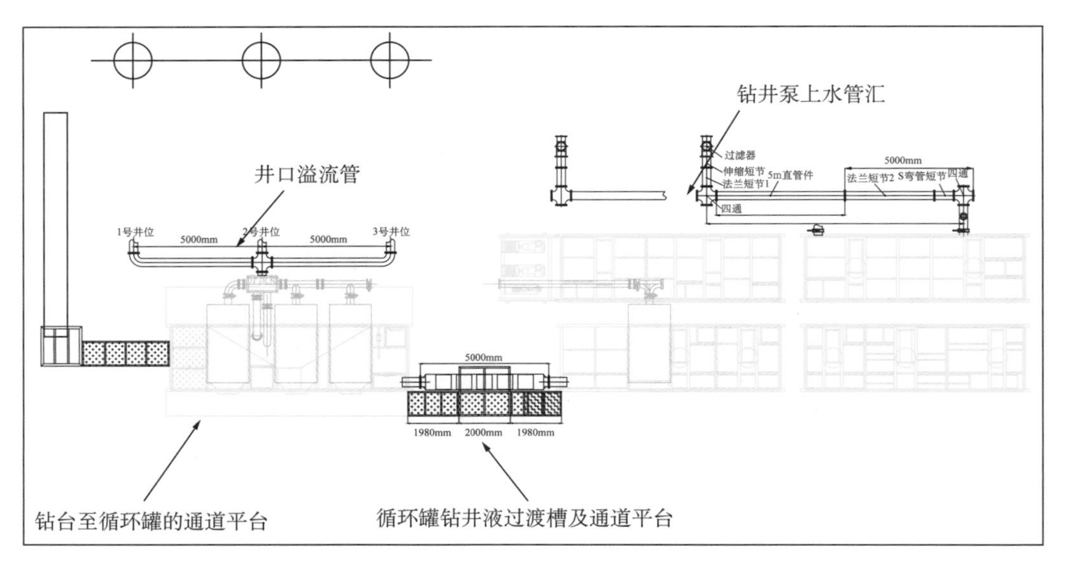

图 3−5　钻机平移辅助设备示意图

4. 井口装置整体平移

井口装置作为钻井井控必要装备，其拆解与组装时间长、劳动强度大、吊装安全风险高，因此钻机平移作业中，在钻机底座配套了井口吊装装置的基础上，采用井口装置吊装卡座，将井口装置整体吊挂于钻台底座下方（偏移出井口中心，便用钻机平移后校正井口中心），使其整体与钻机主体同时平移至下一井位。井口装置的整体平移可有效缩减平移准备及恢复时间、减轻劳动强度、减少吊装安全风险。

二、钻机网电应用技术

“工厂化”平台钻井作业常用 ZJ50 型或 ZJ70 型钻机，可分为电动钻机和机械钻机两种驱动形式，均由柴油机提供钻机所需动力和电力。施工作业中消耗大量的柴油、产生高分贝噪音、排放大量大气污染物。使用网电代替柴油机组作为动力，具有经济性好、节能减排效果显著的特点，为此研发了钻机使用网电替代柴油动力技术方案，即在钻井现场用电动机替代柴油动力机组，配套专用网电设备，就近利用地方电网公司提供的电力资源，用电能驱动钻机施工作业。由于“工厂化”平台内作业井位相对集中且平台之间距离普遍较近，非常有利于中心电站集中供电方式的实施，目前网电在“工厂化”平台的应用实现了钻机节能降耗、减排降噪的目的，有效降低了“工厂化”钻井成本，取得了较好的节能减排效果。

1. 网电应用配置方案

网电设备包括一栋箱变房、一栋电控房、两台电机和 1 套司钻操作台，电动钻机使用只需要箱变房。钻机网电驱动方案主要包括外围供电和全场供电 2 种方式，外围供电时利用移动箱变房使用网电仅代替井场原有 2 台柴油发电机组供电，保留机房柴油机组驱动；全场供电除机房保留 1 ～ 2 台柴油机组备用外，井场所有动力均利用网电设备使用电能提供（图 3–6），柴油机组通过液力偶合器 / 正车减速箱及万向节驱动并车箱。安装时将柴油机组 2、3 拆下，换装 2 台电动化机组，电动机组联接盘直接通过联轴器与液力偶合器连接或通过联轴器与涡变相连。电动化机组的轴承座输出有 640 mm 和 760 mm 两种联轴器中心高度，可适应不同的钻机。

在井场分别安装箱变房和电控房，将高压网电引入箱变房，经变压后供给电控房和钻机的 VFD/MCC 房。网电供电时，2 台辅助柴油发电机组和机房柴油机组 1 停止工作，箱变房分别向电控房和钻机的 VFD/MCC 房提供 600 V 和 400 V 电压。电控房电机传动柜驱动 2 台电动化机组运行，为钻机整传箱提供动力。当高压电源短时间故障或临时停电时，将箱变房 / 钻机发电房互锁开关切向发电房供电，启动辅助柴油发电机组和柴油机组 1 可继续钻井作业。高压电源长时间故障或长时间停电时，可将 2 台电动化机组拆下，换装原来的 2 台柴油机组即可恢复钻井作业。

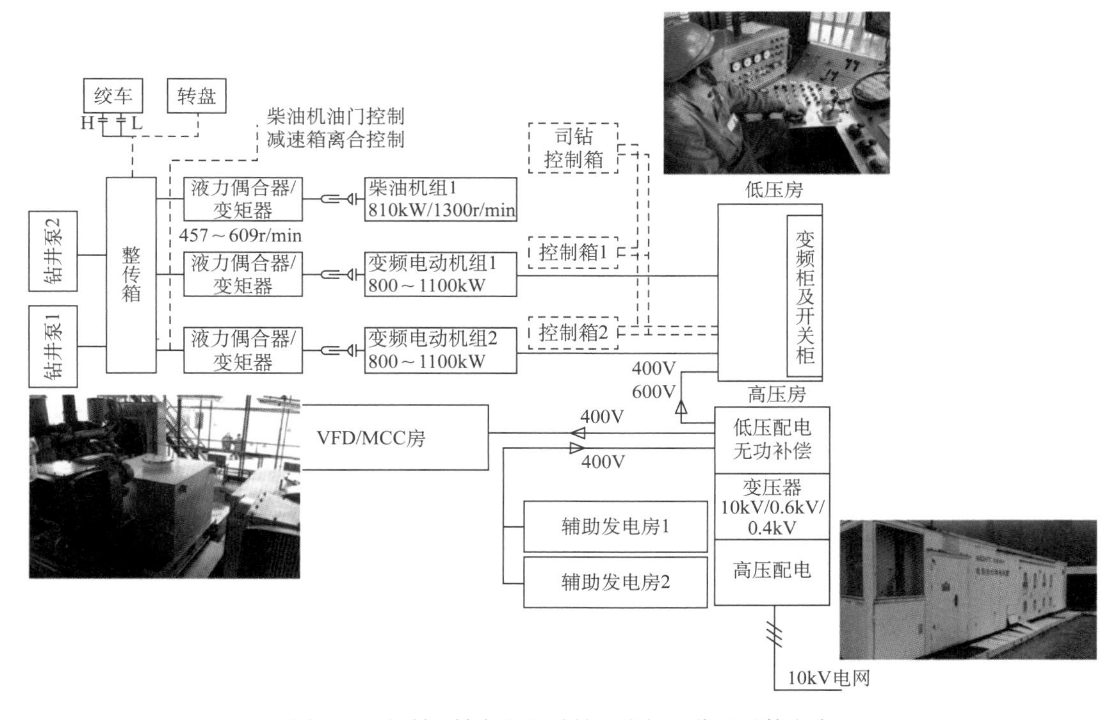

图 3–6　机械 / 转盘电驱动钻机全场电代油总体方案

2. 高低压配电及无功补偿

箱变房内配置有高压配电设备、变压器、无功补偿设备等装置，电力变压器输入输出为 10 kV/0.6 kV/0.4 kV，带自动有载调压装置以适应电网电压波动，变压器原副边均设有高、低压断路器，起隔离、控制和保护作用，高压侧还设有避雷器、接地检测、计量仪表和微机控制等辅助器件。电控房包括传动柜及配电柜，并设置了总容量为 800kW 的电容器进行无功补偿，根据钻井系统的谐波分布情况，选用电抗器和电容器配合进行谐波抑制，该装置三相补偿动态响应时间控制在20 ms以内，零电流投切技术确保投切无涌流、无冲击，可选手动或自动投切功能，自动投切设有工频过电压保护；装置还设置了短路保护、瞬态过电压保护、缺相保护等完备的保护功能。

三、天然气发电技术

各个地区的电网容量是国家电网公司统一规划和建设的，大部分施工井位处于电力不发达地区，周边地方电网容量有限，因此受限于地方电力资源的制约，施工现场不具备全面使用钻机“电代油”的条件。

目前电网技术代替柴油为钻机提供动力可显著降低“工厂化”钻井成本，取得了较好的节能减排效果。但是，国内“工厂化”平台多为山地地区，电网存在高度分散的特点，部分“工厂化”平台不具备架线条件或距离电网较远没有经济效益而不能使用钻机电代油。以威204井区为例，共48个平台，长约25km、宽12km、总面积约为300km²，但具备使用电网电力实施钻机电代油的只有6个平台，其余平台的钻机则必须使用柴油机和柴油发电机组。

由于“工厂化”平台相对集中且平台之间距离普遍较近，同时“工厂化”平台为丛式密集井网钻井施工，在这种情况下，一个已试气的“工厂化”平台周围有数个正在钻井或计划钻井的平台，这就为“工厂化”平台就地建立燃气发电站“以气发电”，并输送到周围施工平台钻机“以电代油”的节能减排、降本增效的钻井模式提供了条件。通过对已钻井筒气净化调压稳压处理，在具备采供气条件的“工厂化”平台建立模块化的井筒气处理、燃气发电及配供电系统，为周边的平台施工钻机提供充足的电力，替代柴油机组和柴油发电机组，保障钻机运转，形成规模化、系统化的“以气发电、以电代油”钻井作业节能减排模式，同时可节省燃油运输费用，达到大幅降低工厂化钻井作业成本的目的。

1. 天然气发电流程

在已试气的“工厂化”平台就地建立燃气发电站“以气发电”，并输送到周围施工平台供钻机“以电代油”的总体方案将整个燃气发电及配供电设备设施分为三个单元，即净化单元、发电单元、输配电单元。发电和输配电流程示意图如图3–7所示。

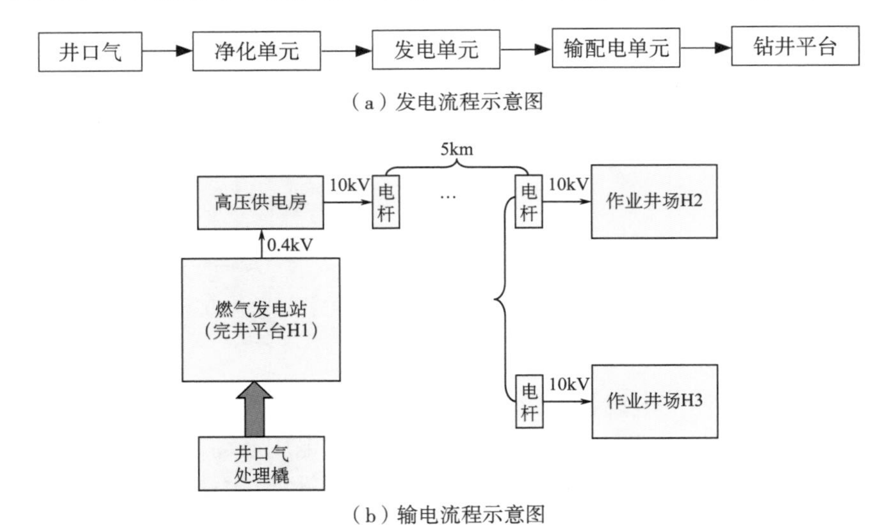

图3–7 “工厂化”燃气发电机输配电流程图

1）井筒气净化处理

井筒气在进入发动机之前进行有效的气处理，以保障天然气发动机长期、稳定、高效运行的需要。井筒气处理系统主要由气液分离、过滤、调压、稳压等几部分组成，经过处理的气体必须满足下列要求：

（1）必须对天然气进行脱水，其露点温度要达到自然环境温度以下，才能保证进入发动机的气中无水；

（2）必须净化，除去天然气中大于 5μm 的固相颗粒，含量不大于 0.03g/m³；

（3）其热值不应低于 27MJ/m³，有一定压力（根据机型不同而异）的天然气；

（4）甲烷含量不低于 76%（体积分数）；

（5）总硫（以硫计）含量 460mg/m³；

（6）硫化氢含量不大于 20mg/m³；

（7）进入发动机的天然气中无液态烃和轻质油。

试采井的工艺流程示意图如图 3-8 所示。

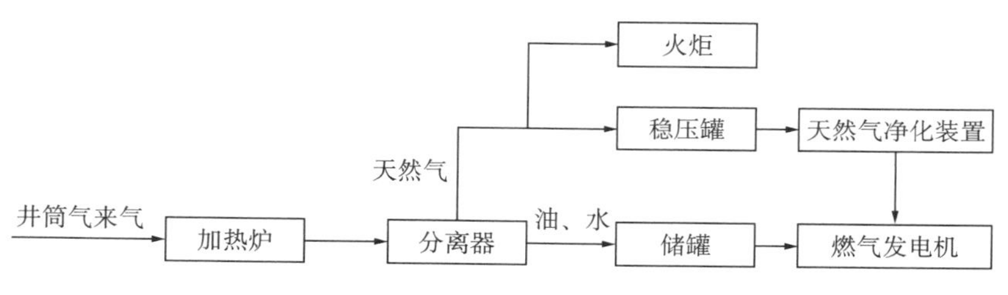

图 3-8 试采井工艺流程图

净化装置采用低温冷凝加干燥的原理，其冷却温度为 3℃，可以使主要成分水被完全脱除，夹带的固、液相也被完全脱除。同时还可使冷凝温度在 3℃以上的重组分被脱除，虽然仍然有部分重组分在其中。但以气态存在，对发动机本身无害，即经过处理后的天然气完全能够满足发动机的使用要求。而且，该方式投资成本低、操作简便、设备体积小、橇装运输方便等多种优点，工艺流程如图 3-9 所示。

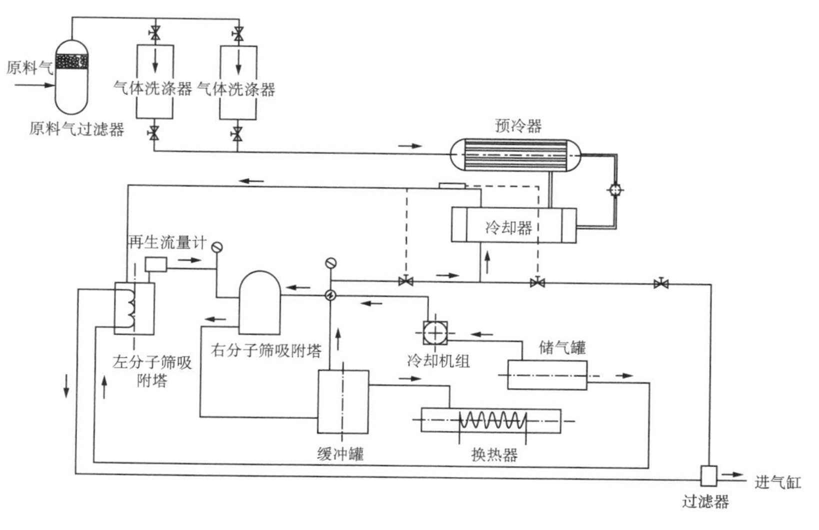

图 3-9 净化装置工艺流程图

2）燃气发电站发电并车集成

（1）发电方案。

电站燃料为经过净化调压处理的井筒气，发电后再向多个“工厂化”平台供电，实现以气打气的目的。发电机组、并机系统及配电系统全部安装于箱式铁房内，电站集成示意图如图 3–10 所示。整体电站为模块化结构，在确定的场地通过模块组合，形成整体天然气发电站，既便于移动，又可以发电，发电站的选址按钻机位置、地形、道路及供电线路架设等情况确定。

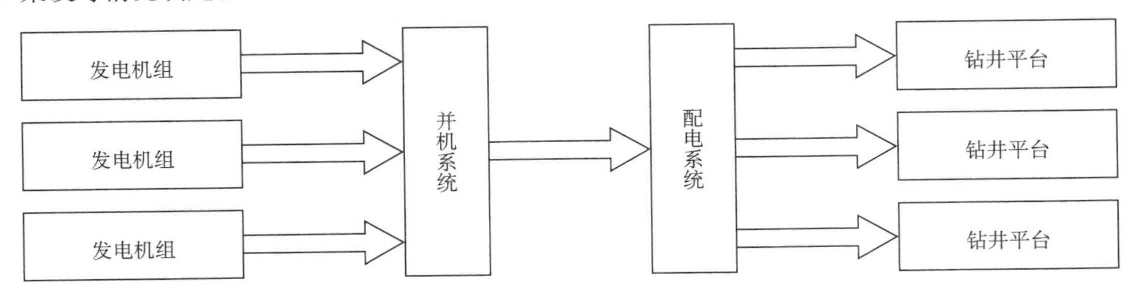

图 3–10　燃气电站集成示意图

250kW 燃气发电机组集成方案如图 3–11 所示。

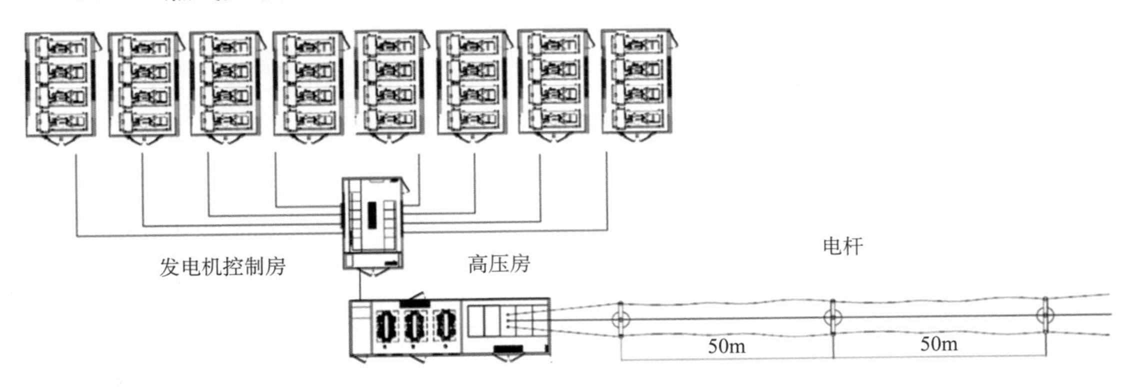

图 3–11　250kW 燃气发电机组集成方案

（2）发电站并机方案。

燃气发电站机组方案采用单机 250kW、48 台两级并联运行的方式，一级为每 4 台发电机组安装在一栋发电房中，组成 1000kW 燃气发电模块；二级为 12 栋 1000kW 发电模块并联输出，因此采用两次并车的方案来实现 48 台机组的并机运行。400V 电通过交流母排汇流，由开关柜内的 6 个 5000A 的框架式断路器输出，高压房内由 4 台 3200kVA 的升压变压器，通过 4 个高压进线联络柜后，汇流输出 10.5kV 高压电。系统选用 DEIF AGC1 系列控制器，首先在每个发电房中配置 1 个并机柜，将每台发电机组的控制器安装在并机柜内，通过自动同步和负载分配功能完成一次并车，实现 1 栋发电房内 4 台发电机组的并列运行。其次，在发电机控制房内配置二级并机柜，每两栋发电房汇流母排之间安装 DEIF AGC1 系列控制器，通过自动同步和负载分配功能完成二次并车，并由开关柜的 1 个 5000A 的框架式断路器控制输出。燃气发电机组二次并机示意图如图 3–12 所示。

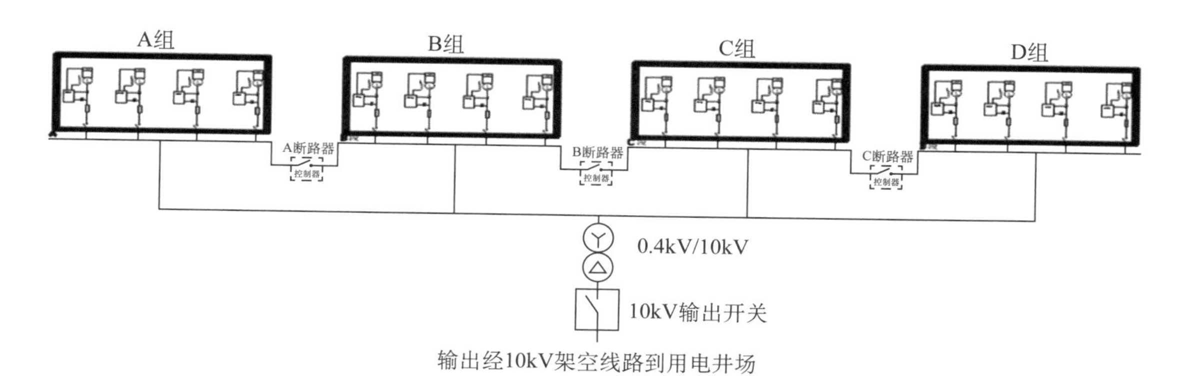

图 3–12　燃气发电机组二次并机框架示意图

发电站并机技术具有如下特点：

①单机组功率容量小，机组在系统中可以按照负荷变化灵活组合，动力响应快。

②每 4 台机组组成一次系统，每一台发电机组均可以自由并联到一次系统中；每个 4 机模块均可以自由并联到二次系统中，两次并机均采取自动并机，智能化程度高。

③在满足负荷要求情况下，为保证燃气发电机组系统在突变负载下的稳定需要，可以根据需要灵活组合发电机组来保证功率冗余，保持较高的发电效率，经济性较好。

④燃气发电机组价格低，投资成本小。

⑤系统提供逆功率保护、短路保护、过电流保护、过电压保护、欠电压保护。

3）输配电

通过燃气发电站高压房汇流后输出 10.5kV 高压电经架设输电线路输送至页岩气钻井平台为钻机生产施工提供动力，1 个 12MW 燃气发电站可同时满足 4 ～ 5 台钻机作业，可以辐射以发电站为中心，半径 10km 范围内的作业区域。具体流程如下：燃气机组→发电机（400V）→升压变压器（10kV）→高压开关柜（10kV）→架空线路（10kV）→降压变压器（10kV/600V）。

2. 现场应用情况

2015 年 6 月，在苏里格“工厂化”平台开展 LNG 燃气发电先导试验，并为 ZJ50DB 电动钻机提供全场电力。现场采用 3 组 1000kW 燃气发电机组主力供电和 1 组 750kW 燃气发电机组辅助发电。每组 1000kW 燃气发电机组由 4 台 250kW 燃气发电机并机构成，再经过二次并机实现大功率输出。共 12 台 250kW 燃气发电机组可以通过自由组合并机，任意切换并机的方式满足电动钻机用电功率波动频繁、功率变化剧烈的用电工况要求。

现场试验 LNG 燃气发电站布置方案示意图、现场总平面图、供配电系统示意图如图 3–13 ～图 3–15 所示。

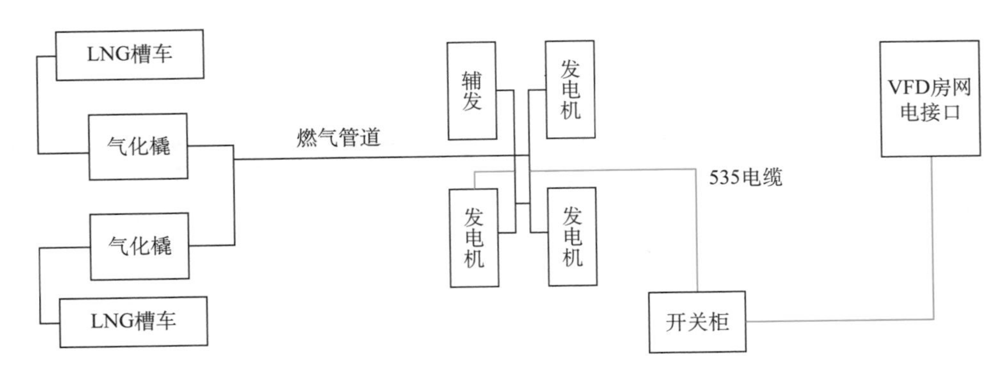

图3-13　LNG燃气发电站现场布置图

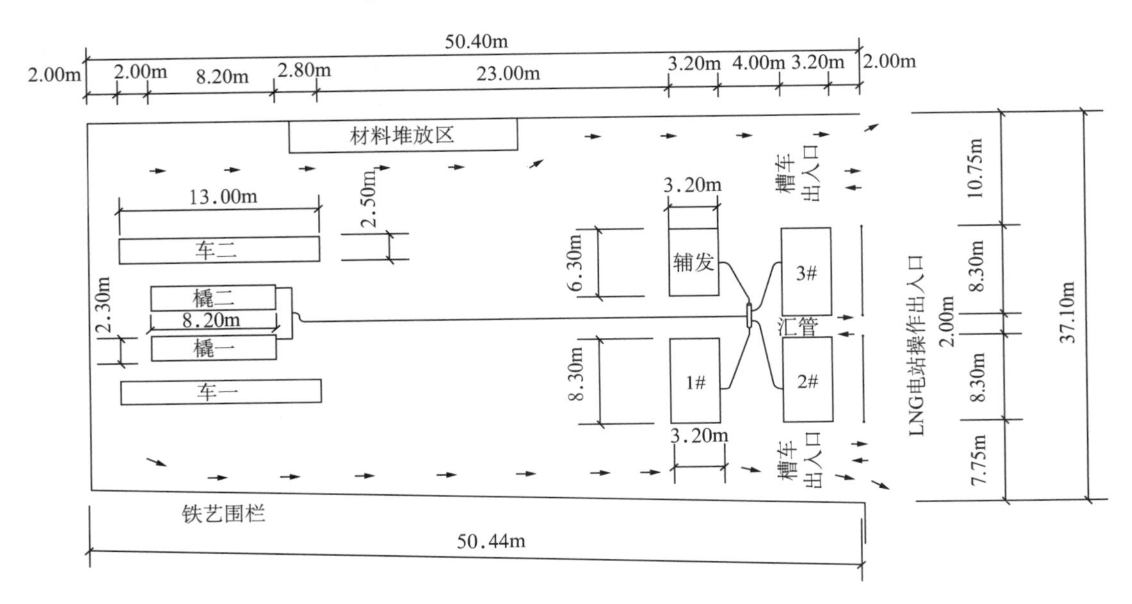

图3-14　LNG燃气发电站现场总平面图

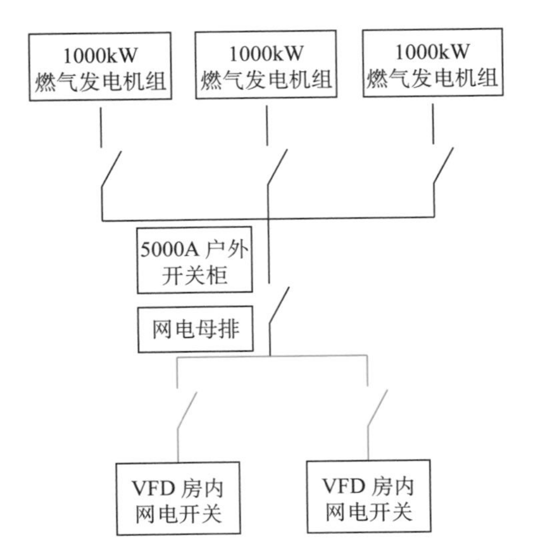

图3-15　LNG燃气发电站供配电系统示意图

在“工厂化”平台 LNG 燃气发电现场试验期间（图 3–16），最高用电功率为 2700kW，瞬间负荷变化为 300 ～ 1800kW，最大用气量 450Nm³/h 左右。现场 3 组燃气发电机组在钻井全过程供电中运行正常，满足钻井工况变化。整个钻井过程中，各发电机累计发电 1×10^{6}kW，其中有功 674516kW、无功 424388kW，累计耗气 196t。

图 3–16　LNG 燃气发电站现场

第二节　批量钻井

批量钻井是工厂化钻井的特点之一，也是实现“工厂化”效益最大化的重要途径。批量钻井起源于海洋钻井，因海洋平台钻井成本较高，加之受钻井平台场地限制，故海上油气开发大量采用批量钻井，以达到降低开发成本、提高经济效益的目的。在 20 世纪 80 年代末、90 年代初批量钻井在石油工业用得越来越多，国内海上油气田批量钻井以渤海油气田开发最具代表性，陆上油气田批量钻井以大港油田庄海 4 × 1 人工井场丛式井开发为最早。工厂化批量钻井就是通过采用移动钻机依次钻多口不同井的相似层段，固井后再顺次钻下一层段，通过重复作业提高钻具组合以及其他资源的利用效率、节约作业成本。

一、批量钻井方式

批量钻井技术以平台为单位进行整体设计、整体施工，即分别对表层、中间井段及目的层段等施工段进行集中钻井，利用前一口井固井候凝与测井时间整拖钻机至下一口井进行作业，减少钻机等停等非生产时间，提高钻井时效[7]。

标准的批量钻井基本流程如下：一开快速钻固表层，然后移钻井平台至第二口井继续一开钻固表层，接着移钻井平台至下一口井，这样顺次一开钻固完所有的井后再移钻井平台回到第一口井开始二开的钻固工作，重复以上操作直到二开固完所有的井，再次移钻井平台回到第一口井开始三开，依次类推钻完所有的井。对于一开井深不长的情况，可以先一开钻固表层后继续二开钻井及下套管固井后再移钻井平台至下一口井开钻。

工厂化钻机选择的基本原则如下：

（1）根据井身结构设计、三维轨迹剖面、钻机承受的扭矩和附加拉力，技术套管和完井压力管串顺利下入，为确保钻井安全施工，钻机应满足强度负荷要求。

（2）气田井深，一开二开钻机机型差别较大，为降低作业成本，宜分别选择施工周期短、运行平稳、钻井速度快的钻机。

（3）工厂化为流水线作业方式，施工工序衔接紧密，合理调配区域内钻机，统一管理保证钻机不等停。

（4）考虑地貌特征、生态环境、井场布局、水源集中供应等因素的影响，各钻机间应能实现资源共享，钻井液重复利用和交叉作业，缩短井组施工周期。

批量钻井模式有大小钻机和双钻机模式。

（1）上部井段小钻机，下部井段大钻机。

这种方式可运用于二、三开时间不长的地区，否则还要上大钻机进行作业。它采用车载750型修井机或ZJ30型钻机完成所用平台井上部表层施工，选用两部ZJ50钻机或ZJ40D钻机进行二开和三开作业。这种方式实现了批量化表层钻井，共用1个钻井液池，多口表层循环利用，为大钻机节省了一开准备时间，保护环境，降低了成本。例如，图3−17为9口井平台作业模式，使用1台车载钻机进行表层批量化钻进，1台50D平移钻机进行二开、三开作业。

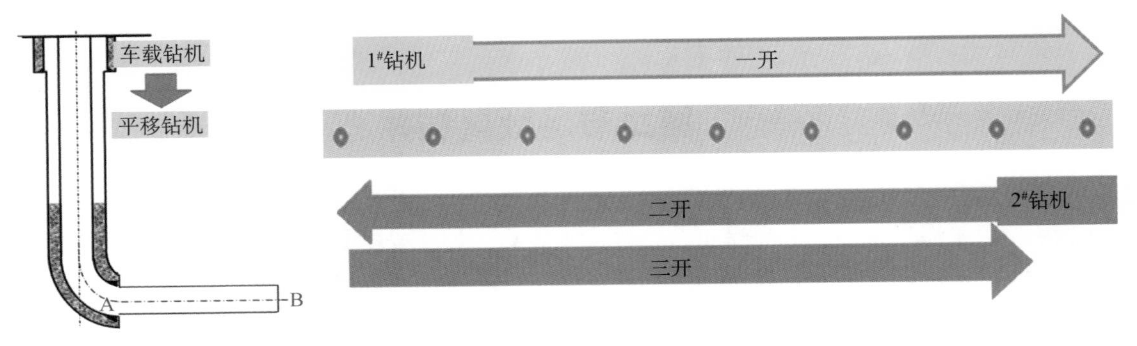

图3−17　大牛地区块多排井口排列示意图

图3−18是一个布有13口井的丛式井平台，使用1台车载钻机进行批量化表层钻井，2台ZJ50D平移钻机进行二开、三开批量作业。

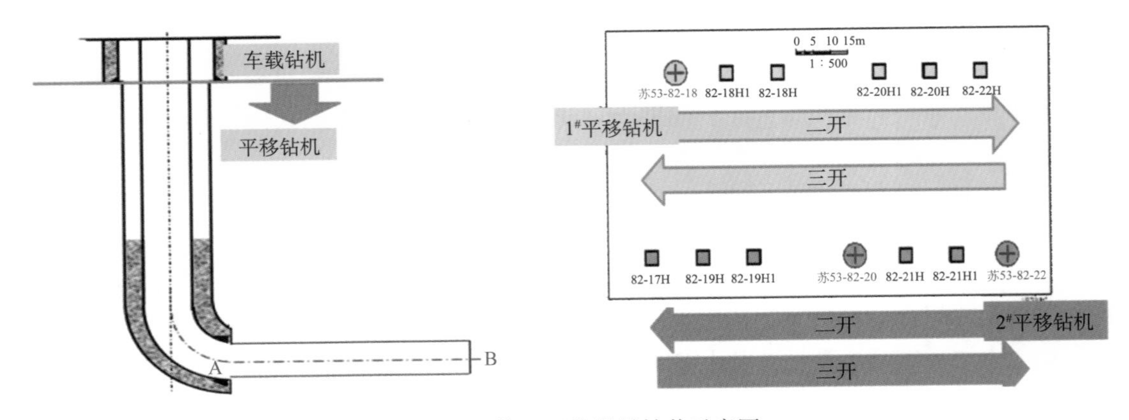

图3−18　苏X区块批量钻井示意图

（2）双钻机批量钻井模式。

双钻机批量钻井模式是指采用2台钻机完成各平台井施工。通常由于区域内没有小钻机调配或表层层段深、地层复杂、钻井周期等原因，单钻机作业周期长，为确保快速建产，采用双钻机联合作业。以一个平台2台钻机6口井为例（图3–19），1号钻机从1号井开始向右进行一开、二开钻固施工，依次完成1、2、3号井施工，此时钻机位于3号井位；2号钻机从4号井开始向左进行一开、二开钻固施工，依次完成4、5、6号井施工，此时钻机位于6号井位。然后1号钻机从3号井开始进行三开钻固施工作业，依次完成3、2、1号井施工，2号钻机从6号井开始进行三开钻固施工作业，依次完成6、5、4号井施工，直至完成全部井的施工。

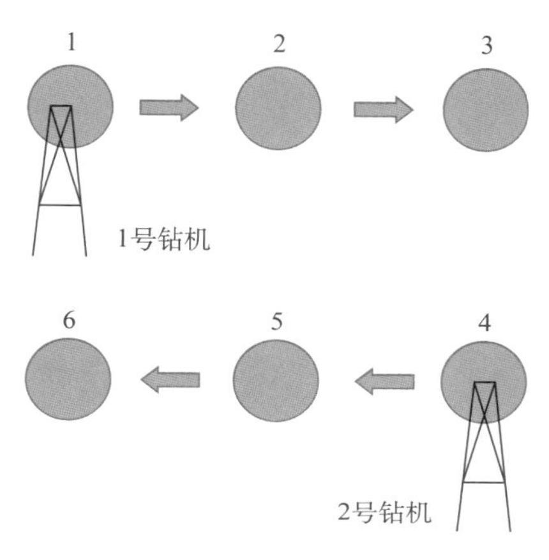

图3–19 大平台批量钻井施工流程图

图3–20为长庆气田东三区G0–7井组9口井，结合气田工厂化试验区混合布井、井口与柴油机间距以及2台钻机安全距离的要求，通过优化井场布局，9口井3钻机作业，分为三组，每组3口井，1口直/定向井和2口水平井，实现集中供水供料，采用三钻机联合作业[8]。

（a）井组现场　（b）井口布置图

图3–20 长庆气田东三区G0–7井组现场及井口布置图

二、水平井一趟钻

所谓“一趟钻”就是钻头一次下井打完一个开次的所有进尺。对于水平井来说，一个开次可能涉及一个、两个或多个井段，比如直井段、斜井段、水平段。斜井段又可能包括造斜段、稳斜段、降斜段。“一趟钻”已成为低油价下“工厂化”丛式水平井钻井提速降本的重要途径，多井段一趟钻的提速降本效果尤为明显。水平井一趟钻不仅仅是钻头技术的升级，而是钻井工程的全面升级，也是水平井钻井总体技术水平的集中体现。要实现“一趟钻”，不仅需要集成应用先进高效技术，还需要创新的团队协作管理。

1. 强化钻井参数

工厂化平台丛式井组普遍采取三维剖面设计，为提高钻速、降低摩阻，保证管柱的顺利下入，对井眼轨迹进行了优化，将靶前位移扩大到400m以上，将井眼曲率设计为4.0°/30m～5.0°/30m，先以20°井斜稳斜，再以3°/30m曲率小井斜调整方位，最后以5°/30m曲率增井斜到目标A点。在工厂化水平井施工中，要求钻井队必须配备多台钻井泵，在大尺寸井眼尽量使用双泵钻进，在地面管汇承压安全的情况下，优化排量、转速等钻井参数，合理安排钻压，加大钻头水眼，减少压耗，尽量提高泵排量，ϕ311mm井眼在55～65L/s，ϕ215.9mm井眼在32～35L/s，充分发挥中空螺杆的效率和减少岩屑床。这样做既可以应用高压喷射技术提高机械钻速，还可以有效地清洗井眼，保证井眼畅通，减少“复杂”发生概率。

优选短保径PDC钻头，在布齿、地层切削角、水力结构、复合片抗研磨和穿夹层能力方面进行改进，采取小钻压大排量高转速钻井参数。针对井壁易垮特征，增加钻头水眼，减少射流对不稳定井壁的破坏。在吉木萨尔致密油平台3工厂化钻井实践中，实现1只牙轮造斜+1只PDC完成绕障，平均机械钻速3.59m/h；使用1只PDC钻头一趟钻完成常规造斜井段，进尺413m，机械钻速3.10m/h；造斜段平均机械钻速同比2012年提高79.5%，有效地提高了三叠系、二叠系造斜段的机械钻速。

2. 地质导向技术

在工厂化水平井钻井过程中，地质导向技术是实现准确入靶和水平段钻进的关键环节。地质导向技术是综合运用录井、随钻测井等实时地质信息和随钻测量的实时轨迹数据，根据地质认识调整井身轨迹，准确入靶，并使井身轨迹在目的层有利位置向前延伸的工作过程。根据标志层的实钻垂深、预估的标志层距目的层顶底的距离和水平井所在区域的构造特征，预测出不同位移处目的层顶底的垂深，及时校正设计，调整钻井轨迹，确保准确入靶以及合理穿越油气层。

工厂化水平井地质导向钻井技术主要有钻前地质建模技术、入靶段优化轨迹控制技术、水平段地质导向钻井技术和钻后评价技术。

1）钻前地质建模

钻前地质模型对于水平井地质导向钻井的成败非常关键，优良的地质模型往往能够较为准确地反映储层的横向展布情况，对各段储层的倾角变化情况、是否存在褶皱、断层等作出预测，从而指导钻井工程作出针对性的井眼轨迹控制计划，预防可能存在的工程复杂，提高水平井地质导向钻井的有效储层钻遇率。通常地质建模包括以下四个方面：

（1）构造建模技术。综合地震构造解释成果、地震反演成果、区域测井解释成果、地质研究成果，利用地震资料的横向约束，测井资料的垂向控制，建立精细三维地质模型，比较真实地反映构造特征。

（2）储层建模技术。综合利用测井、地震等数据，采用序贯高斯、布尔模拟、克里金等算法进行随机模拟，并采用岩相模型、地震属性等作为属性模拟的约束条件，形成包含立体空间起伏的储层物性模型。

（3）井旁构造恢复技术。利用成像测井资料，计算出地层倾角和倾向，分析岩性岩相和地层特征，结合区域地质规律，建立井下地层层序，恢复地层构造模型。

（4）多井对比技术。利用区域已钻井测井资料进行相互对比，分析区域构造特征、物性特征、储层特征，分析储层空间分布特征。

依据上述步骤建立钻前地质模型后，可对井眼轨道进行精细设计，作出详细的井眼轨迹控制计划，明确可能存在的风险，做出针对性的技术准备。

2）入靶段轨迹优化

在水平井地质导向钻井过程中，实现储层的准确入靶非常重要，良好的入靶姿态有利于水平段的安全快速钻进，否则可能出现钻穿储层需填井侧钻或井眼轨迹入靶姿态不佳而进行大幅度的轨迹调整，给水平段储层跟踪钻进带来工程困难。

入靶段导向一般需综合考虑靶前距、入靶井斜角、垂深的关系，通过随钻测井曲线精细对比结合岩屑录井，不断修正储层垂深变化情况，并实时进行随钻井眼轨迹调整，实现井眼轨迹在储层准确入靶。

3）水平段地质导向钻井

在水平段储层跟踪钻进过程中，钻前地质模型一般不可能完全准确，需要综合利用随钻测井资料、录井资料、工程参数等识别地层界面、计算地层倾角及计算井眼与层界面距离，判断钻头上下行方向，同时将地质模型随着认识的不断深入而实时更新。

（1）钻头在储层中位置判断：通过随钻测井曲线对比特征、井眼距离层界面计算、随钻测井仪器径向探测深度计算、沉积微相等方法进行判断或计算。

（2）地层倾角计算：计算方法主要有随钻测井资料镜像重复计算法、地震资料层位解释计算法、构造图计算法、井旁构造解释计算法、井间平均地层倾角计算法等，实际应用中需要采用多种方法进行计算以验证倾角计算的正确性，从而判断钻头与地层的相对关系。

（3）实时储层识别：通过随钻测井曲线特征、录井岩屑识别、气测显示等实时判别储层，分析井眼轨迹是否在目标储层中穿行。

（4）根据前段储层钻遇情况，预测后续钻进地层，进行风险预判。

4）钻后评价技术

依据水平井测井资料响应特征，将测井数据、井眼轨迹、地质背景有机结合，建立水平井测井资料处理解释模型，划分储层，判别流体性质，计算储层矿物成分、孔隙度、渗透率、饱和度。主要包括以下几个方面：

（1）环境影响校正：对随钻测井自然伽马、电阻率等曲线根据校正图版进行校正。

（2）沿井眼轨迹进行曲线和成果图绘制。

（3）测井处理解释评价、钻遇率分析：形成储层评价标准，将储层分类，实现储层评价，确定有效储层钻遇率。

5）应用实例

A井为某页岩气“工厂化”平台中6口水平井之一，本井的钻前地质导向模型如图3–21所示。在实际导向过程中，结合实钻情况，可以加以修正。

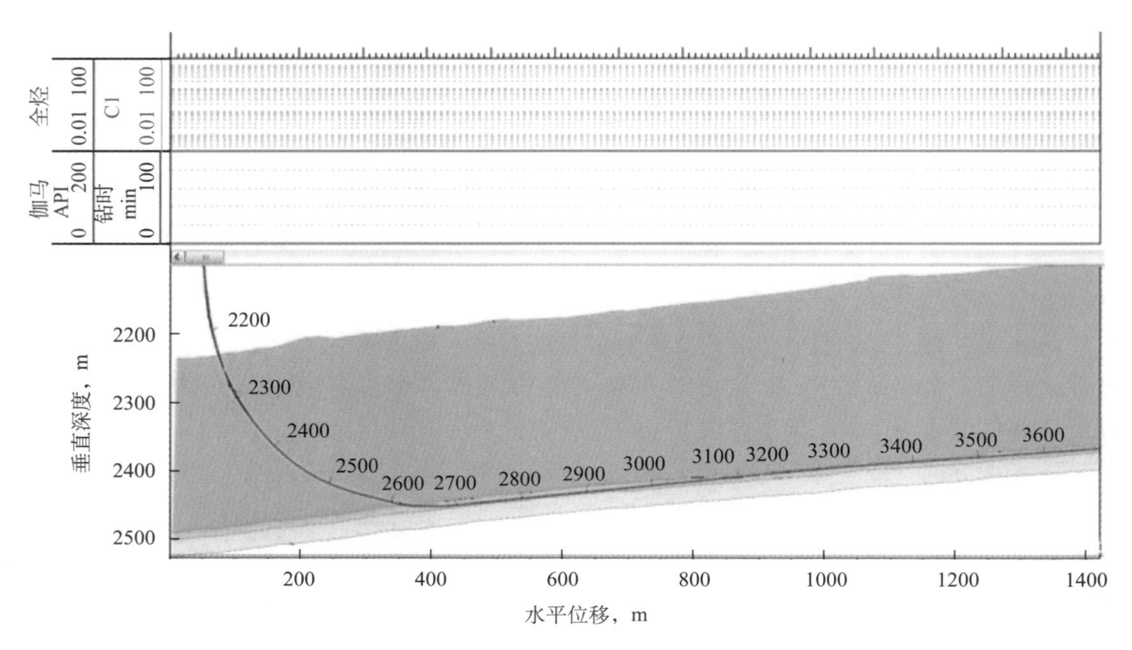

图 3–21　A 井钻前地质导向模型

该井入靶段和水平段地质导向实钻如图 3–22 所示。本井从井深 2719.88m 地质导向钻进至井深 3784m 完钻，累计进尺 1064.22m，钻遇目的层长度 1018.22m，储层钻遇率 95.7%。水平段 A 点井深 2784m 至 B 点井深 3784m，钻遇目的层长度 954m，储层钻遇率 95.4%。

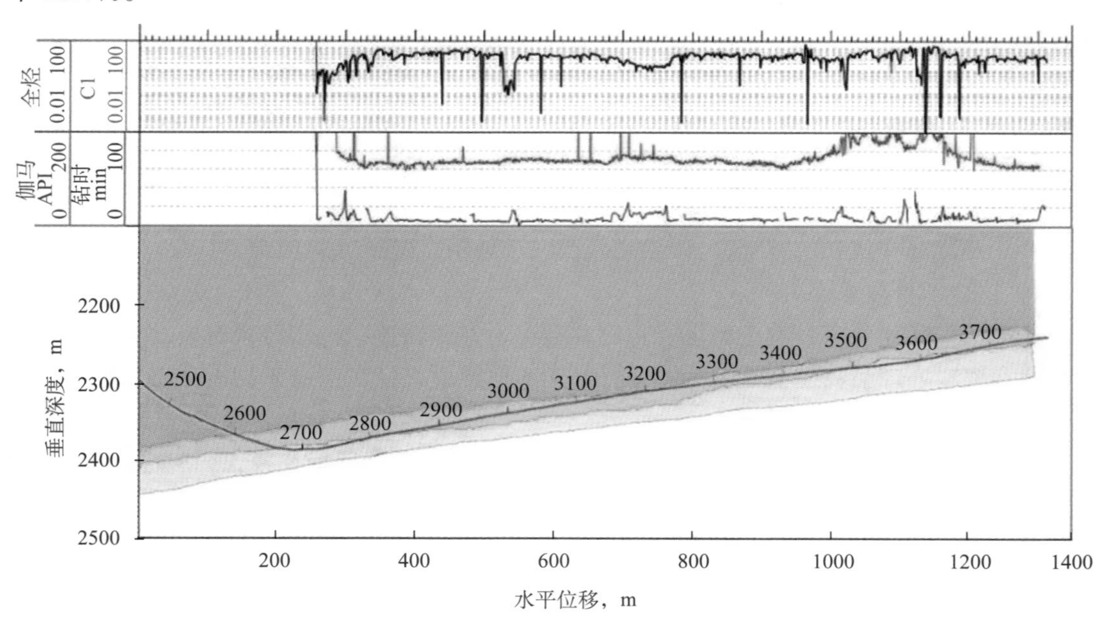

图 3–22　A 井入靶段和水平段地质导向实钻图

苏 53 区块工厂化钻井已形成了一套完善的地质导向技术，在区块地质模型的基础上，建立工厂化区域地质模型，根据邻井的动静态资料对模型进行优化，提高模型预测的准确性；根据工厂化完钻水平井资料调整模型，进一步认识储层，同时总结工厂化水平井入靶及钻进特点，总体考虑横向对比，确保水平井钻进的高效性。在“十二五”期开始实施水平井整体开发，已完钻 108 口水平井，入靶成功率 100%，水平段平均砂体钻遇率 86.52%。苏 53 区块工厂化水平井均实现一次性成功入靶，平均单井砂体钻遇率 86.4%，有效储层钻遇率 73.4%，有效储层钻遇率高于同期完钻水平井的平均水平（68.5%），其中 3 口水平井的砂体钻遇率达到 100%。

3. 旋转导向钻井技术

通常工厂化水平井轨道要求靶前距尽可能短（300 ～ 500m），设计井眼轨迹造斜率在 8°/30m 左右，钻井中所面临的摩阻扭矩大、井眼轨迹难于控制等难点，为了提高机械钻速、减少钻井事故、及时调整井眼轨迹，通常采用旋转导向钻井技术。旋转导向钻井技术的核心是旋转导向钻井系统，它主要有地面监控系统、地面与井下双向传输通信系统和井下旋转自动导向钻井系统 3 部分组成。采用旋转导向钻井系统（图 3–23），实现在旋转钻进中连续导向造斜，可以提高机械钻速和井眼净化效果，减少压差卡钻，降低井下风险，而且还具有三维井眼轨迹的自动控制能力，从而提高井眼轨迹的平滑度，降低扭矩和摩阻，能增加水平井的延伸长度。目前在北美页岩气水平井中，常规旋转导向工具让单一井段“一趟钻”渐成常态，而高造斜率旋转导向工具（15°/30m ～ 18°/30m）则实现了双井段甚至三井段的“一趟钻”。

旋转导向系统按导向方式可分为推靠钻头式和指向钻头式，按照偏置机构的工作方式又可分为静态偏置式和动态偏置式两种。目前出现了复合式的旋转导向系统，也称为偏置内推式旋转导向系统，其核心是通过推靠反作用力的方式实现内设弯曲芯轴的绕曲方式。

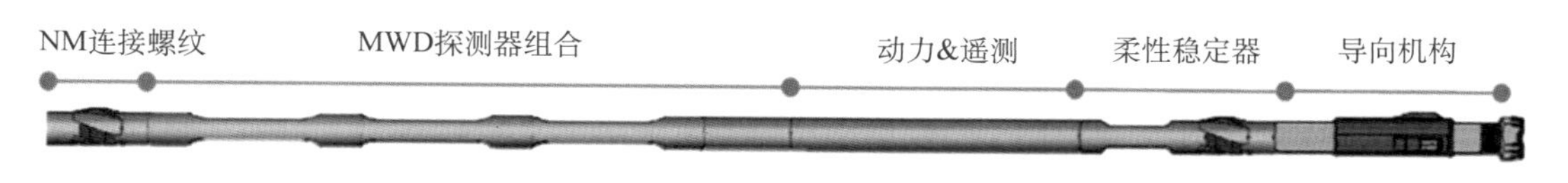

图 3–23　旋转导向钻具结构示意图

目前商用的旋转导向主要包括 Baker Hughes 公司的 AutoTrak Curve 系统、Schlumberger 公司的 PowerDrive Archer 系统和 Halliburton 公司的 Geo – Pilot 系统，其性能指标见表 3–2。

表 3–2　工厂化典型旋转导向工具性能指标

工作方式	典型产品	造斜能力
静态偏置推靠钻头式	AutoTrak	6.5°/30m
动态偏置推靠钻头式	Power Drive	8.5°/30m
静态偏置指向钻头式	Geo–Pilot	5.5°/30m
复合式	Archer	15°/30m

“十二五”期间，旋转导向钻井技术在四川长宁—威远国家级页岩气示范区开展试验推广应用，其中长宁区块造斜段平均机械钻速由 2.79m/h 提高到 5.17m/h，定向周期从 31.2d 降至 11.3d，水平段长度平均增加 486m，平均机械钻速由 5.3m/h 提高到 9.4m/h，作

业周期从 15.68d 缩短至 13d；威远区块造斜段平均机械钻速由 0.96m/h 提高到 6.74m/h，定向周期从 51.67d 缩短至 11.8d，水平段长度平均增加 688m，平均机械钻速由 2.4m/h 提高到 6.23m/h，作业周期从 18.33d 变为 27.72d（图 3–24）。应用旋转导向钻井技术后，水平段段长增加了 500 ～ 1119m，提高了页岩气单井产量和开发效益。同时井眼轨迹更加平滑，确保了后期电测、安全下套管和完井增产的顺利实施，综合效益显著。

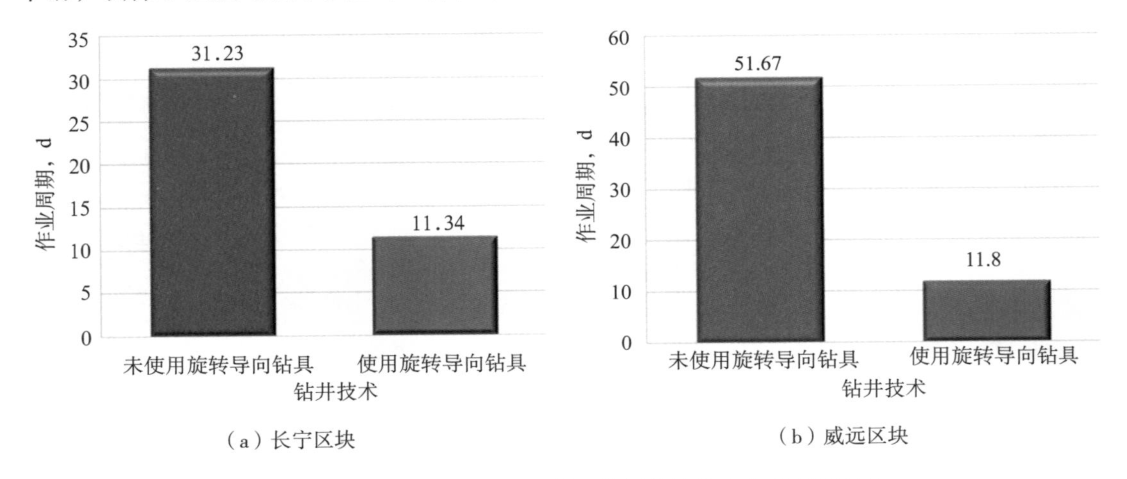

（a）长宁区块　　（b）威远区块

图 3–24　长宁—威远区块造斜段使用旋转导向前后周期对比

旋转导向钻井技术在吉木萨尔致密油藏工厂化钻井中得到越来越多的应用，在 JHW007 井的水平段（实现一趟钻完成）、JHW6 井和 JHW017 井的定向造斜段应用了旋转导向钻具，应用井段的平均机械钻速 7.56m/h，而 2012 年未应用旋转导向钻具井的平均机械钻速仅 1.92m/h；3 口井应用井段的平均施工周期 8.64d，比其平均设计施工周期缩短 21.85d。

三、密集井眼防碰技术

“工厂化”的井口间距小、同平台与相邻平台井眼形成密集丛式井网，井眼轨迹在地下交错，极易发生井眼相碰，即空间连续变化的两个井眼相交于一点。因此，“工厂化”密集丛式井要进行同平台井眼、相邻平台井眼的防碰绕障措施[9–14]。结合防碰扫描计算可用来评估井眼碰撞的风险，目前常用的防碰扫描算法有法面距离扫描、平面距离扫描和最近距离扫描三种[15–17]。此外，依据分离系数制定相应的防碰措施，具体见表 3–3。

表 3–3　井间分离系数及防碰控制

井间分离系数 f_{os}	交碰风险	防碰措施
f_{os}>5.0	安全	可以安全钻进
1.5 ≤ f_{os}<5.0	警戒	可以继续钻进，仔细监测正钻井轨迹变化与邻井靠近情况
1.0 ≤ f_{os}<1.5	较小风险	到了可以安全钻进的下限，同时做好防碰绕障措施准备
f_{os}<1.0	重大风险	停止钻进，制定防碰绕障措施直至交碰风险消除

图 3–25 为某“工厂化”平台 HX 的 6 口井实钻轨迹的水平投影和三维立体轨迹图，以本平台为例进行邻井防碰扫描计算和定向分离系数计算[18]。

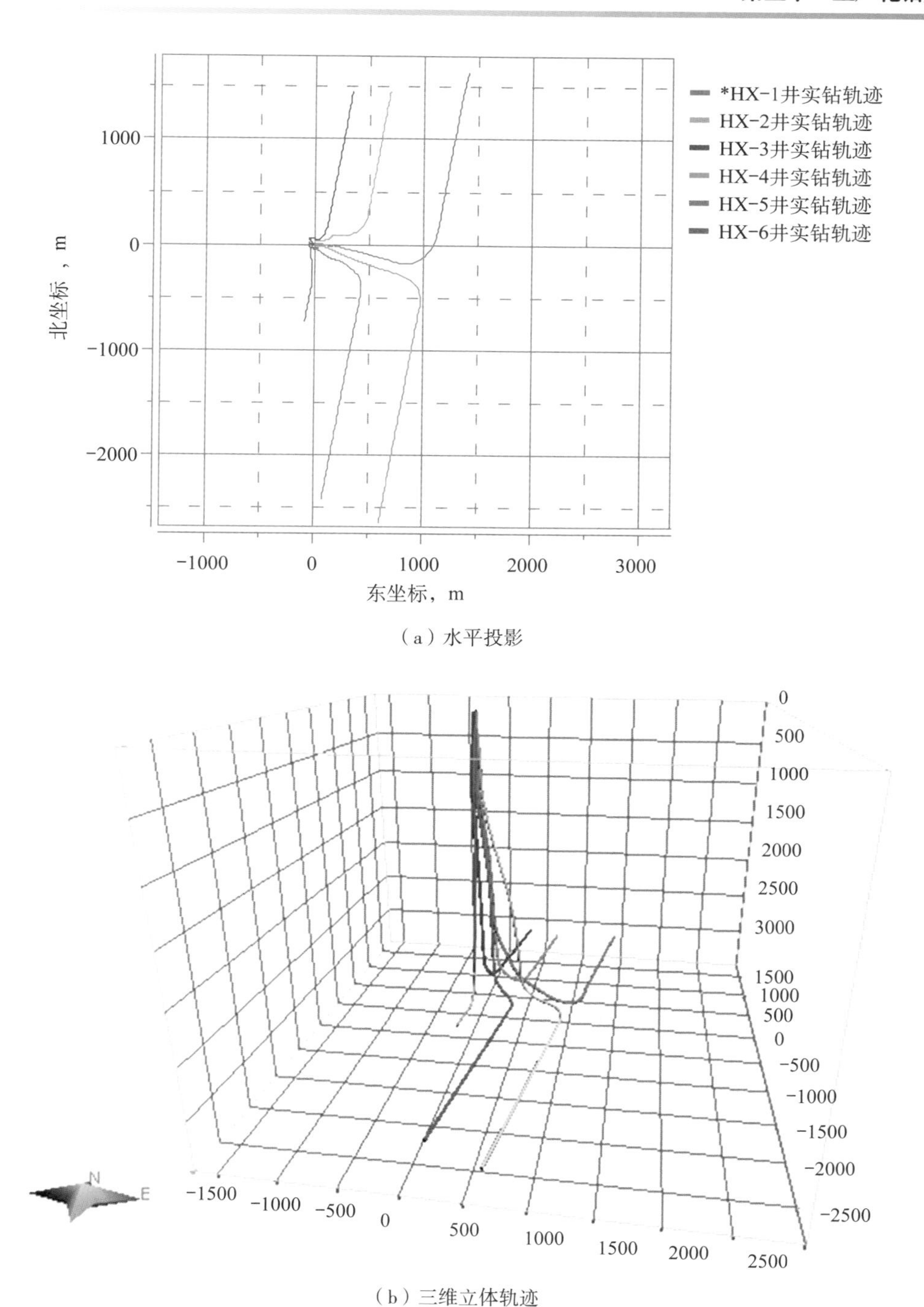

（a）水平投影

（b）三维立体轨迹

图 3−25 实钻轨迹的垂直投影和水平投影

以 HX−1 井为参考井、HX−2、HX−3、HX−4、HX−5、HX−6 井为比较井，分别采取法面距离扫描、水平距离扫描和最近距离扫描三种方法对上述“工厂化”平台邻井进行防碰扫描计算，计算结果如图 3−26 所示。由图可知，扫描距离随着井深增加而逐渐增加，井眼相碰风险逐渐降低。

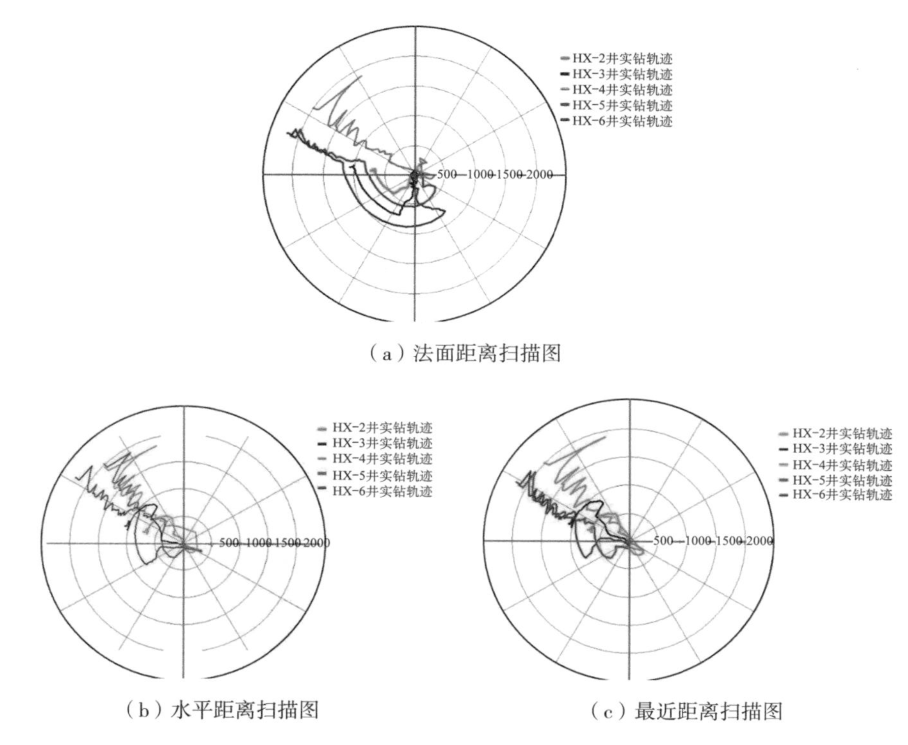

（a）法面距离扫描图

（b）水平距离扫描图

（c）最近距离扫描图

图 3-26　三种防碰扫描方法的距离扫描图

根据 HX 平台邻井最近距离防碰扫描计算结果，结合定向分离系数计算方法得到了以 HX-1 井为参考井、HX-2、HX-3、HX-4、HX-5、HX-6 井为比较井时定向分离系数随井身变化曲线，如图 3-27 所示。

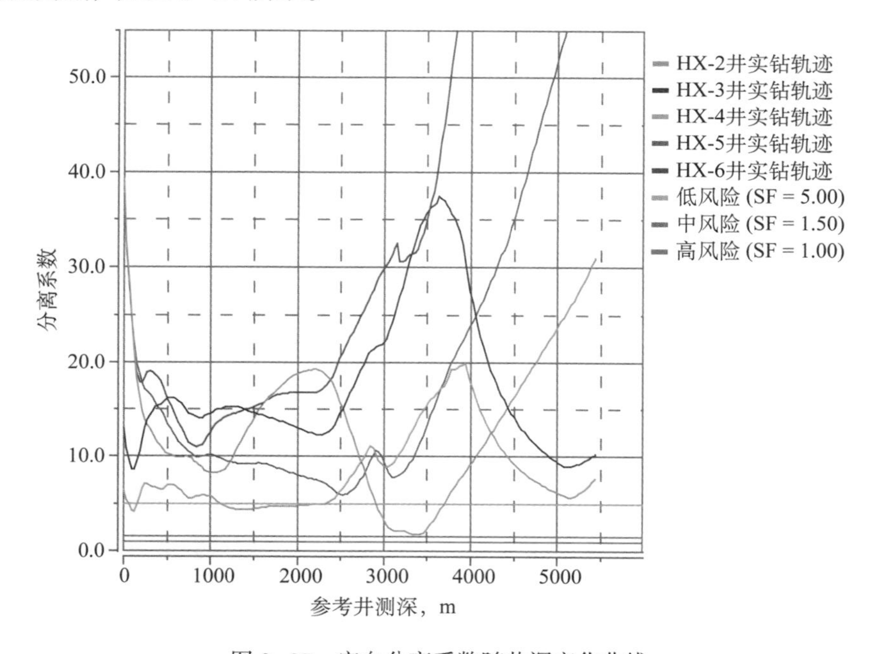

图 3-27　定向分离系数随井深变化曲线

结合该平台井眼轨迹、防碰扫描图和定向分离系数，可判断该平台6口井的实际相对位置，可知钻进时直井段和斜井段交碰风险较高，进入水平段后防碰风险逐渐降低，在不同井段根据分离系数制定相应防碰规则保证安全钻进，同时做好防碰绕障措施准备。对于不同井段的防碰措施如下：

1. 直井段控制措施

“工厂化”井口数目较多、井距较小，特别是直井段的地层会寻找自然漂移，给平台邻井直井段防碰带来较大困难，直井段防斜打直的轨迹控制措施主要有：

（1）优选直井段钻具组合并灵活运用，直井段大井眼采用刚性大尺寸塔式钻具组合；造斜点较浅时，井眼采用常规钻铤大钟摆钻具组合；造斜点较深时，采用钻铤大钟摆钻具组合或双扶刚性钟摆钻具组合[19]。

（2）钻进参数合适，采用高转速、大排量、高泵压喷射钻进，做到以快保直。钻压施加合理，送钻均匀，正确处理好地层交接面。

（3）直井段测斜监控，易斜井段加密测斜，确认同平台井眼之间的相对位置，并根据测斜结果及时调整钻进参数。

2. 增斜段控制措施

“工厂化”密集井眼定向增斜段的轨迹控制是防碰绕障技术的重点和难点，控制好增斜段既可以提高井身质量，也为提高中靶精度打下基础，同时又有利于下套管等后续作业，决定着整口井防碰绕障和井眼轨迹的成败[20, 21]，增斜段轨迹控制措施有：

（1）合理选择增斜钻具组合，旋转导向钻井系统具有降低摩阻、提高机械钻速优点，在“工厂化”钻井中得到广泛应用，优选旋转导向钻井系统提高增斜段井眼轨迹质量；

（2）钻进中及时测斜，严格控制狗腿度，必要时进行加密测斜，尽可能准确计算预测井眼轨迹钻进趋向，保证井眼轨迹的平滑；

（3）根据测斜结果及时调整钻进参数，尤其是对井斜变化起关键性作用的钻压，以保证较好的增斜、稳斜效果；

（4）不断进行防碰扫描计算，分析判断邻井的相对位置，并随时观察钻井液返出情况，及时制定防碰绕障技术方案。

3. 水平段控制措施

水平段控制技术要点可以概括为如下几点：钻具稳平、上下调整、动态监控、留有余地、少扭方位，其中动态监控是主要技术手段。

水平控制动态监控是要对已钻井段进行计算，并和设计轨道进行对比和偏差认定，同时也要和邻井进行防碰扫描计算确认空间相对状态和交碰风险；对钻具组合的稳平能力和定向状态进行后分析和评价；随时分析钻头位置与靶体边界距离，判断是否调整。

第三节　交叉作业与离线作业

工厂化作业模式是一个更强调流程协作的系统，立足于减少非生产时间，而钻井总包商应发挥中枢作用，提前制定沟通协调方案，定时、及时与相关方沟通，实现后勤生活保障、工具、物质、技术方案等资源共享；周密规划工艺流程，实现钻井环节的无缝衔接，钻机零停等作业无隐患。

一、交叉作业

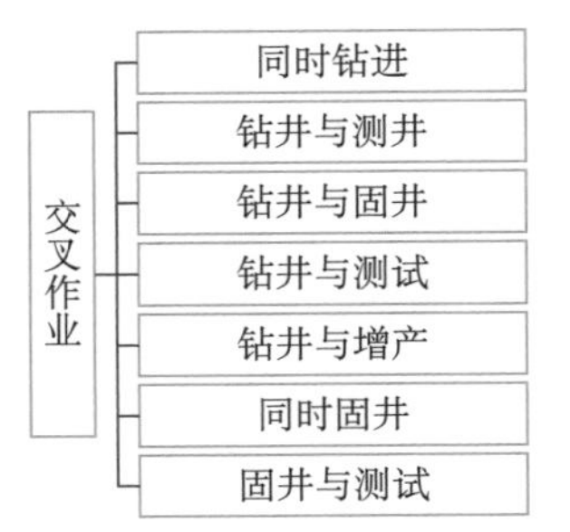

图 3–28　双钻机钻完井 7 种交叉作业

交叉作业指在同一场地上可以完成同一时间内进行不同井的钻井、完井、连续油管及生产等作业，大幅度提高设备、空间的利用率，进而大幅度提高作业效率[7,8]。通常交叉作业包括：同时钻进、钻井与测井、钻井与固井、钻井与测试、钻井与增产、同时固井、固井与测试等 7 项内容（图 3–28）。

（1）同时钻进。工厂化钻井通过同平台两口或多口井同时钻进实现作业效率的提高，但是直井段同尺寸井眼钻进期间发生溢流、关井起压、井漏，另一井眼应停钻循环观察或加密观察钻进，提前做好预防措施；起下钻作业时，应迅速下钻到底循环观察；目的层钻进期间一井眼发生严重井漏，另一井眼应加密观察钻进。

（2）一口钻进，一口测井。如测井施工带放射源测井作业时，邻井做相应防护工作。

（3）一口钻进，一口固井。在双钻机两口井进行正常钻井作业期间，一口井如正常钻进，另一口井可正常进行固井作业；当一口井发生严重井漏、溢流等复杂情况时，另一口井如在同一井段进行固井作业，固井作业应在邻井复杂处理结束后方可进行；油基钻井液环境下，固井作业需要配置隔离液、采用清水或低密度顶替液顶替。进行固井作业前需对邻井作业井队及相关方进行安全提示，并设置隔离带、安全统一管理。

（4）一口钻进，邻井测试。钻井与测试同时进行可提高作业效率、节省成本，同时进行邻井测试设备配套与安装，注意交叉作业的测试管线防护，同时测试井井口区域进行吹排等安全措施。

（5）一口钻进，邻井增产。钻井与增产同时进行降低邻井建井周期，进行交叉作业前分析作业的安全条件，如邻井增产会影响正常钻进应立即停止进行。

（6）两口井同时固井。在双钻机两口井无严重井漏等复杂情况期间，两口井可同时进行固井作业，提高作业效率；两口井如同时在油基钻井液环境下固井，则需根据双钻机井场布置特点，考虑好各自井固井需要的专用钻井液罐进行储备清水或配置低密度顶替液。

（7）一口固井，一口测试。固井与测试同时进行可降低建井周期，在测试井井口区域进行连续吹排，同时注意交叉作业的测试、固井管线防护。

分析总结了不同阶段交叉作业存在的风险因素，制定了交叉作业风险控制方案（图 3–29）。在发挥交叉作业的设备场地利用率、作业效率、建井速度等优势的同时，有效降低了安全风险，现场应用中未出现交叉作业安全事故。

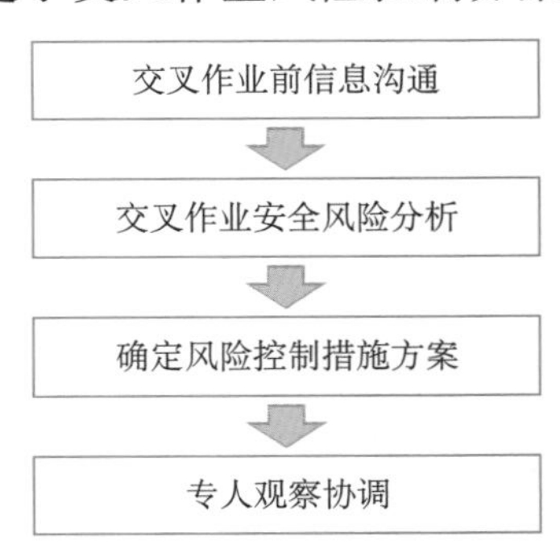

图 3–29　交叉作业风险控制流程

交叉作业是工厂化作业又一特色，它通过精细化的 HSE 管理、质量及过程控制得以实现。根据实际井场和作业条件，通过分析优选工厂化井作业交叉作业项目，结合设备、场地及 HSE 考虑开展交叉作业。其主要特点是钻井效率更高、钻机搬家次数更少、需定制钻机、更早实现产气、减少生产延迟。

二、离线作业

离线作业，又称脱机作业，指可独立完成而不需要使用钻机完成的作业，就是通过合理安排丛式井钻井程序，使大量操作不占用井口，实现非进尺操作的同步、交叉完成，提高钻机进尺工作时效，减少进度曲线的水平段长度。如无钻机测井、固井，利用橇装上扣机在钻机前场完成钻具立柱组合、水泥头、井口装置、转换头上扣、甩钻具等（图 3–30）。这些技术可以实现同步交叉作业、提高钻机进尺工作时效，且满足多口井重复使用。

图 3–30　钻井离线装备——卧式场地上卸扣机

采用无钻机测井方式来检测固井质量，即采用吊车牵引或在井口安装特定装置，这不仅能够节省钻机来回移动次数，还可以有效缩短钻井周期，避免了固井候凝、测井占用钻机时间，为后期施工创造有利条件，降低成本。

在吉木萨尔致密油平台 3 工厂化钻井实践中，表层使用低温高早强水泥浆，早期强度 8h 达 6.0MPa，满足表层 6h 后拆联顶节，进行井架移动；中完通过优化水泥浆配方，水泥浆稠化时间、失水、流变性能达到 24h 后坐井口，移动钻机到下一口井；48h 后使用吊车测声幅，实现了部分固井候凝和测声幅的离线作业。

利用存储式测井可将测井仪器放入钻杆内，在不需要电缆情况下在下钻时将仪器传输到目的层再释放仪器出钻杆，起钻过程中测井并存储数据得到测井曲线等。存储式测井不仅可以克服井身结构复杂情况下仪器下入困难的难题，还具有性能稳定、成本低的优势。如在长宁 H3–6 井，常规测井仪器只能下到 3100m 且耗时 111h，全部不能下放至目的层；而存储式测井工艺技术仅用 45h，一次成功下放到 4461m 的目的层，仪器性能稳定，测取数据正常，作业效率显著提高。

第四节　工厂化钻井作业管理

工厂化作业模式对传统管理模式是一次极大的创新，是对传统生产组织的革命。“工厂化”钻井的全新模式要求管理思路、管理理念和管理机制方面求新思变。工厂化钻井作业涉及技术、管理等很多方面，是一个需要参与各方积极配合的系统工程，对于各类技术和资源配置的精细化管理更是实现工厂化的关键环节。在工厂化钻井作业实施过程中，在纵向上是一个个相对独立有完整设置的承包商单位，横向上是相关协作方，或者甲乙方，在共享理念下调动最多资源的同时，也意味着要处理更多复杂的关系来形成统一有序的组织协调，全方位、全过程的监督管理，来有效保障工厂化钻井作业的施工质量和效率。

一、学习曲线法管理

学习曲线法则是指在一个合理的时间段内，连续进行有固定模式的重复操作，工作效率会按照一定的比率递增，单位任务量的耗时呈现一条向下的曲线，它反映的是在大量生产周期中，随着累积产量的增加，产品单位工时逐渐下降的生产规律。工厂化钻井遵循的是学习曲线法则，通过更细致、专业化的分工，实现专业化、高频率的操作，既有利于提高工人操作的熟练程度，又能通过批量作业减少准备工作和中间环节占用的时间，每完成一次操作还有一次持续改进的研讨。同时还要探索一些特殊管理方法，如改"带设备的专业化服务"为"服务＋租赁"的模式促进资源整合利用（管线、能源、放空火炬、营地、后勤支持等）。因此，通过学习曲线法则从而达到提高设备利用率、提高操作效率的目的[1,6]。

因为学习曲线运用的基本原则是各项生产条件和工序一致，而影响钻井周期的因素很多，各井的条件（区块、井别、井型、目的层、井深、井身结构、钻机型号、施工队伍、钻井方式）不尽相同，使钻井效果也不尽相同。只有限制了某些条件，才能将学习曲线应用于钻井开发当中。而工厂化钻井采用流水线作业的施工方式，集中有序地完成某一井段的钻井任务，可以利用学习曲线来估算和评价未来的钻井指标。

通过统计某一区块工厂化钻井的所钻井数与平均钻井周期的关系，分析学习曲线变化规律，如图3-31所示。此曲线反映了两个阶段：

（1）学习阶段，该阶段平均单井钻井周期随所钻井井数的增加而逐渐缩短。此阶段在各项条件（如区块、地层、井型、井身结构、钻井方式等）保持不变的情况下，通过不断地重复性工作产生了一定的学习效果，可应用上述学习曲线公式进行未来钻井周期的预测；

（2）稳定阶段，当钻井井数累积达到某一值后，平均单井钻井周期将基本趋于稳定，学习效应并不是很明显，甚至可以将其忽略。此时，若想要进一步提高钻井速度、缩短钻井周期，则应从改变钻井条件或者引进新的钻井技术等方面进行考虑。

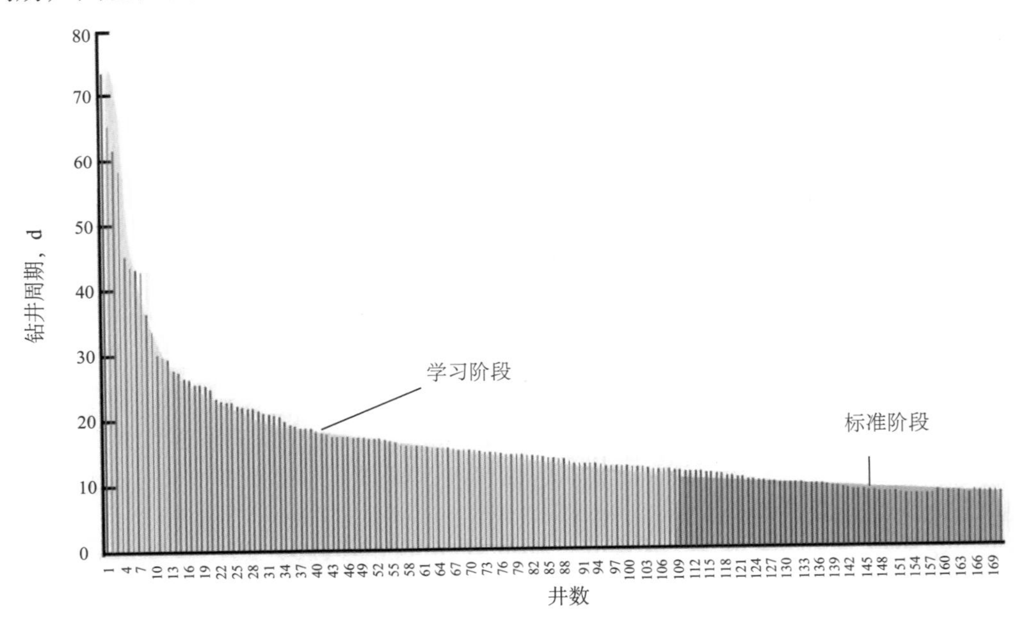

图3-31 工厂化钻井学习曲线

在四川长宁—威远国家级页岩气示范区规模开展工厂化钻井应用，通过统计所钻井数及各开次钻井周期的变化，绘制学习曲线来反映钻井时效的学习效果。以威远202H1平台为例，随着工厂化钻井作业模式的形成和运用，钻井周期逐渐降低，如图3-32所示。

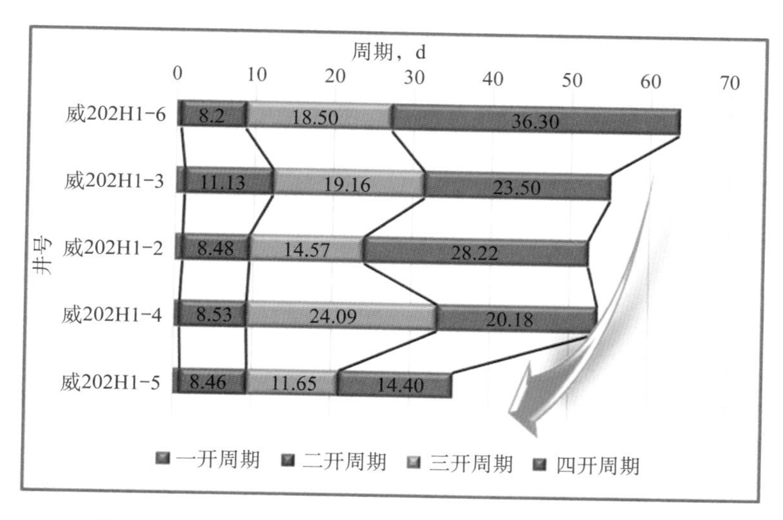

图 3–32　四川威远页岩气威 202 平台分开次钻井学习曲线

在吉木萨尔致密油平台 3 工厂化钻井实践中，集中完成同一井段的钻井施工，这样既有利于提高工作的熟练程度，又能通过多次处理相同的复杂情况，总结完善应对方案，绘制学习曲线来提高作业时效（图 3–33），减少了材料的消耗和处理所占用的时间，达到节约时间、提高效率的目的。

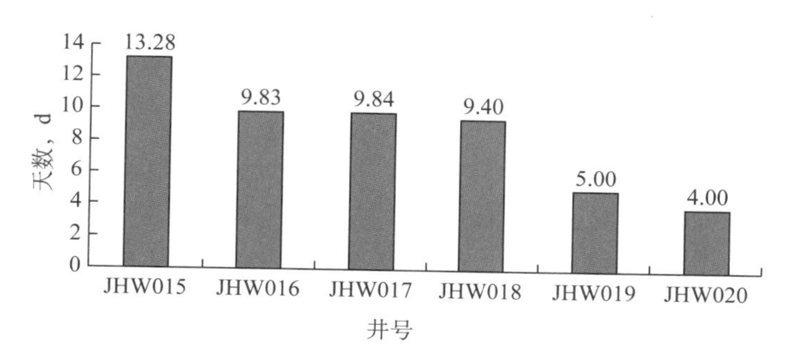

图 3–33　吉木萨尔致密油平台 3 钻井学习曲线

二、作业程序规划

工厂化钻井的生产组织管理非常重要，先进的技术和科学的管理必须密切结合，才能实现流水化作业。钻井各工序需前期配备好足够的后续钻完井材料，合理的安排、规范运行、科学组织是流水线作业的保证。丛式水平井是一个多专业、多单位配合的系统工程，需参与下道工序的单位和专业提前介入，施工前了解当前作业的情况，后勤保障措施，使施工作业无缝衔接。大型施工沟通、协调、组织管理是重点，如果参与施工的任何一方造成的延误，都可能对整个系统造成延误，采用协调会形式进行沟通，共同解决可能存在的问题，施工中各单位明确职责，相互协作，配合施工，确保施工作业质量、安全和有效。

1. 流水线设计

首要解决的是生产线平衡和调度问题。基本因素包括钻井到压裂各工序（流水线）的时间要素和空间要素，时间要素包括工序的划分和各工序占用的时间：空间要素包括功能区的选择和合理布置。另一方面，工序划分和分解主要取决于作业类型、产品特性、生产技术特点以及劳动组织形式等，工程师的经验十分重要。

目前，“工厂化”作业模式已由“接替流水线作业”升级为“同步流水线作业”，实现了在同一井场，多种作业有序并行，同时引入大数据分析，开展资源定位、井位选取、方案筛选、参数优化、远程调控等技术或组织措施的优化，进一步推动工厂化作业效率的提高（图 3–34）。

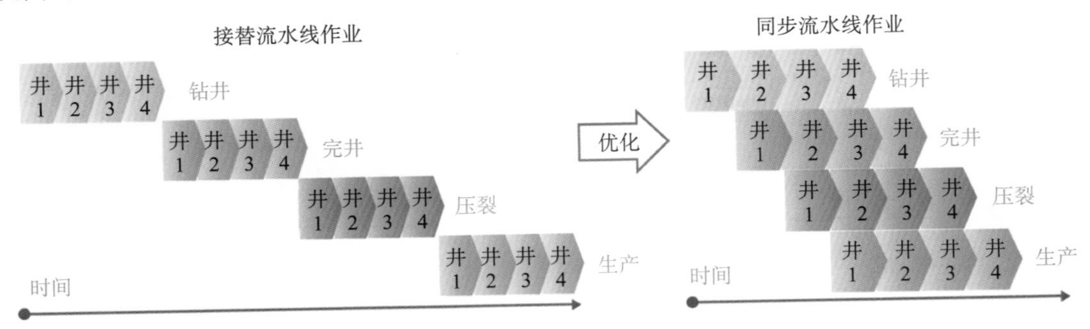

图 3–34　工厂化流水线作业示意图

2. 精益钻井法

依靠平台整合形成的团队优势和共享资源，运用“精益钻井法”先进理念，应用系统管理思维，有效配置和合理使用企业资源，攻克“工厂化”钻井难题，实现有速度、有质量、有效益的发展。

“精益钻井法”，即钻井施工作业过程中，在生产技术管理上精雕细刻，在设备管理上精益求精，在成本管理上精打细算，在团队管理上精诚团结，应用系统管理思维，通过目标引领、分析纠偏、考核激励、总结提升等措施，推动钻井工程“持续改进、减少浪费、追求完美”。以威 202H1 平台为例，该平台钻井中适时分析纠偏、不断完善钻井技术措施，细化生产组织，优化作业程序，依靠精益钻井法的应用，在多方面取得了阶段性效果。表 3–4 列出该平台钻井周期内进口钻头与国产钻头对比应用情况。

表 3–4　威 202H1 平台 ϕ311.2mm 井口进口 PDC 钻头与国产 PDC 钻头对比

井号	钻头型号	厂家	进尺，m	纯钻时间，h	机械钻速，m/h	平均机械钻速 m/h
威 202H1–6	MM55DH	哈里伯顿公司	890.34	101.66	8.76	6.46
威 202H1–6	MM55DH	哈里伯顿公司	812.66	195.03	4.17	
威 202H1–5	WS556L	四川万吉金刚石钻头有限公司	1701.0	200.86	8.47	8.47
威 202H1–4	WS556L	四川万吉金刚石钻头有限公司	1341.6	133.42	10.06	7.63
威 202H1–4	WS556L	四川万吉金刚石钻头有限公司	319.70	61.50	5.20	

通过精益钻井的思路，运用大数据管理，明确施工作业计划，涵盖物料计划和维修计划，精确到小时，做好每一段的风险识别和控制措施，落实负责人。在提速最好时间的中完作业阶段，充分利用富余人员并行作业。

3. 协调作业

工厂化钻井更加强调油公司、钻井承包商和技术服务公司等参与各方的密切协作，实现单井各个作业环节的无缝衔接，以减少或避免非生产时间。工厂化作业不同于传统生产队式的分散作业模式，是一个跨专业、跨单位、集成性的管理平台，在这个过程中，最重要的是要有“指挥家”，演奏好工厂化作业这部盛大的“交响曲”。一方面，在油气田公司内部，要加强油藏地质、工程技术、地面流程等多专业协作，不仅仅是现场生产方式的变化，也需要地质油藏研究等方面的转变和调整。另一方面，要在加强油气藏研究、优化调整井位井场部署的基础上，加强现场组织和甲乙方的团结协作。其次，同时作业的录井、钻井、定向井及岩屑处理之间也要相互配合、沟通、协调。

三、队伍配置管理

随着工厂化作业的发展，专业在深度融合，技术在纵深发展，队伍配置管理更要紧紧跟上。在担负拓疆辟土责任的老将看来，工厂化作业要培养的是智慧型选手，而不只是操作型选手，是专业型选手，更要是复合型选手。通过“项目部—工程驻井—井队”的技术指挥管理网络，以及反向的信息反馈，有针对性地加强对队伍资源的培训，建立技术难点的快速准确解决机制，措施落实做到有的放矢，推行精准工厂化管理模式，有效降低无效工作时间。

1. 双钻机作业人员配置优化

一场双机运行模式，探索一支队伍同时使用 2 台钻机，将原来 2 个队的人员进行优化、精简，在原来的基础上两台钻机减少用工 15 人以上，为一场双机的平稳运行起到了良好的作用。运行中，通过错时交接班，两台钻机生产班交接班错开 1h 左右，有效缓解了吃饭、洗澡打挤，干部布置工作忙不过来等矛盾；员工宿舍安排方面，同一栋宿舍 6 个生产班每班一人，有效解决了人员的融合问题；两台钻机人员统筹安排，技术干部必须同时管理 2 口井，一边大型施工，就从另一边抽人协助，有效地提高了生产时效。

双钻机模式下管理的幅度大于单机管理，平台经理、书记、副经理、技术干部及行政管理人员由原来管理 3 个班增加至 6 个班；管理的效率大于单机管理，行政管理人员都可以实施轮休制，提高了管理效率和生产积极性。双钻井作业人员组织框图如图 3–35 所示。

2. 双钻机运行资源配置

双钻机运行模式中，通过将两队资源进行整合，部分生产、生活设施进行共享，共用一套钻机生产用房、油罐、水罐等辅助设备，可减少部分设施配套，从而降低成本。对同井场双钻机，钻井工具、附属设备统一配置、集中管理。

3. 双钻机作业效率分析

设原效率值 $\eta=1$，通过人员重新组织后效率值等于 1.36，效率提高了 36%。

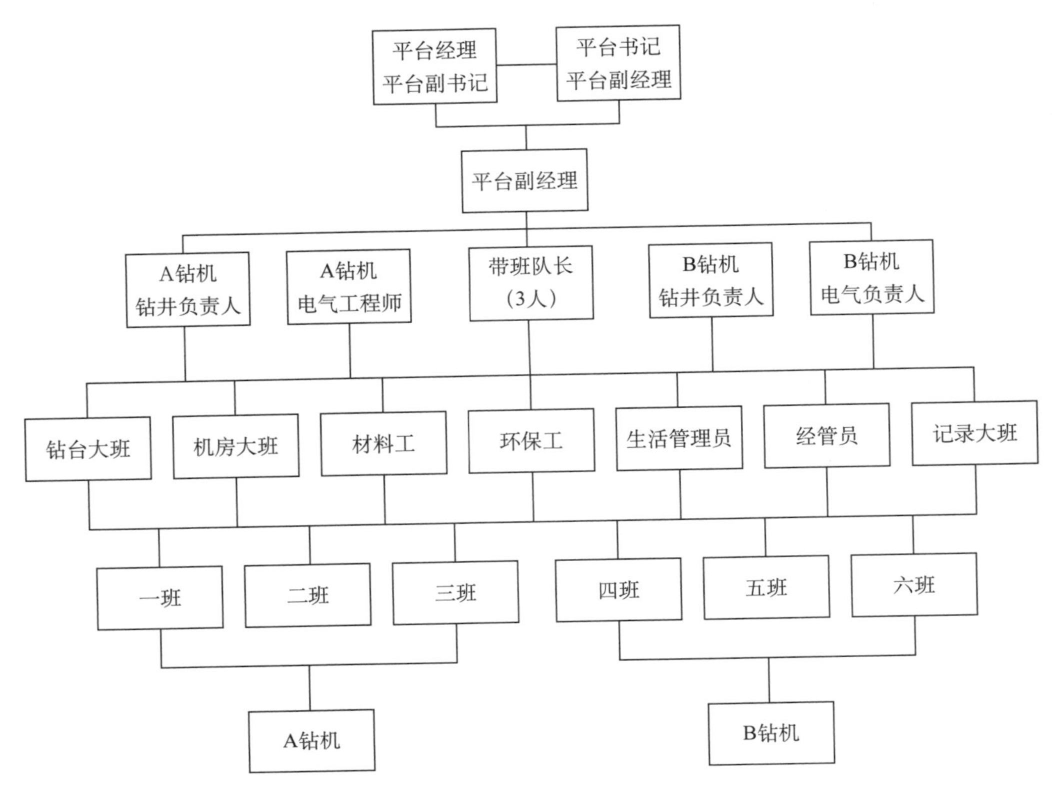

图 3–35　双钻井作业人员组织框图

A 钻机原有人数 n_1=43，B 钻机原有人数 n_2=37，总共人数 $N=n_1+n_2$=80；调动人数 21 人，因此现有人数 n=59；重新组织后效率 η'=1.36。

设原有管理幅度 λ=1，仅计算现在平台经理和书记的管理幅度为 λ'=1.5。A 钻机原有人数 n_1=43，B 钻机原有人数 n_2=37，两队平均人数 40，除去平台经理和书记 n_3=38；调动人数 21 人，因此现有人数 n=59；除去平台经理和书记 n'=57；重新组织后管理幅度 λ'=1.5。

双钻井作业井队管理柱状图如图 3–36 所示。

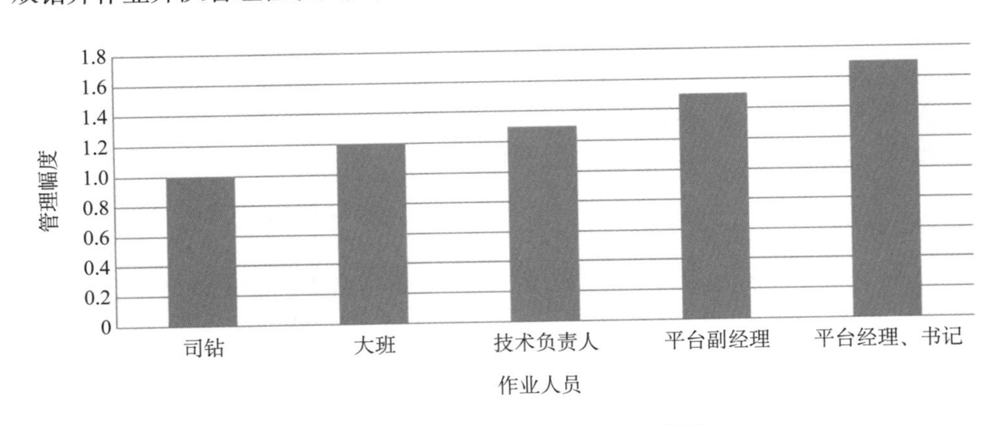

图 3–36　双钻井作业井队管理柱状图

司钻管理幅度为1，表明没有增加司钻的管理幅度，保证了一线职工的正常作业；其他人员优化了管理。人工工资节约了21×6万元/年=126万元/年；原有人工流动资金80×6万元/年=480万元/年，现有流动资金为59×6=354万元；因此，流动资金优化率ξ=480/354=1.356（设其他流动资金为零，只算人工流动资金），流动资产优化率提升了35.6%。人员配备模式非常安全、高效。

4. *经营管理及激励*

工厂化钻井更加强调油公司、钻井承包商和技术服务公司等参与各方的密切协作，实现各个作业环节的无缝衔接，以减少或避免非生产时间。实施项目管理，钻井公司总承包，对相关技术服务实行招投标或竞争谈判。并严格按照项目目标责任进行考核。加强生产组织，抓好各工序无缝衔接。完善协同运行机制，强化甲乙双方各部门之间、各作业单位之间、机关后勤与前线之间的密切配合。强化生产物资保障，确保生产零组停。针对项目实施状况，强化物资管理工作，做到早计划、早安排、早储备、早行动。

成立精细化管理领导小组，把管理落实到每个岗位、每名员工，加强对大宗物资的验收和公示，并进行每天成本写实和跟踪分析，不断找到消耗的短板和挽救措施。队伍融合，实现人员的统一调配，优势资源共享，降低不必要的浪费。在激励机制方面，根据平时工作劳动强度，员工付出多少，作出贡献大小等的差异，给予加分奖励，奖励当月考核，次月兑现，充分体现出多劳多得、优劳优得、不劳不得的奖励考核政策。通过实施，员工得到了激励，工作效率得到提高。

参 考 文 献

[1] 韩烈祥，向兴华，鄢荣，等. 丛式井低成本批量钻井技术[J]. 钻采工艺，2012，35（2）：5–8.

[2] 王飞跃，刘峰刚，薛艳，等. 防碰扫描方法在丛式钻井中的应用[J]. 辽宁化工，2010，39（9）：925–928.

[3] 闫铁，徐婷，毕雪亮，等. 丛式井平台井口布置方法[J]. 石油钻探技术，2013，41（2）：13–16.

[4] 朱万存，叶兰肃，罗伟. 丛式平台钻井技术在陕北油田开发中的应用[J]. 探矿工程，2013，40（4）：31–35.

[5] 李文飞，朱宽亮，管志川，等. 大型丛式井组平台位置优化方法[J]. 石油学报，2011，32（1）：162–166.

[6] 姚健欢，等. 新型"工厂化"技术开发页岩气优势探讨[J]. 天然气与石油，2014，32（5）：52–56.

[7] 聂靖霜. 威远、长宁地区页岩气水平井钻井技术研究[D]. 成都：西南石油大学，2013.

[8] 张金成，孙连忠，王甲昌，等."工厂化"技术在我国非常规油气开发中的应用[J]. 石油钻探技术，2014，42（1）：20–25.

[9] 霍徽伟. 石油钻井防碰测距系统设计[D]. 北京：北京交通大学，2010.

[10] 蒲文学. 丛式井组防碰优化设计及施工技术研究与应用[D]. 青岛：中国石油大学（华东），2012.

[11] 汤雄. 致密油气藏水平井"工厂化"作业轨迹优化设计[D]. 成都：西南石油大学，2014.

[12] 文乾彬，杨虎，谢礼科，等. 高密井网钻井防碰绕障技术研究——以准噶尔盆地陆梁油田LUD8173井为例[J]. 新疆石油天然气，2012，8（1）：38–42.

[13] 张晓诚，刘亚军，王昆剑，等. 海上丛式井网整体加密井眼轨迹防碰绕障技术应用[J]. 技术创新，2010（5）：13–17.

[14] 韩志勇 . 定向钻井设计与计算（第二版）[M]. 东营：中国石油大学出版社，2007.
[15] 刘修善 . 井眼轨道几何学 [M]. 北京：石油工业出版社，2007.
[16] 谈心，贺婷婷，王富群，等 . 日光油田“工厂化”关键技术应用研究 [J]. 石油机械，2015，43（2）：34–39.
[17] 赵峰 . 辽河油田曙一区水平井防碰绕障技术 [J]. 西部探矿工程，2012（8）：39–42.
[18] 何良泉，蒋红梅，李小辉 . 老 168 平台海油陆采丛式井钻井技术难点与对策 [J]. 天然气技术与经济，2011，5（2）：54–56.
[19] 刘永旺，管志川，王伟，等 . 丛式井组直井段交碰风险评价及设计优化 [J]. 中国安全生产科学技术，2015，11（10）：85–89.
[20] 刁斌斌，高德利 . 邻井定向分离系数计算方法 [J]. 石油钻探技术，2012，40（1）：22–27.
[21] 史玉才，张晨，薛磊，等 . 井眼分离系数计算新方法 [J]. 石油学报，2015，36（12）：1580–1585.

第四章　工厂化储层改造

工厂化储层改造作业通过科学集中布井，一方面减少压裂作业时间和压裂设备动迁次数，降低压裂改造成本；另一方面，通过集中布井压裂改造，促使平台各井压裂水力裂缝在扩展过程中相互作用，产生更复杂的缝网，增加改造体积，大幅度提高初始产量和最终采收率。实践表明，在同等压裂规模下，此种作业模式极大提高了设备利用率，节省了大量施工等待时间，推动了水平井数量快速增加与规模应用，最大程度地提高了综合效益。

第一节　工厂化压裂作业模式

一、拉链式压裂作业模式

1. 拉链式压裂原理

拉链式压裂是指对同井场、同一层位，水平井段距离相邻，接近平行的 2 口或多口井，使用 1 套压裂车组进行压裂，其他井进行射孔、下桥塞等工作，然后各井交叉作业、逐段压裂。通过拉链式压裂作业，可以大幅缩短完井和压裂作业周期，提高压裂设备动用率和作业效率，是工厂化作业的关键技术[1]。拉链式压裂作业模式如图 4-1 所示。

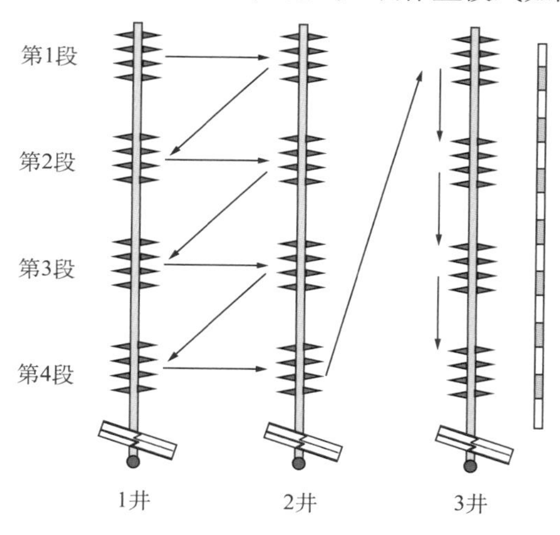

图 4-1　拉链式压裂作业模式

此外，在拉链式压裂过程中通过裂缝的起裂改变就地应力场，充分利用井间应力干扰，促使水力裂缝扩展过程中相互作用，创造出更复杂的裂缝网络系统，从而增加储层改造体积，提高多井初始产量和采收率。

2. 多井压裂应力重定向作用机理

多井压裂中，应力重定向作用对改造有着重要影响。一方面，配对井水力裂缝和注入诱导应力可以引起井筒周围储层的应力重定向，能够促使有利方位的水力裂缝形成；另一方面，配对井注入流体引起的孔隙压力变化能促使裂缝内部净压力大于水平两相应力差与岩石抗张强度之和，诱发剪切应力的产生，也能产生应力的重定向。一旦应力的重定向产生[1, 2]。裂缝更易产生剪切、滑移和交错，产生复杂网状裂缝系统。

井组间分段位置的交错，可以充分利用应力的重定向作用，对储层的剪切破碎作用，获得更大的储层改造体积。裂缝重定向示意图如图 4–2 所示。

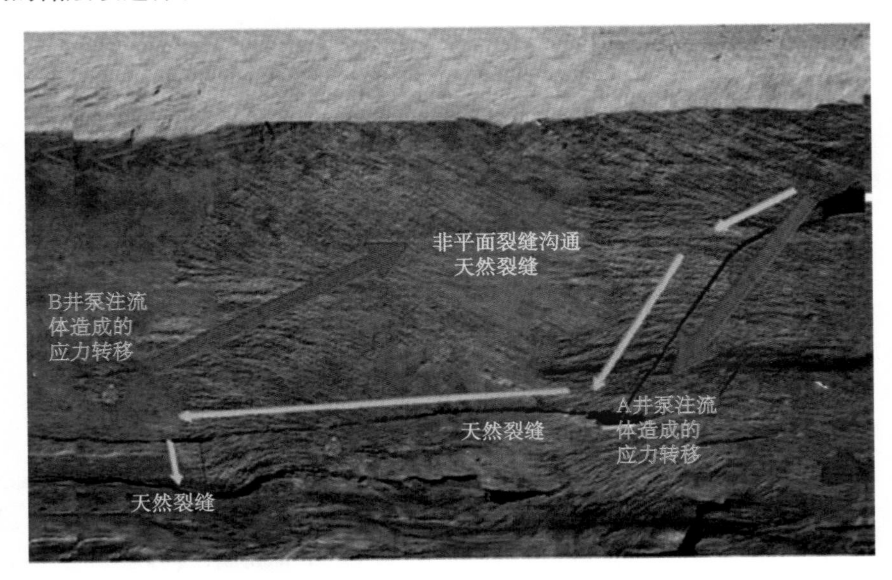

图 4–2　裂缝重定向示意图

3. 组织管理

鉴于拉链式压裂中包含压裂、射孔、测试、井下微地震等多种作业，涉及多个施工单位、多个专业，通过成立页岩气工厂化试油压裂施工领导小组和现场指挥协调小组，建立合作、联动机制，共同完成组织领导、人员安排、设备调派、生产运行、现场监管等多方面工作。工厂化压裂施工主要作业流程及内容见表 4–1。

表 4–1　工厂化压裂施工主要作业流程及内容

作业流程	工作内容
场地准备	平整井场
供水工程	负责水源处供水至井场、供电保障、后勤保障
测试流程安装	地面测试流程连接，提供并操作井口闸门、排液测试求产
射孔	提供连续油管传输射孔筛管以下工具，提供电缆桥塞分簇射孔联作服务
坐放桥塞	泵送桥塞作业，连续油管第一段传输射孔作业
加砂压裂	压裂队负责压裂材料准备、井场设备布局、压裂施工； 根据施工及微地震结果，调整施工方案及参数； 提供添加剂，确保液体质量
资料收集	负责指导施工设计，负责当日施工资料收集并汇报
微地震监测	采用井下或地面监测方式，现场实时显示微地震结果，为泵注程序提供实时调整的依据

4. 地面配套

拉链式压裂作业，需实现的地面配套包括：连续泵注系统，连续供砂系统，连续配液系统，连续供水系统，后勤保障系统等，要求能够保证压裂施工连续进行（图 4–3）。主要地面设备包括压裂设备、混砂设备、连续混配设备、电缆作业设备、连续油管设备、地面排液设备等，以及供水、液罐、砂罐、酸罐等辅助设备和后勤保障设施。

地面设备布局应结合井场位置、地形和面积等特点，对不同分工、专业划分出不同的功能区，各功能区域应有人员和设备的紧急撤离安全通道。

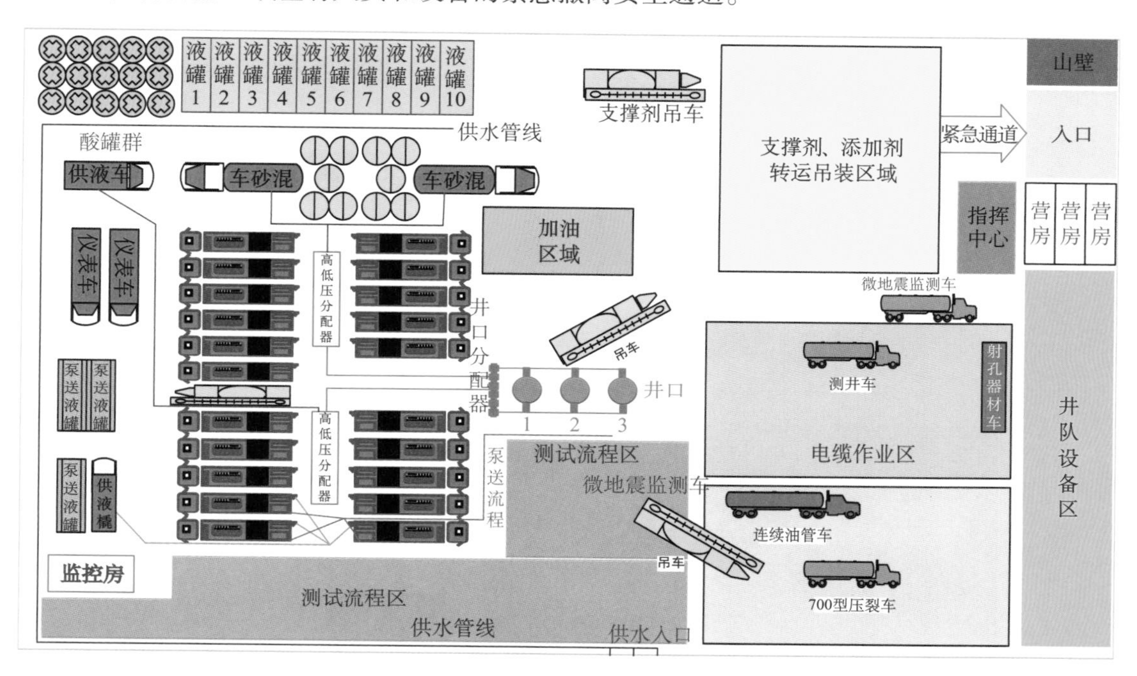

图 4–3 拉链式压裂地面配套图

考虑到拉链式压裂涉及众多作业内容和大量交叉作业，现场按照功能区布置地面设备，设备的摆放同时兼顾操作方便性以及安全性。常规压裂使用的液罐储液方式已远远不能满足工厂化压裂水源储备的任务，地面储供水采用水源—大型储水池—过渡液罐三级储供液模式，井区开发可将相邻多个平台的储水池进行集中统一调配，保障工厂化压裂供水要求。拉链式压裂施工主要设备见表 4–2。

表 4–2 拉链式压裂施工主要设备配置

设备名称	配置要求	设备名称	配置要求
压裂泵车	40000HHP[1]	仪表车	1 台
混砂车 / 供液设备	16m³/min	电缆设备	1 套
连续混配设备	1 套	连续油管设备	1 套

[1] HHP（Hydraulic Horse Power）称为水功率或水马力，1HHP=0.7457kW。

5. 工艺实施

1）拉链式压裂作业流程

拉链式压裂作业流程图如图4–4所示。

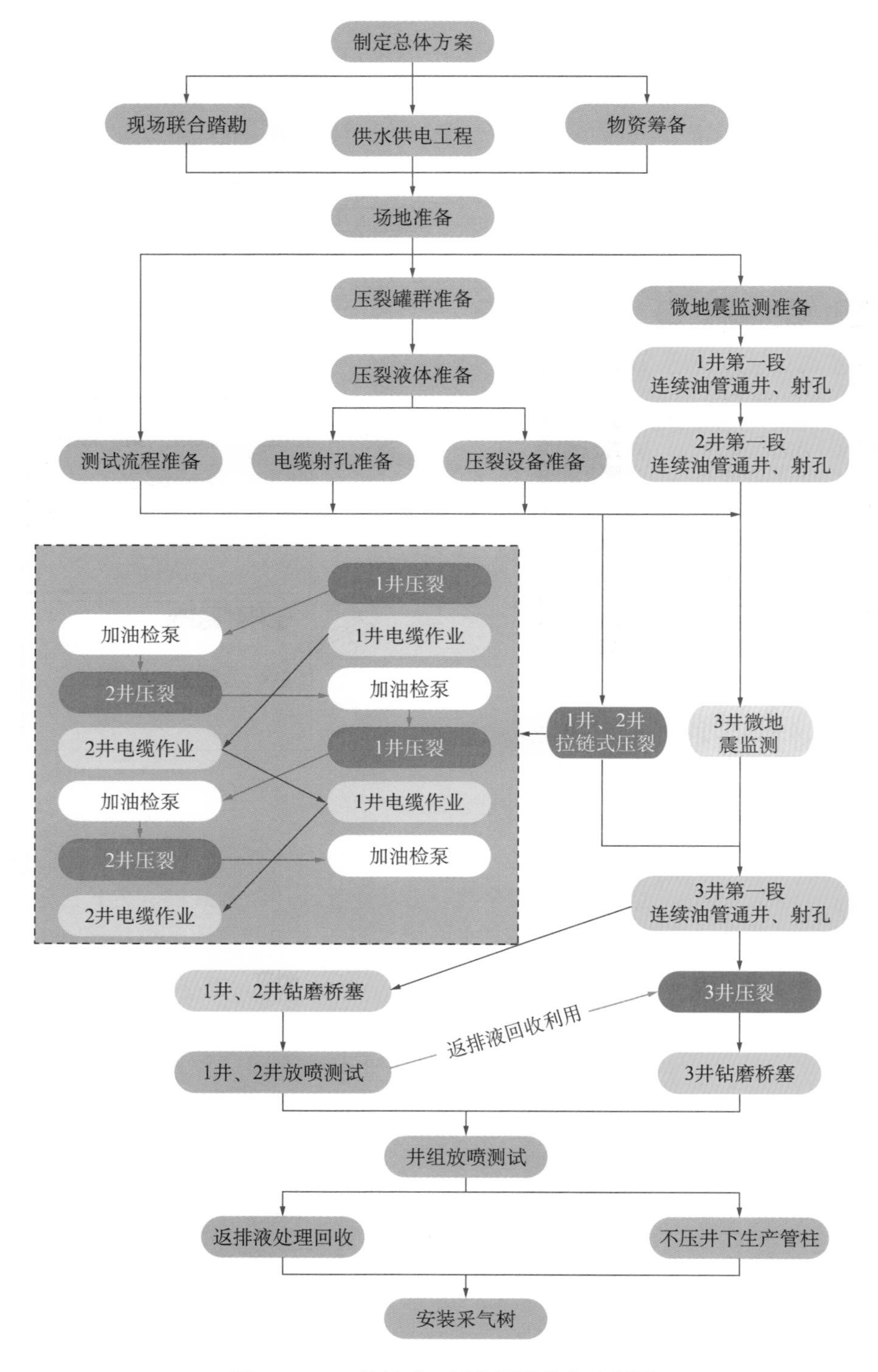

图4–4　2+1拉链式工厂化压裂作业流程图

A 平台 2 口水平井采取拉链式压裂的作业模式，即同一井场一口井压裂，一口井进行电缆桥塞射孔联作，两项作业交替进行并无缝衔接，同时在另一口实施微地震监测，之后单独对监测井进行压裂。具体作业流程如下：

（1）一套压裂设备先对 1、2 井实施拉链作业；

（2）电缆作业设备在 1、2 井之间倒换，进行下桥塞、坐封桥塞作业；

（3）压裂 3 井的同时，1、2 井开始钻磨桥塞，完毕后钻磨 3 井桥塞；

（4）钻磨完 1 口井的桥塞即开始放喷排液，最终实现 3 口井放喷排液。

2）同时作业

（1）同时作业一般要求。严禁同一空间内的交叉作业，现场指挥协调组协调按工序先后顺序进行；同时作业前，办理相应的作业许可证，召开安全技术交底会，进行作业风险分析，落实风险控制措施；两个井口进行同时作业，需请示施工现场指挥协调组同意。

（2）吊装同时作业。运输吊装方负责多台吊装设备同时作业时，需要专人指挥，吊装轨迹区域不得有交叉。

（3）压裂与射孔同时作业。施工主体方负责射孔工具下入井内 100m 测试正常后，另一口井方可开泵压裂；射孔作业方负责在泵送射孔枪过程中发现泵注压力或电缆张力发生异常波动，先停止射孔枪泵送，现场指挥协调组根据情况共同讨论决定是否继续压裂。

（4）压裂与钻磨桥塞同时作业。施工主体方负责连续油管钻磨工具下入井正常后，另一口井方可开泵压裂；连续油管作业方负责钻塞过程中，井口压力发生异常波动，立即通知相关方并停止钻塞，现场指挥协调组负责决定是否继续压裂。

（5）压裂与放喷（生产）同时作业。地面测试作业方负责安排人员放喷作业 24h 值守；地面测试作业方负责放喷排量突然大幅度升降时，停止放喷（生产）作业。

（6）钻磨桥塞与放喷（生产）同时作业。钻塞井发生溢流、严重井漏等复杂情况时，测试井应关井并暂停作业；地面测试作业方放喷排量突然大幅度升降时，停止放喷（生产）作业；严禁放喷测试操作人员进入连续油管作业区域。

二、同步压裂作业模式

1. 同步压裂原理

同步压裂的提出也主要是随着国外页岩气开发步伐的加快而出现的。同步压裂技术是指使用两套车组对相邻的两口井对应层段同时压裂，利用对应人工裂缝在井间产生的应力干扰，将改变彼此裂缝延伸方向和形态，从而形成非平面裂缝网络，沟通更多可能存在的天然裂缝，增加裂缝网络的密度及表面积，从而增加压裂改造体积，达到提高井的初始产量和最终采收率的目的[3]。目前已发展到 3 口甚至 4 口井间同步压裂，作业效率较拉链式压裂更高，但是其对压裂设备要求更多，压裂井场场地要求更大，特别是对水源需求量巨大，因此仅在具备条件的少数井开展。单井压裂与同步压裂在微地震事件上的反应示意图如图 4–5 所示。

2. 作用机理

多井同步压裂与单井压裂的主要区别集中体现在应力状态、裂缝形态、渗流模式 3 个方面。

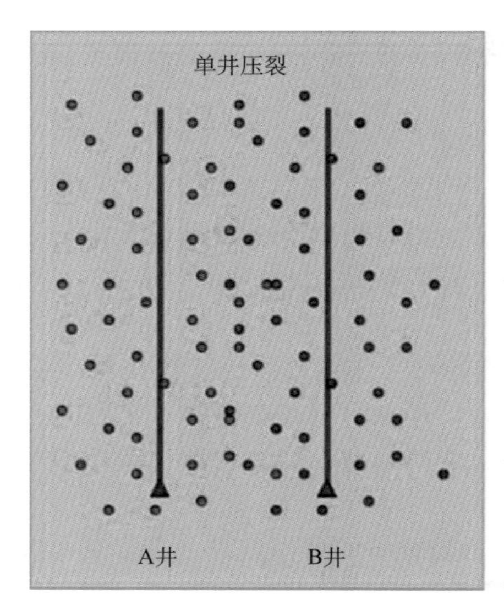

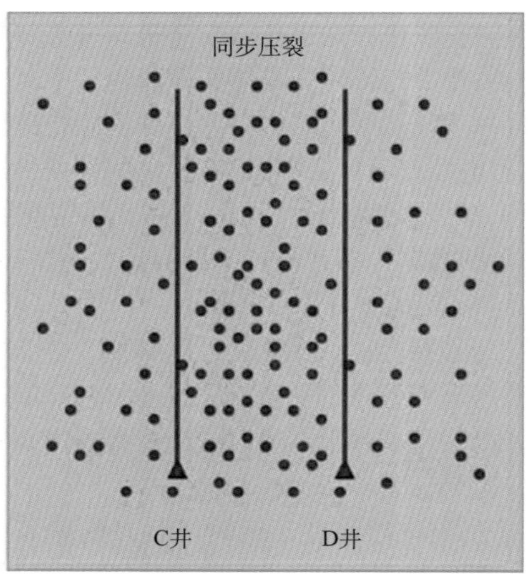

图 4-5　单井压裂与同步压裂在微地震事件上的反应示意图

国外学者研究证明，油气井的注入活动将会引起地应力变化，主要表现在以下 2 个方面：（1）注入流体进入储层，增加了孔隙压力，引起地层容胀，产生孔隙弹性应力，从而增加总应力；（2）由于注入流体与储层岩石之间存在温度差，低温流体注入地层导致地层温度降低，引起岩石收缩，产生热弹性应力，降低储层中的总应力。

Warpinski 和 Branagan 认为油气井水力裂缝能够被附近的油气井水力裂缝重新定向。Palmer 认为水力裂缝在裂缝周围的地层中产生大量的诱导应力，引起裂缝周围附近地层应力场变化，由于人工支撑裂缝面面积较大，其产生的诱导应力可以延伸到较远的区域。因此，可以充分利用井间应力干扰产生的应力重定向来得到有利的水力压裂裂缝方位。

但同时有研究表明，在一些情况下压裂过程中应力场的累积和干扰会在一定程度加剧缝内净压力增长，造成应力阴影区，阻止裂缝延伸，不利于缝间连通。

多井同步压裂缝延伸不再只受注入井产生的应力控制，相邻的压裂井在注入过程中也将影响注入井的裂缝延伸。多条裂缝同时延伸时，每条裂缝中压力变化和裂缝张开都会引起地层应力场变化，产生多缝间应力扰动效应，形成复杂应力状态，使得裂缝延伸方向发生变化[4,5]。同时，应力扰动又使作用在天然裂缝面上的局部应力发生改变。当人工裂缝相遇天然裂缝时，便会在这局部改变的应力场下发生相互作用。以上作用使得井组间形成了较单井更大范围内的复杂缝网及改造体积。

多井同步压裂由于储集层形成复杂裂缝网络，使储集层孔喉与裂缝达到极大限度的沟通，导流能力极大增强，储集层渗流阻力减小，使低渗透致密储集层渗流启动压力梯度自然“消失”，流体流动将表现出无“启动压力梯度”的特征，基质中的流体可以“最短距离”向各方向裂缝渗流，然后从裂缝向井筒流动[6]。单井压裂与多井同步压裂作用机理区别示意图如图 4-6 所示。

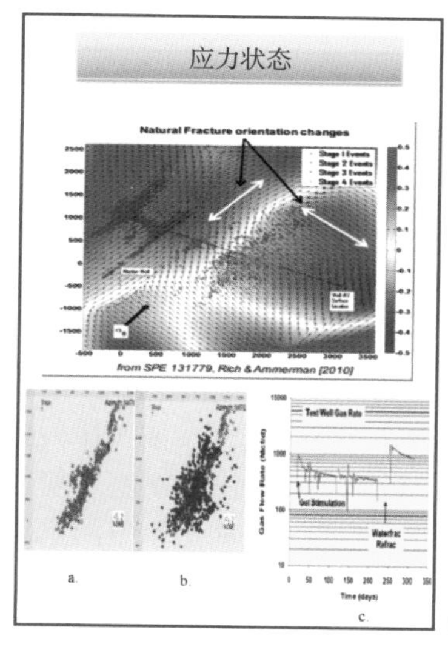

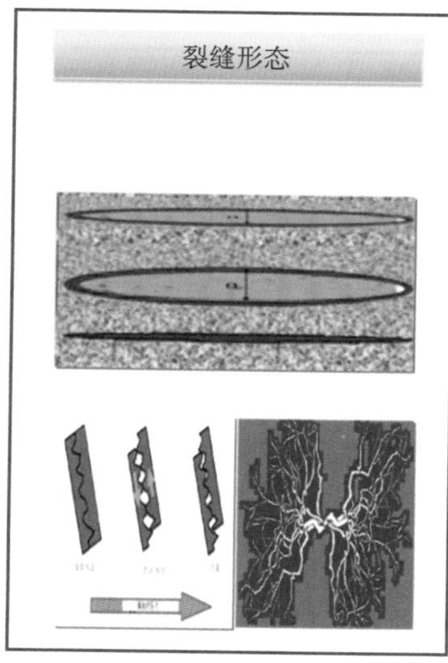

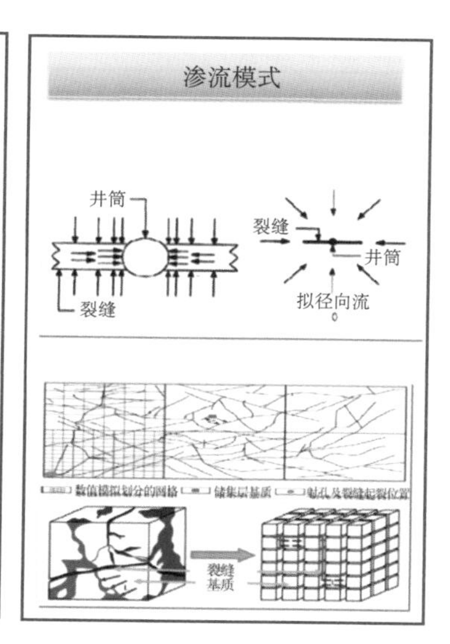

图 4-6　单井压裂与多井同步压裂作用机理区别示意图

3. 地面配套

同步压裂需要对两口井同时作业，因此压裂设备和电缆设备都需要两套，井场产地要求更大，其余辅助设备与拉链式压裂一样，包括：连续供砂系统、连续配液系统、连续供水系统、后勤保障系统等，特别是对储供水系统提出了更高要求（图 4-7、表 4-3）。

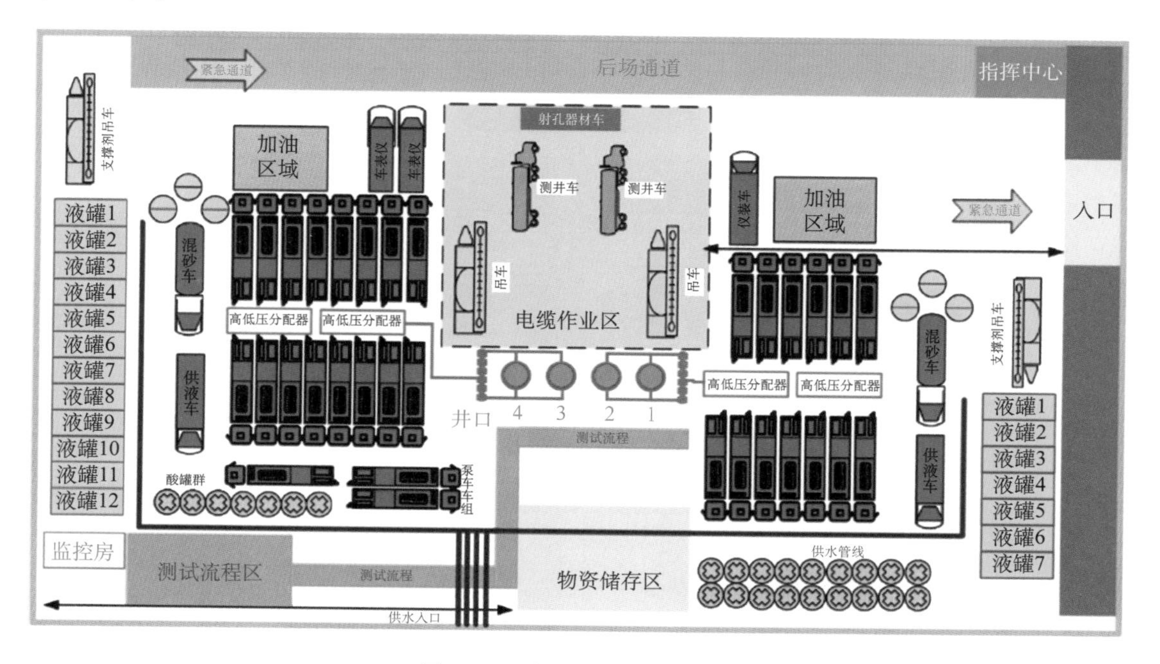

图 4-7　同步压裂地面配套图

表 4–3　同步压裂施工主要设备配置

设备名称	配置要求	设备名称	配置要求
压裂泵车	80000HHP	仪表车	4台
混砂车 / 供液设备	32m³/min	电缆设备	2套
连续混配设备	2套	连续油管设备	1套

4. 工艺实施

以B平台为例，1号和4号井进行压裂的同时，2号和3号井进行分簇射孔施工。2号和3号井进行压裂，1号和4号井进行分簇射孔施工，并对压裂车检泵，B平台同步压裂作业流程图如图4–8所示。两组井如拉链齿般进行互相交错多工种施工，在同井场直井使用井下微地震对同步压裂施工进行实时监测，B平台同步压裂微地震监测结果如图4–9所示。

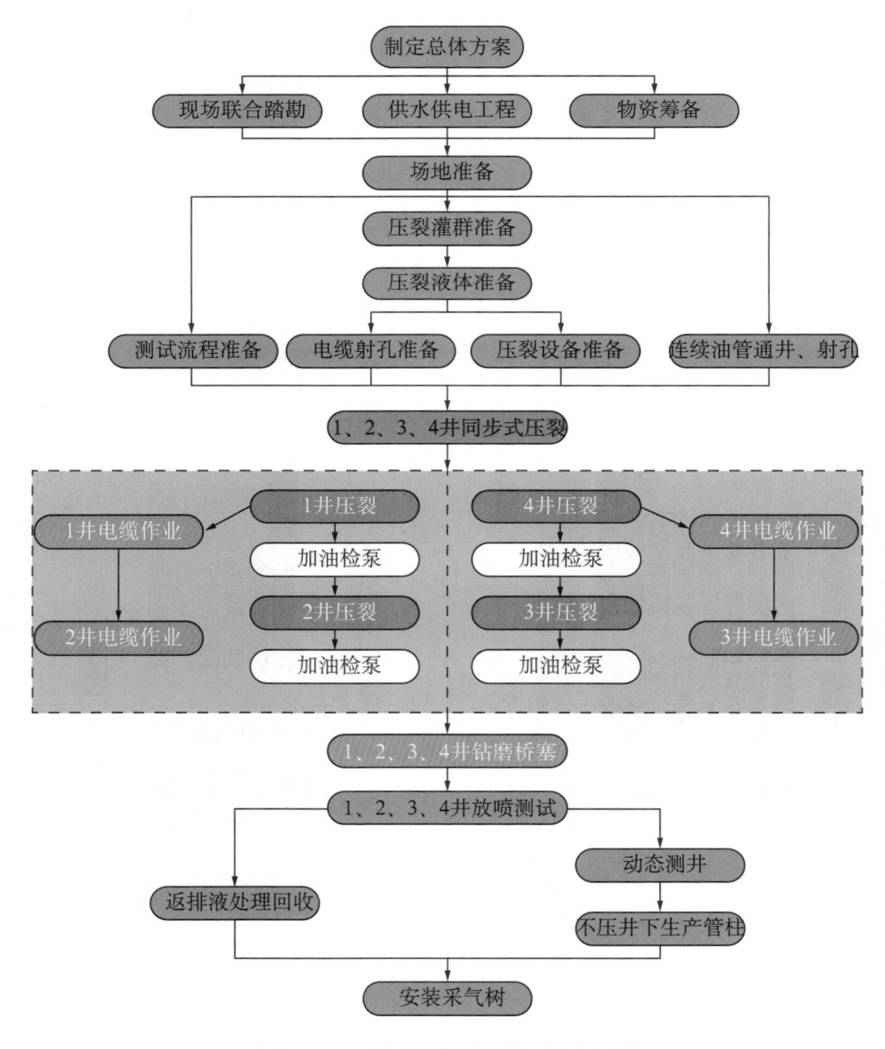

图 4–8　B平台同步压裂作业流程图

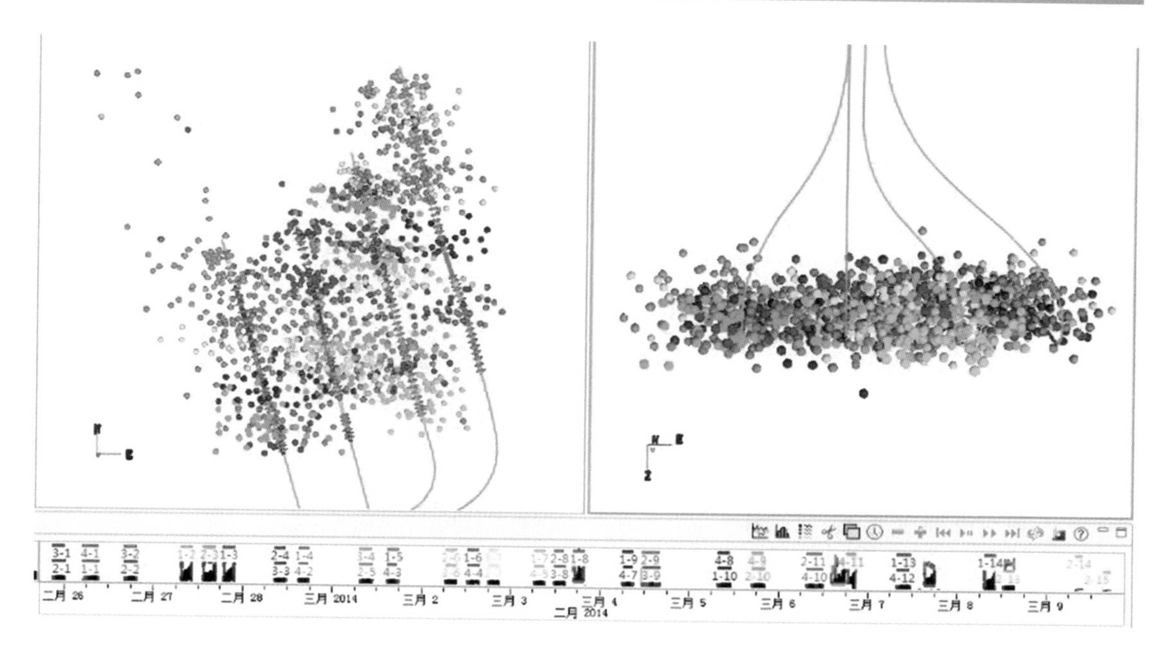

图 4–9　B 平台同步压裂微地震监测结果

该平台同步压裂期间完成 43 段压裂，每天平均 7 段，比单井压裂提高时效 133%，比普通拉链式压裂时效实际提高 75%，可大幅减少设备搬迁的过程，降低动迁成本。

微地震监测结果表明，通过同步压裂的实施，在井间产生了大量的微地震事件点，形成了较大的增产改造体积。

对井场和供水要求高，需要动用的设备多，两组井间的各项作业都必须同步推进，才能实现同步压裂，达到提高作业时效的目的。在压裂作业过程中，若出现设备故障、工具下入不顺利、井下复杂情况、供水压力不足无法同时满足两口井同时施工等情况，只能开展拉链压裂或进行单井压裂。

第二节　工厂化压裂配套工艺技术

一、集中化储供水

1. 工厂化压裂储水方式

1）液罐储液方式

液罐储液方式是常规交联冻胶压裂中通常使用的储液方式。对于大型压裂施工来说，由于施工规模大，使用液罐数量多，液罐占用井场空间也非常大，特别是川渝地区的井场条件通常受到地形的影响而无法加大，对于大规模大排量施工可能会影响到压裂设备的摆放。此外，由于道路条件限制，拉水工作量极大，备水耗时长，因此，较难适应工厂化压裂需求。页岩气区块液罐储液作业现场如图 4–10 所示。

图 4–10　页岩气区块液罐储液作业现场

2）储水池储液方式

对于储水池进行配液、储液的方式，虽然在现场减少了液罐的需求，但是面临着现场配液的作业量依然较大，施工中未使用完的滑溜水会造成浪费，并且存在回收不方便等问题。如果遇到大雨等恶劣天气，储水池可能会出现溢出的危险，将带来环境污染问题，因此，目前的工厂化压裂施工中均采用储水池储水、施工过程中连续混配方式这种更为灵活和简便的储液、供液方式。页岩气区块储水池储备清水现场如图 4–11 所示。

图 4–11　页岩气区块储水池储备清水现场

2. 平台三级供水模式

液罐储水方式是常规压裂中通常使用的储液方式，但对于非常规气藏工厂化压裂来说，由于施工规模大，若使用液罐储液则所需液罐数量极多，液罐占用井场空间也非常大，四川地区的井场条件无法满足如此多液罐的摆放[2]。

通过将河道水源抽到储水池储水，然后进入井场的过渡液罐，通过在压裂过程中进行连续混配，能够减少施工现场配置大量压裂液所需的人力、物力及现场所需的设备、罐群的数量，对于四川地区大多数井场条件受到山地地形条件的限制，使用三级储供水模式具有较大的适用性[7]。平台三级储供水示意图如图 4–12 所示。

三级储供水模式特点：

（1）井场 + 近地水源有机结合。

（2）需配套大排量（> $5m^3/min$）、大扬程（> 20m）供水泵。

（3）近地水源丰富，可满足非常规气藏工厂化压裂大液量需求，确保多段压裂作业连续进行；适宜的储水池可满足 5000 ～ 10000m^3 的液量需求，满足 2 ～ 5 段压裂。

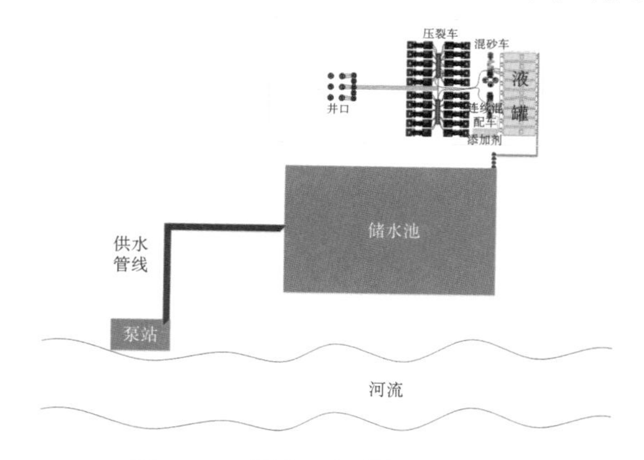

图 4−12　平台三级储供水示意图

四川地区的山地地形特点还造成供水上的困难，包括供水距离远，井场高差大，沿程摩阻高，施工规模大，排量要求高。因此，必须根据压裂施工规模及参数的要求，对平台三级储供水水电技术方案进行优化设计，制定储水池间的水源调配方案，优选最佳的管线尺寸及规格、泵站位置及规模、供水泵型号及规格，从而最终形成平台三级储供水方案。

3. 井区集中储供水

1）设计原则及思路

（1）安全、环保、节约资源、节省投资、适应多种压裂方式、兼顾远景勘探开发部署。

（2）C 井区工厂化压裂按照 1 个平台采用 2 口井拉链式压裂模式作业，每天作业 4 段（单井作业 2 段），平均每段用水量 1800m^3/ 段，1 个平台最大用水量 7200m^3/d（1800m^3 × 4=7200m^3），考虑 2 个平台同时施工，最大用水量达到 14400m^3/d；则要求主供水管线供水能力不低于 600m^3/h（每天不低于 600m^3/h × 24h=14400m^3），分支管线供水能力不低于 300m^3/h（每天不低于 300m^3/h × 24h =7200m^3）。

（3）1 个平台总共 6 口井，每口井压裂 18 段，压裂用水量累积达到 194400m^3；按照压后 3 月内返排率 30% 考虑，返排液量将达到 58320m^3，则要求蓄水池总容量不能低于 60000m^3。

（4）综合考虑平台井地理位置及施工进度安排，确定中心主蓄水池位置。每个平台考虑 1 个蓄水池，但蓄水池容积需要结合平台井数及施工进度、平台间距具体优化。

（5）根据中心主蓄水池位置确定取水点位置。

（6）供水配套工程尽量利用现有资源，尽量重复使用，同时兼顾后期试采。

2）中心蓄水池位置确定

根据集中供水设计思路，需要在 C 井区中设置一个中心储水池，中心储水池位置的选择主要考虑以下四个方面的因素：

（1）所选平台海拔相对较高，该位置利于后期转水；

（2）所选平台位于区块东部中心区域，利于下步供水工程的辐射；

（3）所选平台周围平台井较多，且该平台最先完井；

（4）所选平台周围具备开挖中心蓄水池的地理、地质条件。

通过综合考虑，选定 C1 平台作为中心蓄水池地点。井区集中供水示意图如图 4–13 所示。

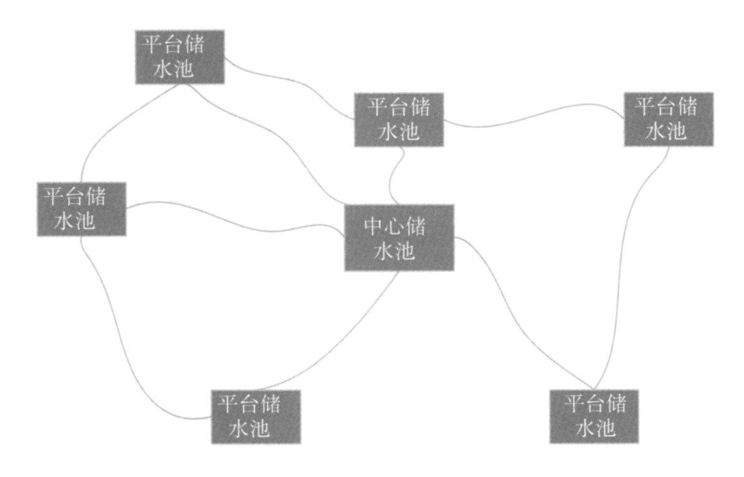

图 4–13　井区集中供水示意图

3）蓄水池大小确定

中心蓄水池：C1 平台 3 口井最先压裂，共需用水 97200m³，按照压后 3 月内返排率 30% 计算，返排液量将达到 29160m³；则第一期蓄水池总容积不宜低于 30000m³。考虑到 C1 平台中心蓄水池功能，修建有效容积 20000m³。

分蓄水池：其余各平台按 6 口井计算，压裂共需用水 194400m³，按照压后 3 月内返排率 30% 计算，返排液量将达到 58320m³，同时 C1 平台会生产带水。因此，此时蓄水池总容积不宜低于 60000m³。如果平台受到地形限制，蓄水池有效容积可适当调整。

4）供水管网方案

（1）在河道旁建主取水泵房，通过两条 ϕ273mm × 7mm 钢管至 C1 平台 2×10^4m³ 中心蓄水池，设计供水量 600m³/h，使用周期 6 年。

（2）在 C1 平台中心水池旁修建转水泵房，通过 ϕ315mm × 28.6mm PE 管至其余各平台 0.6×10^4m³ 蓄水池，设计供水量 300m³/h，泵房满足最低使用周期 6 年。

（3）在其余各平台建 0.6×10^4m³ 蓄水池安泵，通过 ϕ110mm × 10 mm PE 管，将蓄水池内返排液转至 C1 平台中心水池，设计供水量 20 ～ 50m³/h，满足最低使用周期 6 年。

5）管网选型

目前常用于供水管线的管材类型有非金属管和钢管。

（1）大口径聚氨酯软管。

该产品为新型复合材料，为惰性材料，除极少数强氧化剂外，可耐多种化学介质的侵蚀。双层防腐，具有与塑料管相同的防腐性能。内壁光洁，摩擦系数小，润滑性好，不结垢，水头损失比钢管低 30%，抗震性能优良。

无毒无味，不滋生细菌。在正常条件下使用周期可达 3 年。安全可靠、重量轻、安装简便、运输及施工成本低，可广泛应用于各种不同的腐蚀或非腐蚀性介质的输送。

与长宁区块相比，威远区块的地形高差小（现平台高差低于 100m），管线压力较小，由于聚氨酯软管采用快速接头连接，工作压力 1.3MPa。便于以后水管线的拆除与安装以及运输方便。

但该管材壁薄，易损坏，不易固定，不推荐使用。

（2）PE 管。

高密度聚乙烯管，其力学性能、环保性能优良，PE 管材的密度与水相当，其重量一般为同规格钢管的 1/2。具有特殊的耐化学腐蚀性能，水力特性优异，流体压头损失小，可以选用功率较小的输送泵。

PE 管材无毒、不结垢、不滋生细菌，避免了水的二次污染，执行标准 GB/T 13663—2000《给水用聚乙烯（PE）管材》，埋地管线可使用 50 年，标准工作压力 1.6MPa，抗冲击能力较强，不易断裂和损坏，管线稳定性好，重复利用率高。推荐采用该管材。

（3）螺旋缝埋弧焊钢管（Q235B）。

螺旋缝埋弧焊钢管焊缝与轴线有一成型角，具有焊缝受力情况好，止裂能力强，刚度大，价格便宜等优点。但因其焊缝较长，出现缺陷的概率要高于直缝管；在制作过程中，焊缝呈一条空间螺旋线，焊缝质量不如直缝管容易控制；螺旋缝管焊接后钢管不扩径，焊缝不作热处理，从而在管材内部存在较大的残余应力，使得钢管在使用时，容易产生应力腐蚀。

（4）输送流体用无缝钢管（20 号）。

适用于输送水、油、气流体等，钢管内外壁无氧化层、管道能承受高压、无泄漏，不受气候等变化的影响，安装方便，能适应各种条件下输送要求，管道可采用各种敷设方式，但施工成本相对较高，推荐作主供水管道。

（5）推荐方案。

由于本项目地形高差小（小于 100m），支供水管线采用 ϕ315mm × 28.6mm 大口径 PE 管，可回收，重复利用率高。

主供水管线供水周期长，建议采用 ϕ273mm × 7mm 无缝钢管，抗损能力强，维护成本低。井区集中供水方案示意图如图 4–14 所示。

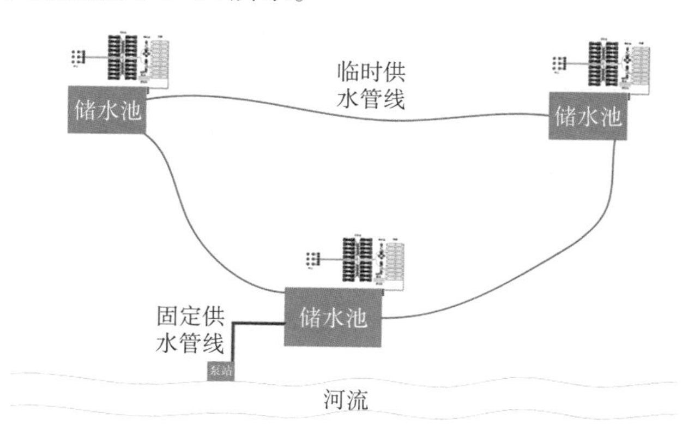

图 4–14　井区集中供水方案示意图

二、压裂液连续混配

1. 压裂液连续混配装置

1）压裂液连续混配装置工作原理

连续混配装置主要包括连续进液供水系统、添加剂在线精确加入系统、工作液混合搅拌系统及在线监测系统等部分组成，具有计算机自动控制、压裂液精确配比等功能[8]。

经过改造配套，能够实现速溶瓜尔胶压裂液 $8m^3/min$ 的连续混配能力。它通过连续进液系统从外部吸取清水，根据水流量变化计算机全程自动控制对速溶瓜尔胶等添加剂连续精确加入，然后液体进入混合罐受到搅拌作用溶胀，一定时间后被泵入缓冲罐进行充分溶胀后由排出泵排出，液体添加剂泵根据排出排量按比例自动加入液体添加剂，完成对压裂液的配制，按此流程连续循环作业，实现对压裂液的即配即注，整个液体配制过程中通过装置中的在线监测系统部分实现对压裂液性能指标的在线监测，通过监测数据分析及时对添加剂比例进行调整，确保配制压裂液性能平稳达标。

2）压裂液连续混配装置性能参数

工作流量：2.0 ～ $8.0m^3/min$（采用两个高能恒压混合器，单个混合器排量为 2.0 ～ 4.0 m^3/min，双混合器工作时排量达 4.0 ～ $8.0m^3/min$）；

最大配液浓度：0.6%（粉水重量比）；

出口黏度：快速提高瓜尔胶液黏度，消除水包粉；

混配系统：高能恒压混合器，旋风式扩散槽，先进先出的混合罐，增黏搅拌器；

清水泵一：$260m^3/h$，泵压为 0.7MPa；

清水泵二：$260m^3/h$，泵压为 0.7MPa；

发液泵：$570m^3/h$，泵压为 0.4MPa；

混合罐（有效容积）：$8m^3$，不锈钢；

储粉罐：$3.5m^3$ 不锈钢；

液添泵：3 个液添泵［（10 ～ 40）L/min，（20 ～ 100）L/min，（40 ～ 400）L/min］。

连续混配车（装置）如图 4–15 所示。

图 4–15　压裂液连续混配车（装置）

2. 连续混配压裂液

在连续混配工艺中，液体从配制到进入施工层位仅有几分钟到十分钟左右的时间，所以相比常规压裂配液施工工艺，连续混配压裂液有其鲜明的特点，需要连续混配压裂液有着比常规压裂液更快的增黏速率，保证压裂液体系中稠化剂在连续混配时间内能快速溶胀增黏以及与交联剂形成有效的交联结构，通常我们要求在连续混配工艺中按设计的配液方法配制的压裂液，室温下溶解 5min 时的表观黏度值与 30℃下再溶解 4h 时的表观黏度值的百分比需达到 85% 以上，才能使压裂液能有效降阻、造缝和携砂，破胶、流变及残渣含量等其他压裂液性能指标达到常规压裂液性能水平，满足压裂施工设计性能要求，确保施工顺利。

当前国内储层压裂增产改造中主要采用连续混配线性胶压裂液、连续混配交联压裂液、连续混配滑溜水压裂液这三种连续混配压裂液体系，下文分别对这三种连续混配体系作介绍。

1）连续混配交联压裂液

连续混配交联压裂液用于常规砂岩、碳酸岩等储层增产改造中，对比常规交联压裂液，它同样要求压裂液稠化剂主剂在水中能迅速增黏，需有着比常规压裂液更快的增黏速率，在短时间内接近或达到与提前配好并充分溶胀的常规压裂液基液黏度水平，保证压裂液交联冻胶性能稳定，压裂液其他性能达到常规压裂液性能标准。下面着重介绍该压裂液体系的特点。

增稠剂是连续混配压裂液的关键添加剂之一。连续配液工艺要求瓜尔胶粉具有良好的分散性，快速增黏性，能保证在连续剪切数分钟后基液表观黏度达到充分溶胀后表观黏度的 85% 以上，体系中一般选用速溶瓜尔胶作为增稠剂。

目前国内油气田应用的增稠剂水不溶物含量为 7.7% ～ 8.9%，改性后的速溶增稠剂水不溶物含量为 7.1% ～ 7.3%。基液黏度（0.4%，20 ℃）相差不大，前者为 38 ～ 42mPa · s，后者为 33 ～ 36 mPa · s。手动搅拌下，速溶增稠剂在水中快速扩散或分散，黏度快速增加。而常规瓜尔胶在水中分散较慢，黏度增加慢，出现上下浓度不均匀现象；对于交联性来说，两者交联性能无明显差异。表 4–4 列出了连续混配交联压裂液的主要技术指标。

表 4–4　连续混配交联压裂液技术指标

<table>
<tr><th rowspan="2">序号</th><th rowspan="2" colspan="2">项目</th><th colspan="2">指标</th></tr>
<tr><th>植物胶冻胶</th><th>合成聚合物冻胶</th></tr>
<tr><td>1</td><td colspan="2">交联性能</td><td colspan="2">与配套交联剂交联，呈弱凝胶状或冻胶状</td></tr>
<tr><td rowspan="4">2</td><td rowspan="4">破胶液性能</td><td>破胶时间，min</td><td colspan="2">≤ 720</td></tr>
<tr><td>破胶液表观黏度，mPa·s</td><td colspan="2">≤ 5.0</td></tr>
<tr><td>破胶液表面张力，mN/m</td><td colspan="2">≤ 28.0</td></tr>
<tr><td>破胶液与煤油界面张力，mN/m</td><td colspan="2">≤ 2.0</td></tr>
<tr><td>3</td><td colspan="2">残渣含量，mg/L</td><td>≤ 400</td><td>≤ 50</td></tr>
<tr><td>4</td><td colspan="2">与地层水配伍性</td><td colspan="2">无沉淀，无絮凝</td></tr>
<tr><td>5</td><td colspan="2">破乳率，%</td><td colspan="2">≥ 95</td></tr>
<tr><td>6</td><td colspan="2">降阻率，%</td><td colspan="2">≥ 60</td></tr>
<tr><td>7</td><td colspan="2">排出率，%</td><td colspan="2">≥ 35</td></tr>
<tr><td>8</td><td colspan="2">CST（毛细管吸收时间）比值</td><td colspan="2">< 1.5</td></tr>
</table>

注：（1）破胶液与煤油界面张力、破乳率：不含凝析油的页岩气藏不评价。

（2）助排性能可任选表面张力和排出率评价。

2）连续混配线性胶压裂液

连续混配线性胶压裂液主要用于页岩气压裂增产改造中，对比常规线性胶压裂液，无论是植物胶线性胶还是合成聚合物线性胶，都要求稠化剂能速溶增黏，满足连续混配工艺要求。表 4–5 列出连续混配线性胶压裂液技术指标。

表 4–5　连续混配线性胶压裂液技术指标

序号	项目		指标	
			植物胶线性胶	合成聚合物线性胶
1	表观黏度，mPa·s		≥ 15	
2	增黏速率，%		≥ 85	
3	破胶液性能	破胶液表观黏度，mPa·s	≤ 5.0	
		破胶液表面张力，mN/m	≤ 28.0	
		破胶液与煤油界面张力 mN/m	≤ 2.0	
4	残渣含量，mg/L		≤ 400	≤ 50
5	与地层水配伍性		无沉淀，无絮凝	
6	破乳率，%		≥ 95	
7	降阻率，%		≥ 60	
8	排出率，%		≥ 35	
9	CST（毛细管吸收时间）比值		< 1.5	

注：（1）破胶液与煤油界面张力、破乳率：不含凝析油的页岩气藏不评价。
（2）助排性能可任选表面张力和排出率评价。

3）连续混配滑溜水压裂液

连续混配滑溜水压裂液国内主要用于威远—长宁、滇黔北昭通、涪陵国家页岩气示范区页岩开发体积压裂施工中，页岩气压裂施工具有大规模、高排量的特点，针对该特点结合页岩气压裂用工作液（滑溜水）添加剂种类较少，加量少，配制相对简单，而混配排量高的特点，它主要通过在清水或者返排液中加入降阻剂的方法来配制，降阻剂一般有稠化水、乳液、粉剂三种类型，稠化水和乳液在施工中可通过混砂车自带比例泵抽吸的方式实现连续混配，而降阻剂如果是粉剂，则需要粉剂能在水中速溶分散增黏，并且能够满足连续混配装置抽吸粉剂的要求，确保滑溜水降阻性能不受影响。表 4–6 列出了连续混配滑溜水压裂液技术指标。

表 4–6　连续混配滑溜水压裂液技术指标

序号	项目		指标
1	溶解时间①，s		≤ 40
2	溶解时间②，min		≤ 5
3	pH 值		6 ～ 9
4	运动黏度，mm^2/s		≤ 5.0
5	表面张力，mN/m		< 28.0
6	界面张力，mN/m		< 2.0
7	结垢趋势		无
8	细菌含量	SRB，个 /mL	< 25
		FB，个 /mL	< 10^4
		TGB，个 /mL	< 10^4

续表

序号	项目	指标
9	与地层水配伍性	无沉淀，无絮凝
10	破乳率，%	≥ 95
11	降阻率，%	≥ 70
12	排出率，%	≥ 35
13	CST 比值	< 1.5

注：（1）界面张力、破乳率：不含凝析油的页岩气藏不评价。

（2）助排性能可任选表面张力和排出率评价。

①直接抽吸加入混砂车液剂类降阻剂；

②粉剂类或溶解时间较长类降阻剂，利用连续混配橇类装置进行配制。

3. 连续混配工艺

在油气井实施水力压裂施工流程中，传统的配液工艺及施工作业模式存在施工周期长、配液强度大的问题，而且长时间的配制和储存容易导致基液降解、黏度降低，如不能及时使用或施工失败，基液将全部变质腐败，由此造成极大的浪费和损失，也增加了成本与环保压力。同时，随着国内页岩气勘探开发进程的加快，丛式水平井组结合“工厂化”压裂用液量大、罐群数量多、场地占用面积大，传统的配液工艺已不能满足当前砂岩加砂压裂及页岩气井大规模压裂的需求。连续混配工艺就是在这样的背景下产生的，它实现了现场施工压裂液的即配即注，降低了配液作业强度，缩短了配液周期，提高了施工作业效率，当前结合压裂施工工艺对压裂液的要求，主要包括速溶瓜尔胶压裂液连续混配工艺和页岩气压裂用滑溜水连续混配工艺。

1）速溶瓜尔胶压裂液连续混配工艺

该工艺通常借助于连续混配车实现瓜尔胶压裂液的连续混配，首先通过连续混配车螺旋喂料机按液体设计瓜尔胶比例进行吸料，瓜尔胶与水混合液在混配车水合罐内受到搅拌作用溶胀，然后被泵入排出缓冲罐进行充分溶胀后由排出泵排出，液体添加剂泵根据排出排量按比例自动加入液体添加剂，具体混配流程如图 4–16 所示。

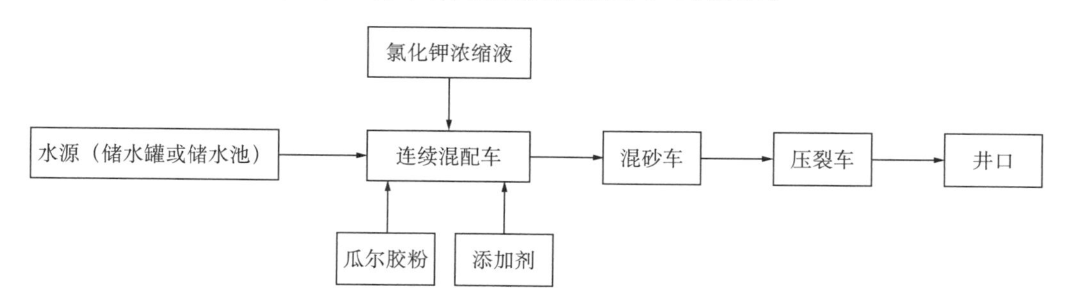

图 4–16　速溶瓜尔胶压裂液连续混配工艺流程图

2）页岩气压裂用滑溜水连续混配工艺

该连续混配工艺流程包括连续供水系统、添加剂在线精确加入系统、工作液混合系统等 3 大部分。工艺流程为：首先是清水泵从蓄水池泵注清水，经流量计记录流量后，添加剂泵根据清水流量实时按比例添加添加剂，搅拌均匀后供给混砂车。具体流程如图 4–17 所示。

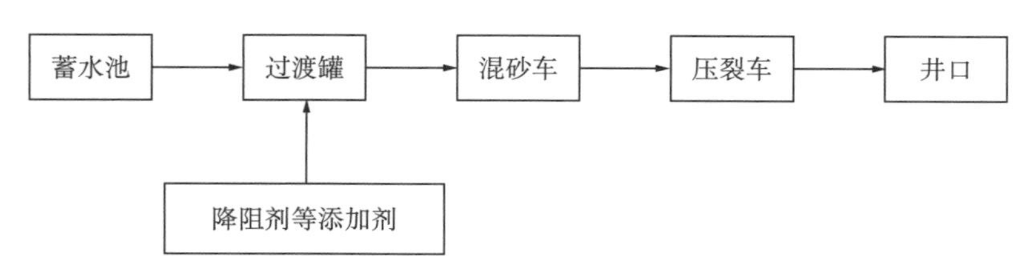

图 4-17　滑溜水连续混配工艺流程图

三、分簇射孔

1. 电缆输送分簇射孔

电缆输送分簇射孔是一项随着体积压裂和储层分段改造技术的发展而兴起的射孔新技术。作为非常规油气开发的“临门一脚”，电缆输送分簇射孔为水力压裂创造清洁的射孔通道，并控制裂缝走向，为非常规油气资源安全、高效、低成本开发提供了强有力的保障。

1）工作原理

电缆输送分簇射孔技术使用桥塞（易钻复合桥塞、大通径桥塞、全可溶桥塞等）对拟改造层位进行分段，每段分成若干簇射孔，如图 4-18 所示。

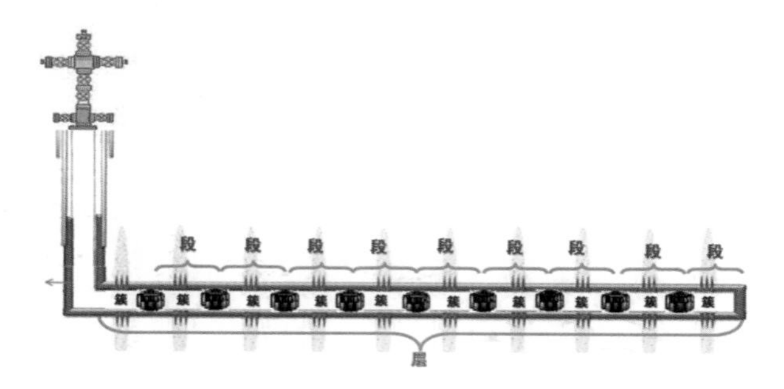

图 4-18　分簇射孔分段分簇示意图

在井筒和地层有效沟通的前提下，运用电缆输送方式，按照泵送设计程序，电缆一次下井将射孔管柱和桥塞一起输送至目的层，完成桥塞坐封和多簇射孔，为后续分段压裂改造创造条件，坐封桥塞及分簇射孔如图 4-19 所示。

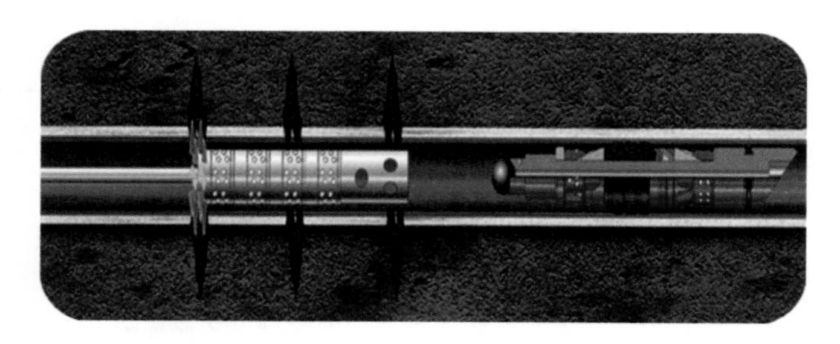

图 4-19　电缆输送分簇射孔作业过程示意图

桥塞分段压裂完井的工艺流程是：采用电缆输送分簇射孔技术，将射孔枪和桥塞联作管串送到施工段位置，首先坐封桥塞，然后再进行多簇射孔，射孔管串起出井口后进行加砂压裂，如此重复，可实现对油气井无限多段的压裂改造，如图 4-20 所示。

施工完成后，下连续油管钻除所有桥塞，放喷排液。

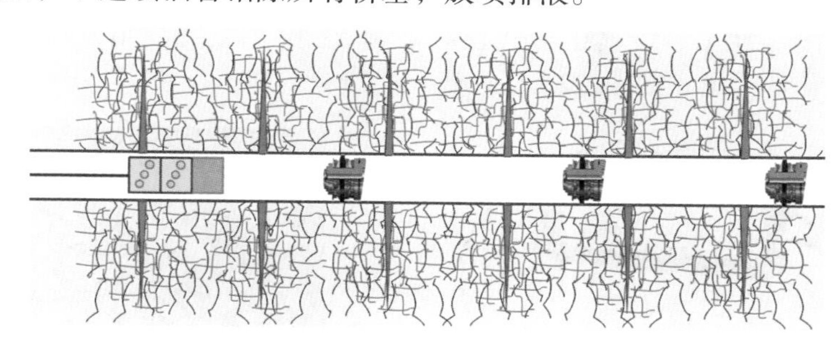

图 4-20　桥塞分段压裂工艺示意图

不同于常规的电缆输送射孔或油管输送射孔，电缆输送分簇射孔技术要能够在井口带压的情况下，完成多簇射孔和桥塞联作，这就需要电缆输送分簇射孔技术能够满足以下三个方面的要求：

（1）作业效果要求：射孔作业应为后续的增产压裂改造创造良好的孔道条件。非常规油气井射孔后要实施大规模的体积压裂改造，其压裂排量要求达到 $10m^3/min$ 以上，这就需要射孔孔眼清洁，孔道摩阻小。

（2）作业成本要求：非常规油气藏勘探开发与常规油气存在很大区别，它丰度低，自然产能低，需要用特殊的工艺技术，但常规油气藏勘探开发需要的地面、物探、钻井等步骤都不能省，为实现非常规油气藏的经济开采，必须实施低成本开发战略。电缆输送分簇射孔技术与常规的油管传输射孔相比，不需要井架，作业成本低，能适应非常规油气藏射孔低成本作业要求。

（3）作业时效要求：非常规油气井往往产层薄、水平段长、改造层段多、作业时间较长，如果采用常规的电缆输送射孔作业，一次下井只能实现一次点火，作业效率低下。电缆输送分簇射孔技术能实现电缆一次下井完成多簇射孔，作业时效显著提高，可实现非常规油气资源的高效开发。

电缆输送分簇射孔技术在井口带压的情况下，电缆一次下井能够完成多个层段的射孔作业或桥塞坐封和多簇射孔联作，产生清洁的射孔孔道，并为后续的大规模体积压裂改造创造条件。

2）技术指标

电缆输送分簇射孔技术是我国具有完全自主知识产权的分簇射孔技术（图 4-21），技术指标：

（1）电缆一次下井可实现 20 级分簇射孔点火作业。

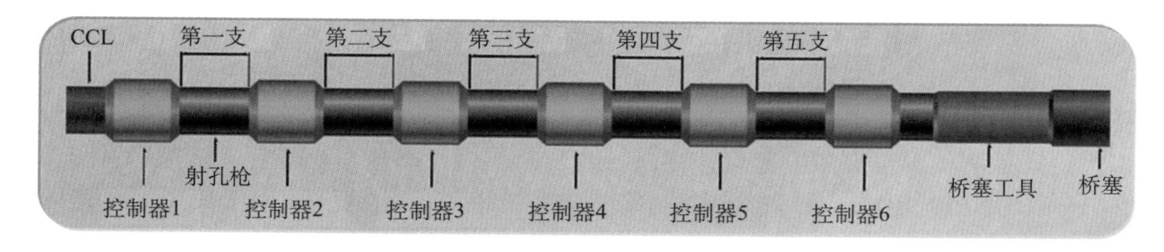

图 4-21　电缆输送（6 级）分簇射孔管串结构示意图

（2）分簇射孔器及配套工具耐压140MPa；配套射孔器最高耐温200℃ /48h；配套电子式控制器耐温150℃；配套机械式控制器耐温204℃，能满足井深6000m、水平段2500m分簇射孔作业需求（图4–22）。

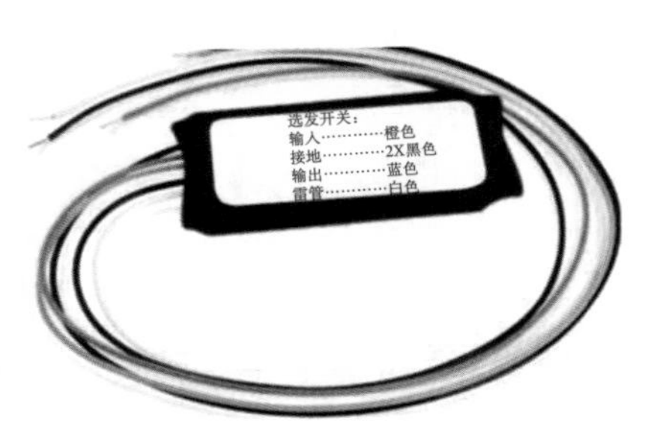

（a）电子式控制器

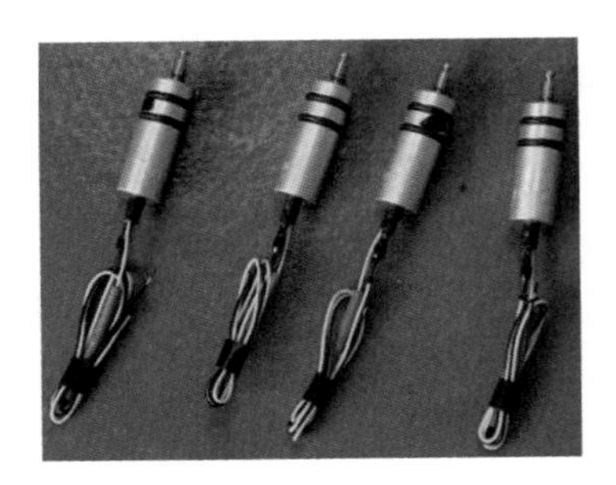

（b）机械式控制器

图4–22　电缆输送分簇射孔控制器

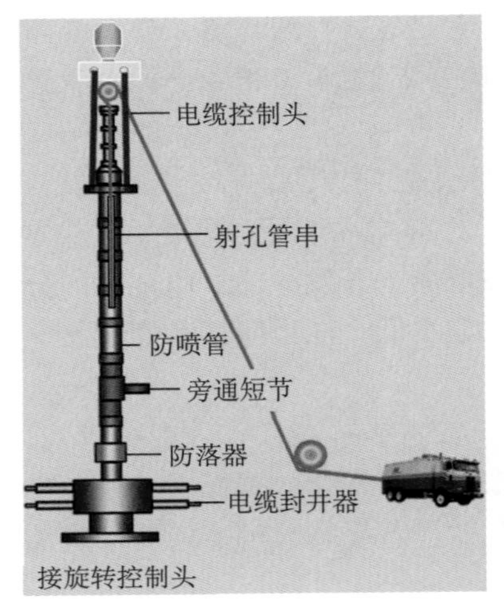

图4–23　电缆井口防喷装置示意图

（3）能满足ϕ88.9mm、ϕ114.3mm、ϕ127mm、ϕ139.7mm、ϕ177.8mm套管水平井复合桥塞坐封和分簇射孔联合作业。

（4）电缆一次下井，分簇射孔与复合桥塞联作管柱长度可达20m。

（5）电缆井口防喷装置最高工作压力为105MPa，装置示意图如图4–23所示。

3）现场应用

电缆输送分簇射孔技术已在中石油西南油气田、浙江油田等14个油气区块、涪陵焦石坝、威远—长宁及昭通3个国家页岩气示范区、壳牌金秋—富顺及道达尔苏南区块2个反承包区块推广应用近500井次。

2. 连续油管输送分簇射孔与坐封桥塞联作技术

非常规油气藏水平井分簇射孔与分段压裂开发时，良好的井筒条件、井眼轨迹是泵送分簇射孔作业的基本前提条件。一方面是由于地质与井况条件限制，另一方面则是电缆本身性质决定，使得实际作业中也存在着较多的复杂情况和技术难点，比如井内杂质多泵送作业困难，地层敏感性，以及需要控制液体过顶量等。为此，可采用连续油管输送分簇射孔与坐封桥塞联作技术，根据联作技术原理，目前可将该项技术分为三类，即“穿电缆”“加压延时式”和“智能”式连续油管输送分簇射孔与坐封桥塞联作技术。

1）“穿电缆”式连续油管输送分簇射孔与坐封桥塞联作技术

“穿电缆”式连续油管输送分簇射孔与坐封桥塞联作技术与常用的泵送式电缆分簇射孔技术原理基本相同，点火的方式均是通过电缆供电激发，采用电子选法式或是压力开关式多级点火控制技术进行多级起爆，完成桥塞坐封与多簇射孔作业，管串结构示意图如图4–24所示。图中的射孔管串与常用的分簇射孔管串相同，在射孔管串上部增加了连续油管与配套的相关装置。从工艺讲，“穿电缆”式较常规的分簇射孔技术，其主要区别为：连续油管成为了管串的输送工具，通过能力更强，同时也省去了泵送作业过程。

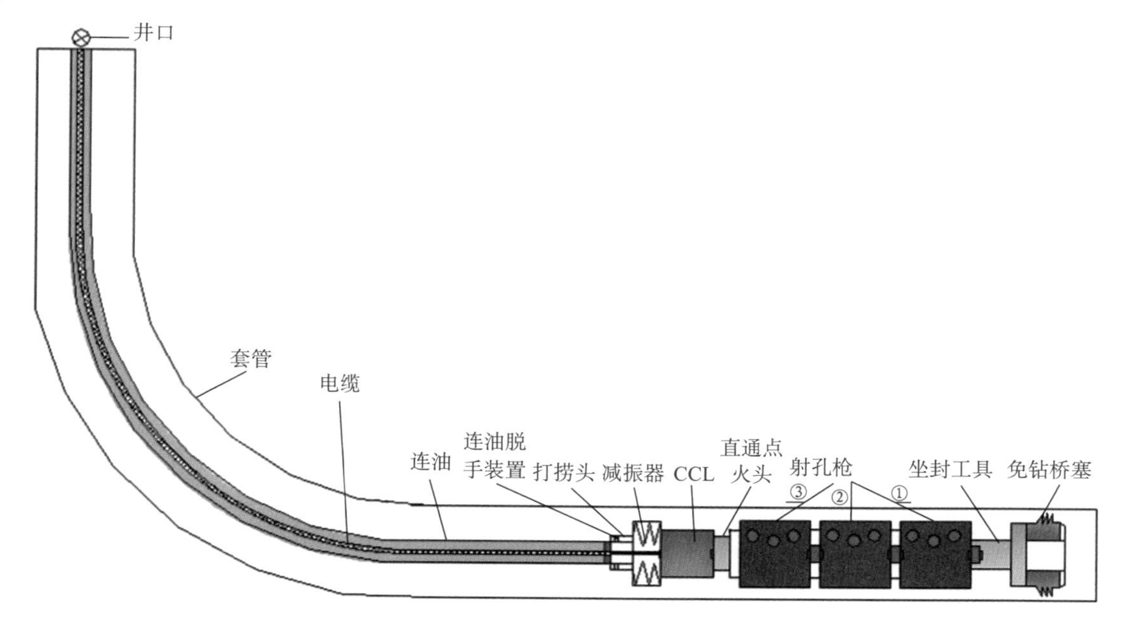

图 4-24 “穿电缆”式连油分簇射孔管串示意图

2）“加压延时”式连续油管输送分簇射孔与坐封桥塞联作技术

“加压延时”式连续油管输送分簇射孔与坐封桥塞联作技术是指采用连续油管将桥塞与分簇射孔联作管串输送至预定井深，通过环空逐步加压激发起爆装置，当压力通达到预设压力后，便会剪断销钉，激发引燃火药完成桥塞坐封。桥塞坐封后，上提管串至下一射孔层位后，通过环空持续加压或者油管内（投球）加压的方式，激发压力起爆装置完成第1簇射孔作业。与此同时，第1簇射孔时的爆炸能量自行激发传爆延时装置，延时时间完成后激发第2簇射孔作业，以此类推完成后续各簇射孔作业。

国内外相关科研机构均开发了此项技术，例如，国外的欧文公司和国内的川庆钻探测井公司，各自研发的技术的基本原理相同，只是存在部分细微的差异。欧文公司是基于点火传递装置，采用的是环空加压坐封桥塞后再进行管内投球加压起爆射孔；川庆钻探测井公司是基于传爆延时装置，采用的是环空加压坐封桥塞后，可再次进行环空加压起爆射孔，也可是管内加压起爆射孔。目前该技术在国内外均获得了成功的应用。

3）“智能”式连续油管输送分簇射孔与坐封桥塞联作技术

“智能”式连续油管输送分簇射孔与坐封桥塞联作技术是连续油管分簇射孔技术一项重要的前沿技术，是指基于独立的智能起爆装置，采用连续油管输送，一次下井完成桥塞坐封与多簇射孔作业的技术。智能起爆装置是一个可以不受外界电波干扰，无需电缆供电，安全可靠的起爆装置。该技术基本原理是指结合实际井况条件，编译并设置起爆程序，通过温度、压力和时间等参数进行起爆条件限制和激发。激发后进入供电点火程序，根据设置的供电程序，电池自动供电并依次完成桥塞坐封和多簇射孔作业。

“智能”式连续油管输送分簇射孔与坐封桥塞联作技术具有智能分级，分簇分层射孔的功能，无需电缆供电，安全性高，适用性广。目前该技术处于研制与试验调试阶段，研发并应用成功后，将会是连续油管输送分簇射孔技术的重要补充和完善。

3. 分簇定面、分簇定向射孔技术

随着页岩气、致密油气等勘探开发的不断增长，常规的射孔技术已经无法满足大排量、大液量下水平井体积压裂形成复杂裂缝的需求。而且在页岩气、致密油气等水平井钻井工艺上，由于受地质条件、工艺水平等限制，导致井眼轨迹偏离油气层。若采用常规螺旋射孔，一方面会引起出水等复杂情况；另一方面会导致压裂时部分缝网向偏离油气层以外方向延伸，造成压裂后部分缝网系统无效，使压裂后产能贡献率降低。分簇定面、分簇定向射孔技术等一系列针对页岩气、致密油气等非常规油气藏的新型射孔技术正是在此背景下出现和发展起来的。

1）分簇定面射孔技术

分簇定面射孔技术是一种采用特殊的布弹方式，射孔后能在垂直于套管轴线的套管同一横截面上形成三个射孔孔眼且相邻孔眼与轴心连线最大夹角不大于90°的射孔技术。其原理如图4–25所示。

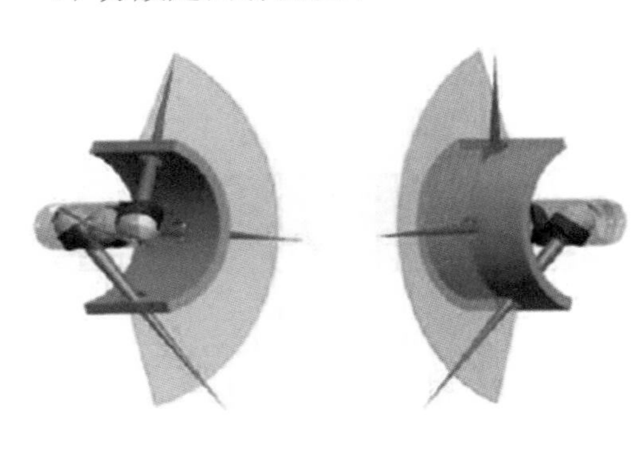

图4–25　分簇定面射孔原理示意图

分簇定面射孔器主要有塑料弹托式、焊接弹托式等多种类型分簇定面射孔器。弹架装配时以每3发射孔弹为一组，射孔后每一组射孔孔眼落在套管轴向同一横截面上，达到定面射孔的目的。

目前，分簇定面射孔器有68型、73型、89型、102型、114型、127型等，适用于$4^1/_2$～7in套管的直井或水平井分簇定面射孔作业。分簇定面射孔器可通过电缆输送泵送至目的层位，也可通过连续油管输送采用连续油管分簇射孔点火方式进行射孔作业。

分簇定面射孔技术已经在吉林油田、西南油气田、长庆油田得到推广应用，为页岩气、致密油气的勘探开发提供了有效的技术支撑。

2）水平井分簇定向射孔技术

分簇定向射孔技术是在原有水平井分簇射孔和水平井重力定向射孔的基础上，采用特殊的动态导电装置，既能实现水平井电缆一次下井分簇射孔，又能达到定向射孔目的的一种新型射孔技术，其原理如图4–26所示。

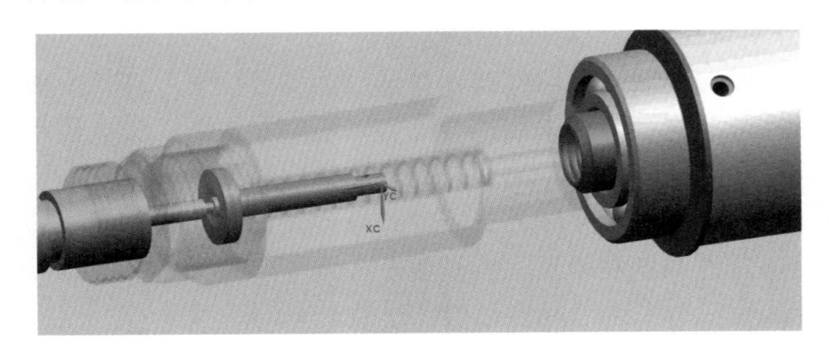

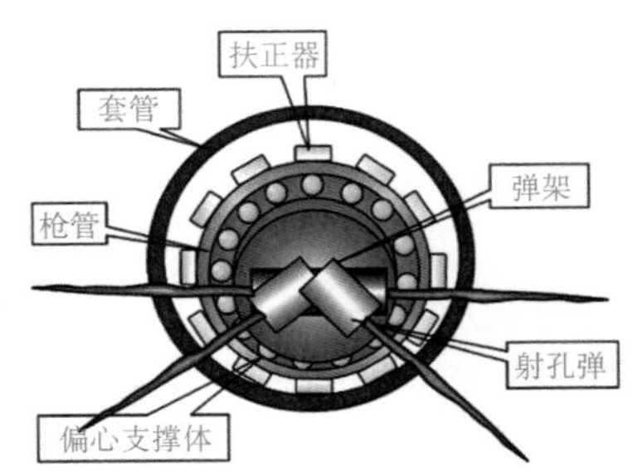

图4–26　分簇定向射孔技术原理示意图

该技术整合了分簇射孔与定向射孔技术优势，能够实现一次性下井完成多级分簇定向射孔作业，为水平井射孔完井提供一种新技术，具有以下技术特点：

（1）射孔器动态定向与静态分簇选发，实现供电信号不受射孔器材转动影响，保证分簇射孔点火功能正常；

（2）某一支射孔枪射孔后，保证剩余射孔枪密封、寻址等工作正常；

（3）射孔器重心偏移定向功能始终正常；

（4）适用于水平井分簇定向射孔作业。

目前水平井分簇定向射孔器有 73 型、83 型、89 型、102 型等，适用于 $4^1/_2$ ～ 7in 套管的水平井分簇向射孔作业。水平井分簇定向射孔器可通过电缆输送泵送至目的层位，也可通过连续油管输送采用连续油管分簇射孔点火方式进行射孔作业。

分簇定向射孔技术在川渝地区页岩气威 204H1–2、太和 1C1、山西煤层气区块桃—平 01 井、桃—平 03 井、桃—平 04 井等得到广泛的推广应用，技术优势显著。

4.“先锋”超深穿透射孔器材

“先锋”超深穿透射孔器是以高能炸药聚能效应原理设计，运用先进的数值仿真设计、分区分段装药结构、多组元复合粉末材料、药型罩成型后处理等技术研制发“第二代”超深穿透射孔器，经国内外行业权威检测机构检测，射孔器在 API RP 19B 标准混凝土靶上的最高穿深穿透为 1730mm，创国内同类型射孔器材穿深纪录，达到国际先进水平。

1）结构及工作原理

“先锋”超深穿透射孔器主要由“先锋”超深穿透射孔弹、射孔枪、导爆索、传爆管、枪头、枪尾等部件组成（图 4–27）。

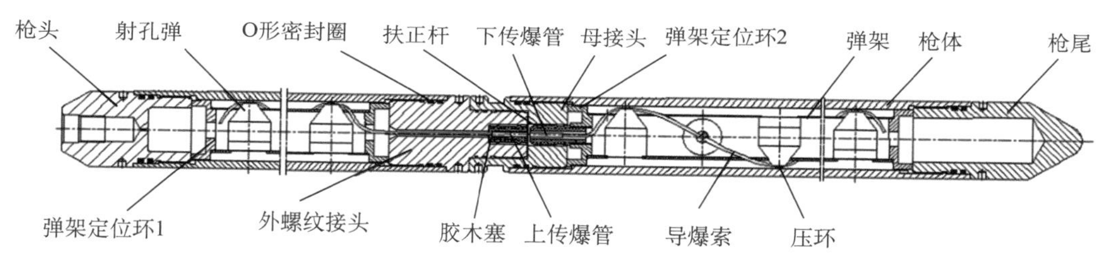

图 4–27　先锋超深穿透射孔器结构图

先锋超深穿透射孔器采用电缆或油管输送到油气井目的层位，通过电雷管、撞击起爆装置或压力起爆装置，引爆导爆索，再由导爆索引爆射孔弹（图 4–28）。射孔弹爆炸后，在爆轰波作用下，药型罩压垮、变形，并向药型罩轴线汇聚，在轴线上发生高速碰撞，形成一股高速向前运动的金属射流，依次穿过射孔枪、套管并进入地层，在套管和地层形成射孔孔道（图 4–29）。

图 4–28　“先锋”超深穿透射孔弹图

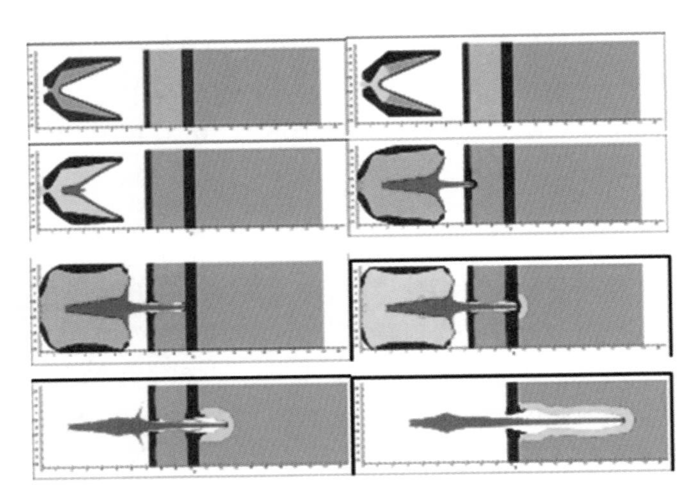

图 4-29 “先锋”射孔弹射流形成与射孔过程

2）关键技术

针对传统直线金属药型罩射流利用率低、穿透能力不足等技术缺陷，研究人员历经4年的研究、试验、改进和完善，研制形成了“先锋”超深穿透射孔弹设计、制造技术，突破了制约提高射孔弹穿孔深度的技术瓶颈，使射孔弹的穿孔深度得到大幅度提升。突破的关键技术有：

（1）射孔弹结构数值仿真设计技术。

石油射孔弹由药型罩、壳体、高能炸药三部分组成，作为新型射孔弹的设计，重点是加强药型罩结构及与之匹配的装药结构设计，才能使射孔弹发挥最大效能。

由于射孔弹的高能炸药爆炸、射流的形成、侵彻过程是一种高速、动态的非线性动力学过程，采用经典的理论模型和计算方法十分复杂，手工计算难以进行，且与实际差距较大。为突破传统设计局限，研究人员应用爆炸流体力学计算程序，针对射孔弹作用目标特点，建立了射孔弹数值仿真计算模型，在计算机上进行了模型试验，对比分析了数十种药型罩结构和与之匹配的装药结构，创新出一种锥形曲线变壁厚金属药型罩结构和与之匹配的分段分区装药结构，优化了炸药爆轰波形状。计算结果表明：射孔弹爆炸后，转化为有效射流的质量从原有的27%提升到45%，增加了18%；射流头部速度从7100m/s提高到7800m/s，提高了近10%；射流断裂时间从130μs增长到200μs，延长了54%，极大地提高了射流的侵彻能力。

（2）药型罩粉末冶金材料与制备技术。

药型罩材料是聚能效应的载体，其性能直接影响着射流质量的优劣，如射流密度、射流速度和连续射流长度等。作为射孔弹最核心组成部件的药型罩，其材料性能直接影响聚能效应的发挥，物理化学性能直接决定了射孔弹的穿孔性能。因此，药型罩材料的性能是影响其能力的关键。

目前，药型罩材料采用的两种或两种以上金属粉末混合而成，由于粉末的颗粒度、密度等差异，在药型罩压制时造成因粉末颗粒之间比重差异巨大而产生分离现象，而且也因粉末粒度差异形成宏观偏析，导致粉末罩的宏观密度与成分分布不均匀，从而造成药型罩成品密度分布不均匀，导致射孔弹穿孔性能差且质量不稳定。

为解决上述技术难题，研究人员通过大量的试验，研究形成一套多组元复合金属粉末制备工艺，多组元复合金属粉末材料制备技术解决了因密度、颗粒度差异大的各单质粉末在压制过程中产生的层析、偏聚现象，提高药型罩的成型密度，有效改善药型罩密度分布均匀性。采用该方法制备的复合粉末应用于射孔弹制造，提高了射孔弹的穿孔深度和穿深稳定性。

（3）药型罩成型后处理技术。

由于多组元复合金属粉末材料制备过程中添加了一定比例的高分子黏结剂，虽然添加比例不大于2%，但由于其质量较轻，在药型罩中占有较大的体积，它的存在会影响射流形成质量，严重时会降低射孔弹的穿孔深度。为将药型罩中的高分子材料去除，必须对药型罩采用高温热处理，去除高分子材料。由于粉末材料中含有不同的金属粉末，其热胀系数不同，若高温热处理温度过高，必将造成药型罩的变形，严重影响射孔弹的穿孔性能。

为研究形成多组元复合金属粉末药型罩高温热处理工艺，研究人员进行一系列试验，优化了不同工艺参数，形成一套高温热处理工艺，去除了多组元复合金属粉末药型罩中的高分子材料。并且，药型罩经过高温热处理后，消除了药型罩在高压力压制时粉末的加工硬化，晶格畸变得到修正，金属粉末的微观结构得到回复，有利于在爆轰条件下产生连续拉长的金属射流，进而提高射孔弹的穿深性能。

3）技术指标

“先锋”超深穿透射孔器现已开发形成51SDP7H20、73SDP16H20、86SDP25H16、89SDP25H16、102SDP32H16、114SDP39H16、127SDP45H16共10种型号、18个规格的先锋超深穿透射孔弹，可满足直径51～127mm等系列射孔枪装配使用要求。表4–7列出了“先锋”超深穿透射孔器API RP 19B混凝土靶穿孔性能参数。

表4–7　“先锋”超深穿透射孔器API RP 19B混凝土靶穿孔性能

型号	炸药类型	混凝土靶穿孔性能	
		穿孔深度，mm	套管孔径，mm
51SDP7H16–140	HMX	663	7.0
68SDP30R16–90	HMX	576	7.5
73SDP18H20–105	HMX	857	7.6
83SDP25H20–140	HMX	861	8.5
86SDP25H16–140	HMX	1359	12.0
89SDP25H16–140	HMX	956	11.1
102SDP45H16–105	HMX	1297	11.9
114SDP38H16–105	HMX	1730	14.0
121SDP45Y16–175	HNS	1156	11.4
127SDP45H16–105	HMX	1433	10.5

4）技术特点与优势

（1）比常规深穿透射孔器穿深提高50%以上，射孔孔道有效穿透钻井污染带，最大程度地沟通天然裂缝，有效消除钻井、地层及射孔器本身对油气产能的不利影响；

（2）特殊的药型罩材料，射孔后射孔孔道干净、无杵堵，降低了射孔对地层的伤害；

（3）与常规射孔枪与射孔工艺兼容，无特殊工艺要求，现场操作简单；

（4）射孔后对射孔作业管柱、井筒、套管伤害小，保证射孔作业安全；

（5）有效穿透多层套管，实现储层沟通。

5）应用效果

“先锋”系列超深穿透射孔器已生产销售260余万发，在中国石油、中国石化、延长油田及壳牌、道达尔等国际石油公司15个重要油区得到规模化应用，且出口到阿塞拜疆、土库曼斯坦、叙利亚、伊朗、伊拉克等国际市场。

第三节　工厂化压裂地面设备配套

一、连续泵注系统

压裂泵注设备是压裂施工最核心和关键的部分，压裂施工的主要泵注设备压裂车是根据设计水马力来进行设备配备，而施工水马力主要取决于施工排量和泵注压力。考虑到页岩气工厂化压裂特点使压裂设备的作业工况较设计制造时发生了较大的变化，已经由间歇性工况向连续工况过渡，压裂泵车持续工作时间长，若按照常规压裂设备配置和工况操作，压裂泵故障急剧增多、大修周期缩短、使用寿命严重降低。因此需要更多的泵车进行储备，考虑附加至少50%的富余水马力。在满足施工排量的基础上，建议将尽可能多的设备在较低的挡位下工作，以延长压裂泵的使用寿命。

随着2500型压裂车组的配套与应用，减少了工厂化压裂施工中压裂设备动用数量，对川渝地区工厂化压裂施工普遍面临的井场空间不足起到一定的缓减的作用。例如对于需要38000HHP设备水马力的工厂化压裂施工，如果使用2000型压裂车组，则需要19台压裂车，而如果使用2500型压裂车组，则只需要15台压裂车，总共减少了4台压裂设备的使用量，节省了设备占用的井场空间。在B平台同步拉链压裂中，通过对设备进行优化配置，减少了现场设备的使用，节省了井场占地和地面流程（表4–8）。

表4–8　B平台同步压裂施工装备配置

设备	数量	设备	数量
压裂车	32台	混砂车	4台
仪表车	4台	管汇车	2台
700型压裂车	1台	供液车	1台
连续油管主车	1台	连续油管辅车	1台
测井电缆车	2台	供液橇	1台
液罐（45m³）	20座	砂罐（30m³）	6座
酸罐（20m³）	16座	吊车	4台

二、支撑剂储、输系统

支撑剂使用存储罐储存，为一台混砂车供给支撑剂的存储罐满足3种支撑剂盛装，总容积应不小于150m³。支撑剂存储罐出口尺寸满足施工最大供砂能力。

三、混砂系统

在使用连续混配技术的工厂化压裂施工中实时配置压裂液和加入支撑剂，并为压裂车供液。目前常用的额定排量 16m³/min 的混砂车为主力机型，按 80% 的能力进行考虑，单台混砂车可以进行施工排量≤ 12.8m³/min 的压裂施工。混砂车应至少配置 4 种添加剂泵和 2 种干粉添加剂装置。通过对工厂化压裂地面高压流程的优化，拉链式压裂施工中通常采用 1 台混砂车加上 1 台供液车（连续混配车）的模式。

四、仪表控制系统

仪表控制系统用于远距离采集和显示施工参数，进行实时数据采集、曲线显示及微地震展示，主压裂施工与泵送桥塞存在作业交叉时应使用两台仪表车。为了确保多井压裂实时数据记录完整和同时显示，设计制作了工厂化压裂指挥中心，该中心能够在集成多口井压裂施工数据、微地震监测数据的同时实时采集和显示，以及监测、指挥同平台多口井的同时压裂作业。

五、井口多路进液装置

页岩气压裂目前施工排量一般在 12m³/min 左右，根据 3in 高压管线建议的允许最大通过流量，目前页岩气井压裂均采用 4 路或以上的高压管线连接至井口，为保证长时间、大排量加砂作业井控安全，满足大排量（10.0m³/min 以上）安全施工，在井口需要有多个进液通道。

井口多路进液装置（注入头）主要分“直角”式和“羊角”式两种，多为六通或八通，“直角”式进液装置加工工艺简单，长时间施工过程中可能会产生一定磨蚀；“羊角”式进液装置通过改变压裂液体流动、冲刷方向，能减缓磨蚀，延长使用寿命，不易加工。

通过井口多路进液装置的使用，满足了压裂作业大排量注入需求，有效减小了井口节流影响，同时实现了在作业后不换装井口条件下直接排液生产。

六、井口平板闸门

根据压裂设备在压裂过程中压力较高的特点，在井口闸门设计过程中充分考虑其结构的合理性，满足作业过程中的各种载荷要求。根据闸门在压裂过程中冲刷较大的特点，在闸阀主体零部件表面做耐磨损表面处理，减小设备在加砂过程中的磨损。整体采用全金属密封结构，采用优质的密封材料进行辅助密封，确保密封件在使用过程中的稳定，延长使用寿命。井口平板闸门通常采用大口径，各种工具可以通过井口闸门顺利下入，压力等级通常为 105MPa，每口井使用 2 个手动平板阀与 1 个液动平板阀。井口装置如图 4–30 所示。

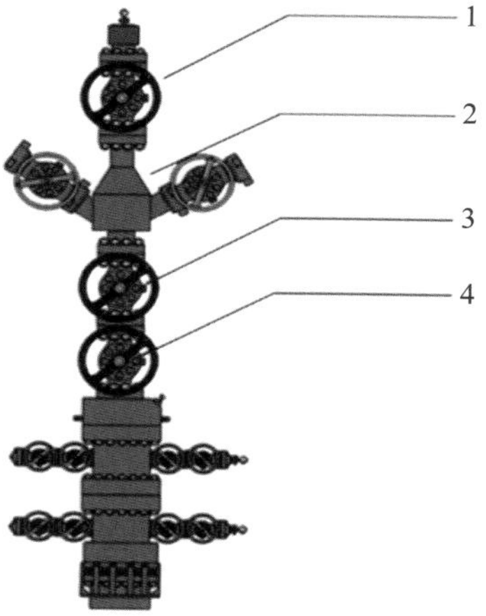

1
2
3
4

图 4–30　井口装置示意图

1—7 号手动总闸；2—六通压裂注入头；3—4 号液动总闸；4—1 号手动总闸

七、多井井口连接装置

通过多井井口连接装置（图 4–31）同时连接压裂设备到两口及以上多口井，减少了井组工厂化压裂井口管线连接数量，实现了对地面流程的优化，通过连接装置中间的阀门可快速切换液体的流向，减少了施工过程中的停等时间。

图 4–31 工厂化压裂多井井口连接装置

第四节 压裂效果监测与实时评估

一、压裂监测评估方法

为了评价水力压裂井的增产效果，目前已经发展了一系列的压裂监测与诊断技术。这些技术大致可分为三类：

（1）远离裂缝的直接成像技术。

远离裂缝的直接成像技术包括两种新型的压裂诊断方法：测斜仪裂缝成像和微地震裂缝成像。它们均在压裂施工过程中，利用井口偏移距与地面保角投影定位，并且提供井场以外区域上裂缝发育的直观显示。

缺点：这些技术虽然均能对水力压裂延伸的总范围成像，但不能提供有效支撑裂缝的长度或导流能力，并且分辨率随距压裂井的距离的增大而减小。

（2）直接近井眼测量技术。

直接近井眼测量技术包括：放射性示踪技术、温度测井、生产测井、井眼成像测井、井下电视和井径测井。它们适用于测量作业后井眼附近区域的物理性质，如温度或放射性。

缺点：仅能识别井眼中是否进行过压裂，不能提供距井眼约 1m 以外的裂缝信息。如果裂缝和井眼不成线性，这些测量仅能提供裂缝高度上下边界。井眼附近裂缝诊断技术主要用于识别多层段作业时流体或支撑剂的进入量或每层的产量。

（3）间接的压裂诊断技术。

间接裂缝诊断技术包括压裂模拟、不稳定试井和生产数据分析，通过对有关物理过程的假设，根据压裂施工过程中的压力响应以及生产过程中的流速可估算裂缝的大小、有效裂缝的长度和裂缝的导流能力。

缺点：解的不唯一性，因此需要用直接的观察结果来进行校准。

直接和间接水力压裂裂缝诊断技术的适用性和局限性如图 4–32 所示。目前在工厂化储层改造中，微地震监测、测斜仪裂缝监测、示踪剂、温度测井、生产测井、净压力裂缝分析、试井等裂缝监测及分析评估技术都在现场得到了应用，以了解和评价页岩气井水力压裂裂缝的特征，其中微地震监测技术应用最广泛、技术相对较成熟，监测结果可对压裂施工过程中的实时调整提供针对性的指导。

技术　■ 能够确定　▨ 可能可以确定　□ 不能确定

类别	裂缝诊断方法	主要局限性	评价各参数的能力							
			缝长	缝高	对称性	缝宽	方位	倾角	容积	导流能力
远场，压裂期间	地面测斜仪绘图	• 无法确定单个和复杂裂缝的尺寸 • 随着深度的增加，绘图分辨率降低914.4m深度：裂缝方位精度为±3°；3048m深度：裂缝方位精度为±10°	可能可以确定	可能可以确定	可能可以确定	不能确定	能够确定	能够确定	能够确定	不能确定
	井下测斜仪绘图	• 随着监测井与压裂井之间距离的增大，裂缝缝长与缝高分辨率降低 • 受监测井可用性等条件的限制 • 不能提供支撑剂分布以及有效裂缝形状信息	能够确定	能够确定	能够确定	可能可以确定	可能可以确定	不能确定	能够确定	不能确定
	微地震成像	• 受监测井可用性等条件的限制 • 取决于速度模型是否正确 • 不能提供支撑剂分布以及有效裂缝形状信息	能够确定	能够确定	能够确定	不能确定	能够确定	可能可以确定	不能确定	不能确定
近井筒，压裂后	放射性示踪剂	• 只能测量近井筒附近的情况 • 如果裂缝和井轨迹方向不同，则仅能提供裂缝高度下限值	不能确定	可能可以确定	不能确定	可能可以确定	可能可以确定	不能确定	不能确定	不能确定
	温度测井	• 不同储层的导热率不同，使温度测井曲线出现偏差 • 作业后测井要求在压裂后24h内进行多次测量 • 如果裂缝和井轨迹方向不同，则仅能提供裂缝高度下限值	不能确定	可能可以确定	不能确定	不能确定	不能确定	不能确定	不能确定	不能确定
	生产测井	• 只能提供套管井中对生产有贡献的地层或射孔段的信息	不能确定	可能可以确定	不能确定	不能确定	不能确定	不能确定	不能确定	不能确定
	井眼成像测井	• 只能用于裸眼井 • 只能提供近井筒裂缝方位	不能确定	可能可以确定	不能确定	可能可以确定	可能可以确定	可能可以确定	不能确定	不能确定
	井下电视	• 主要用于套管井，仅提供对生产有贡献的地层或射孔段的信息 • 有可能用于裸眼井	不能确定	可能可以确定	不能确定	不能确定	不能确定	不能确定	不能确定	不能确定
基于模型	净压力裂缝分析	• 结果取决于模型的假设条件和储层描述结果 • 需要利用直接观测数据进行"校正"	可能可以确定	可能可以确定	不能确定	可能可以确定	不能确定	不能确定	可能可以确定	可能可以确定
	试井	• 结果取决于模型的假设条件 • 需要对储层渗透率和压力进行准确估计	可能可以确定	不能确定	不能确定	不能确定	不能确定	不能确定	不能确定	可能可以确定
	生产分析	• 结果取决于模型的假设条件 • 需要对储层渗透率和压力进行准确估计	可能可以确定	不能确定	不能确定	可能可以确定	不能确定	不能确定	不能确定	可能可以确定

图 4–32　直接和间接水力压裂裂缝诊断技术的适用性和局限性

二、压裂监测评估技术应用

1. 微地震监测技术

微地震压裂监测技术是近年来页岩气压裂改造领域应用的一项重要技术。由于其具有验证或修正压裂模型、指导压裂参数调整等优点，在页岩气压裂中应用广泛。水力压裂过程中，地层注入高压流体，使储层岩石中形成裂缝，沿着裂缝能量可以不断地向地层中辐射，造成裂缝周围地层的张裂或错动，同时各种张裂或错动会向外辐射弹性波地震能量，利用压裂裂缝微地震监测技术可以很好地检测弹性波地震能量，从而达到对地下裂缝进行解释的目的[9]。

微地震监测包括井中监测、地面监测和浅井监测等多种方式，比较可靠的监测方式是在井中进行的，但这种方法要求压裂井附近必须有监测井，并且这种方法空间横向定位分辨能力不够理想。在压裂井附近没有监测井或钻井成本高的情况下，进行地面排列观测将是行之有效的办法，况且地面监测还有水平方向分辨率高、施工方便等优势，但是地面监测由于浅层吸收强、能量传播路径远等原因，效果难以保证。

利用微地震监测数据，通过微地震事件点三维分布特征，计算储层改造体积（SRV），分析人工裂缝空间发育特征及其影响范围，同时可结合钻录井、测井、三维地震资料以及压裂施工曲线，综合评估非常规油气藏压裂改造效果。

（1）裂缝波及体积对施工压力的影响分析。

裂缝波及体积越大，压裂过程中后续液体流入通道越顺畅，施工压力越低，更容易加入更多支撑剂，形成有效的人工裂缝网络。A 平台压裂过程中 A1 井第 2 段压裂压力异常，在微地震上反映出的波及体积明显较小，有可能是裂缝连通性差，液体在地层中流动阻力大所致（图 4–33）。

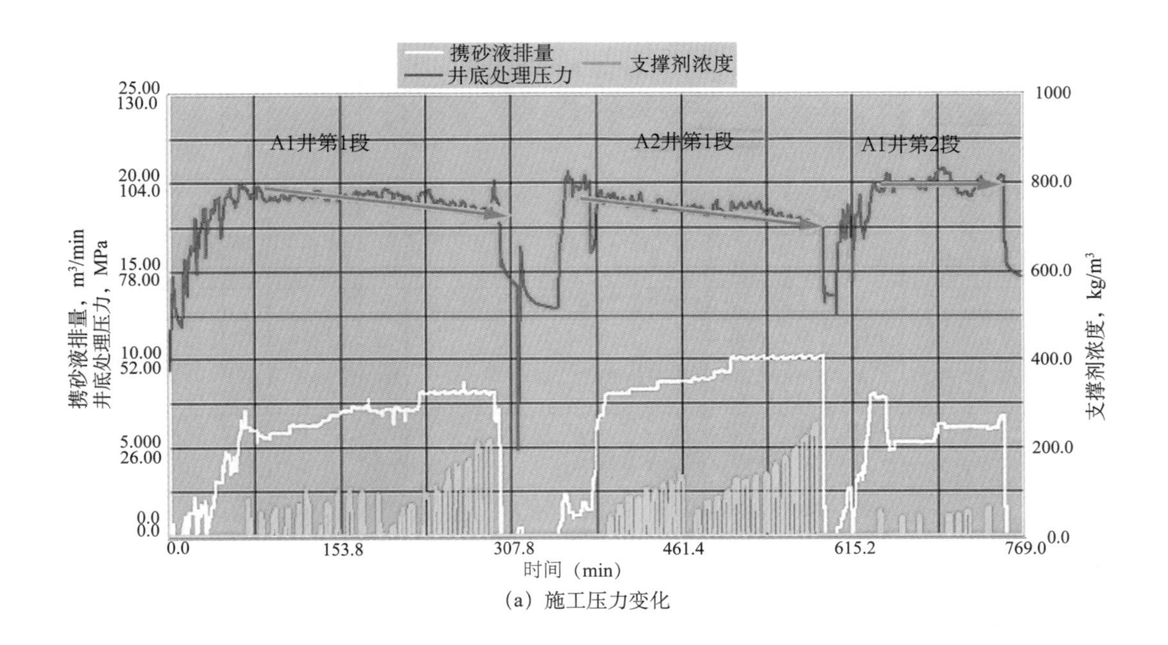

（a）施工压力变化

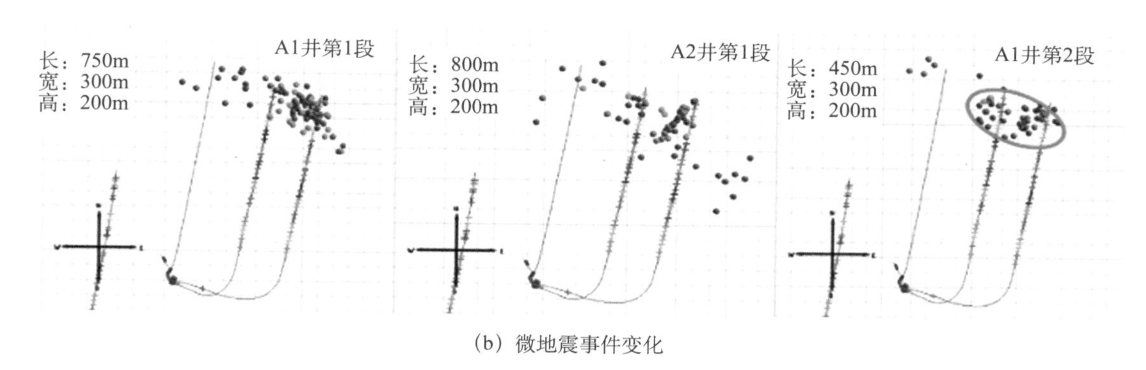

（b）微地震事件变化

图 4−33　微地震事件结合施工压力判断水力裂缝扩展情况

（2）压裂窜层对微地震、施工压力的影响。

四川盆地页岩层地应力普遍小于下部石灰岩层，使得石灰岩层成为良好的应力遮挡，但实际压裂过程中部分井出现了压穿下部石灰岩层，借助微地震监测、施工压力分析可以较为有效地判断是否压穿下部石灰岩层，以便对施工参数进行调整。A 平台压裂过程中，A1、A2 压裂第 7 段之后在下部石灰岩层持续出现微地震事件，有可能压穿下部石灰岩层，导致第 7 段以后停泵压力逐渐上升（石灰岩层地应力大于页岩层），如图 4−34 所示。

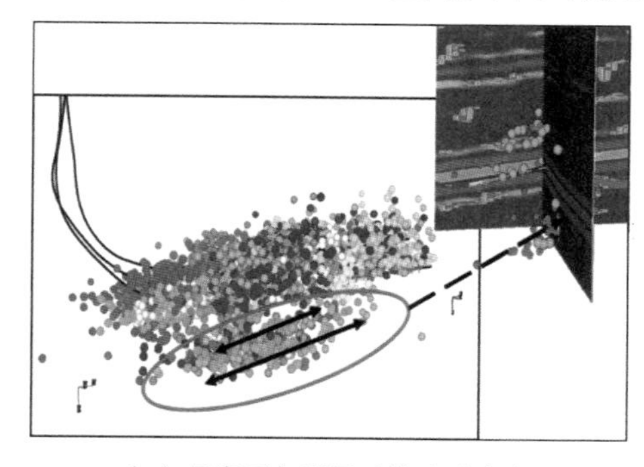

（a）压穿石灰岩层时微地震响应

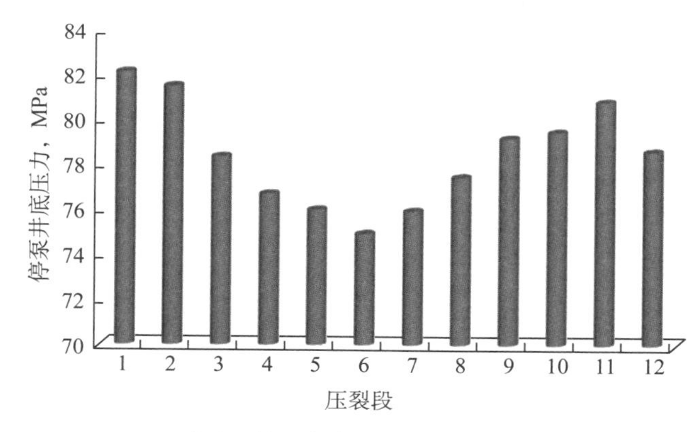

（b）压穿石灰岩层时施工压力响应

图 4−34　A 平台 A1 井压裂压穿石灰岩层时微地震与施工压力的响应

（3）地应力、天然裂缝发育方向对裂缝扩展方向的影响。

一般而言，通常认为压裂裂缝会沿最大水平主应力扩展，但实际压裂微地震监测显示裂缝扩展方向不仅受地应力方向控制，还受天然裂缝发育程度、方向影响。A 平台区域天然裂缝发育方向与最大水平主应力方向基本一致，匹配性较好（横切井筒），压裂过程中裂缝扩展基本垂直于井筒方向，但局部区域天然裂缝仍然对裂缝扩展存在较大影响。天然微裂缝发育的区域，压裂过程中，随着裂缝扩展天然裂缝区剪切应力分布更复杂，更容易形成复杂缝网（图 4–35）。

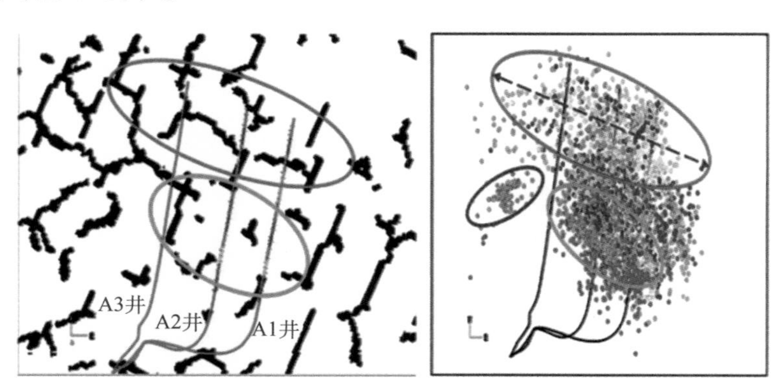

图 4–35　A 平台地应力、天然裂缝发育方向与压裂裂缝扩展方向

（4）天然大裂缝带 / 断裂带对压裂的影响。

如果井筒接近大裂缝和断裂带，将在很大程度上影响裂缝的形成，压开的储层将受到裂缝和断层主导，工艺上的改变很难影响注入液体的整体流向。此时需要进行改造段的调整，D 井是应用井下微地震监测技术进行实时参数调整而取得改造成功的典型实例（图 4–36）。

D 井压裂过程中，1–4 段改造微地震事件点主要集中在第 1 段下部宝塔组石灰岩，并且每次压裂液进入地层破碎带后，石灰岩内部微地震事件活度和震级增加，施工压力立即升高，导致施工困难，判断该井第 1 级附近发育天然裂缝带（或地层破碎带）。

为了顺利完成全井施工，确保 D 井龙马溪组页岩得到有效改造，根据井下微地震实时监测结果，及时放弃一段（原设计第 5 段），并对后续段压裂施工参数进行调整，通过采取增加 100 目石英砂用量及优选加入时机、降低施工排量等措施，逐渐阻隔了天然裂缝带对施工带来的不利影响，在新的射孔段附近出现了较多的微地震事件，最终成功完成 D 井分 10 级压裂，获得增产改造体积 $8000 \times 10^6 m^3$，龙马溪组得到有效改造。

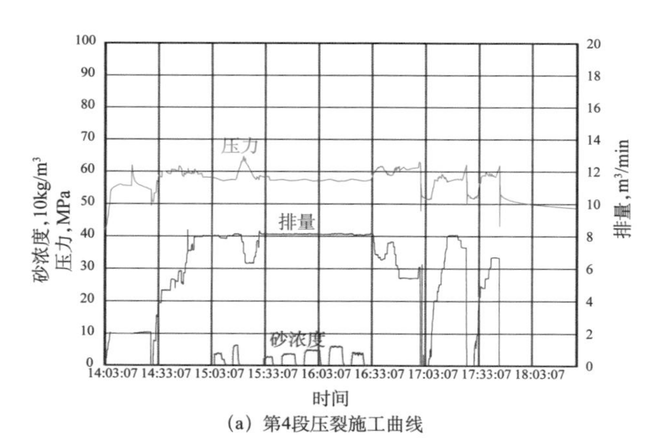

（a）第4段压裂施工曲线

（b）第4段压裂微地震事件

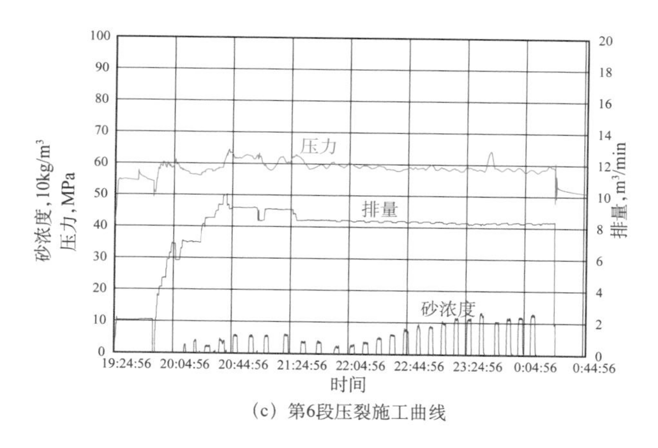

（c）第6段压裂施工曲线

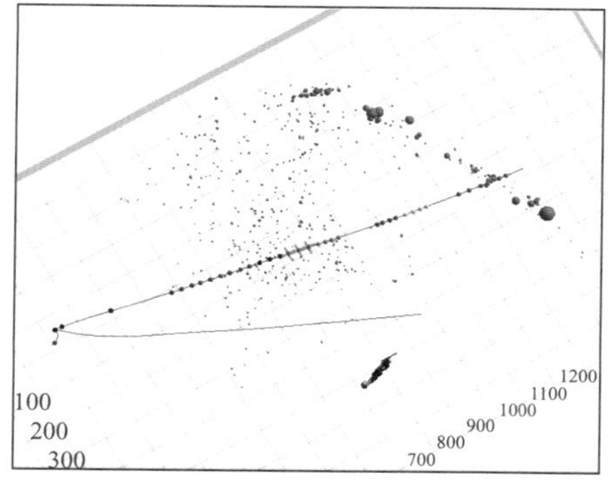

（d）第6段压裂微地震事件

图 4–36　D 井利用微地震监测实时调整方案情况

2. 测斜仪裂缝监测

压裂裂缝引起的岩石变形场向各个方向辐射，引起地面及地下地层的变形，这种地面地层变形的量级为微米级，几乎是不可测量的，但是可以测量变形场的变形梯度（即倾斜场）。因此，通过在地面压裂井周围或邻井井下布设一组测斜仪，测量地面由于压裂引起岩石变形而导致的地层倾斜，再利用地球物理反演的方法来反演出压裂裂缝的参数[10]。测斜仪监测垂直裂缝的基本原理如图 4–37 所示。

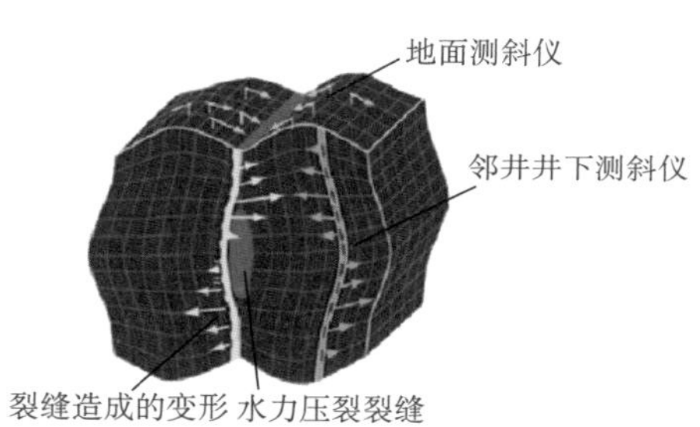

图 4–37　测斜仪裂缝监测原理

采用地面测斜仪技术对 E 井组的 5 口井进行了监测，得到了压裂裂缝扩展而引起的变形场的形态和变形数值（图 4–38、表 4–9）。通过对各个监测井处地层倾斜量的测量获得了变形矢量场，变形矢量场给出了各个监测井处的倾斜方位、大小的信息，应用测斜仪裂缝解释技术，基于误差最小化的模式对倾斜量进行反演拟合，理论变形场与监测变形场获得最佳拟合后，即获得实际的裂缝扩展信息，解释得到压裂裂缝的形态、方位、倾角、垂直裂缝与水平裂缝体积百分数等参数。

表 4–9　E 井组地面测斜仪裂缝监测结果

井号	层位		射孔垂深 m	垂直缝方位	垂直缝倾角 （°）	水平缝倾角 （°）	垂直缝体积分数 %	水平缝体积分数，%
E	太原组 9 号		1160	N19°E	87	13	76	—
E1	太原组 9 号		1193	N12°E	76	24	80	—
E2	太原组 9 号		1189	N80°W	62	2	48	—
E3	太原组 9 号		1145	N89°E	75	30	24	—
E4	太原组9号	压裂开始至压裂 54min	1150	N7°E	80	—	27	—
				N48°E	39	—	73	—
		压裂 54min 至压裂结束		—	—	5		78

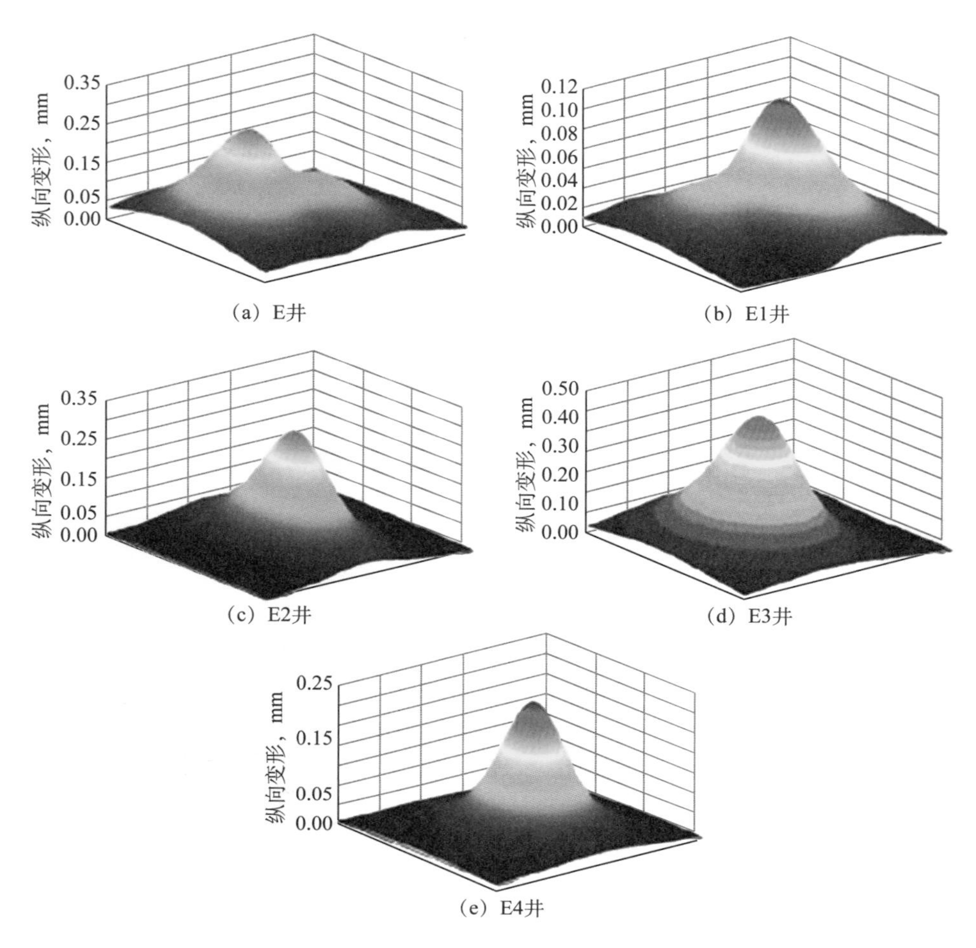

图4-38　E井组5口井三维变形图

上述结果表明，该储层中压裂裂缝非常复杂，即使是同一个井组，裂缝形态也会有很大变化，监测得到的裂缝形态可分为3类：

（1）垂直缝为主，如E和E1井；

（2）水平缝为主，如E2和E3井；

（3）前期以垂直缝为主，后期以水平缝为主，即裂缝形态为“T”形或“工”字形，如E4井。

结果显示从压裂开始到压裂54min时，裂缝为2条相交的垂直缝，压裂54min以后，可能由于受到层理或顶底板的阻碍，转为水平扩展为主。地面测斜仪监测斜率在压裂开始54min时发生明显变化，监测斜率的变化是由裂缝形态发生变化造成地面变形特征变化引起的。从裂缝形态与煤层埋深的对比数据上看出：储层裂缝形态不像常规油气田有1个深度界限，即在小于610m一般形成水平缝，在大于610m形成垂直缝，而是裂缝形态的随机性很大，同一个层位，有的井产生垂直缝，有的井产生水平缝。从裂缝的方位看，5口井压裂层虽然为同一个层位，但裂缝方位并没有明显方向性。

3. 生产测井裂缝评价

由于非常规储层一般具有较强的非均质性，水平井储层钻遇情况差异导致改造效果差别明显，如何了解水平井段的分段产出情况、主力产出层段，对今后水平井的轨迹优化、分段压裂参数优化、射孔井段优选及压后生产动态管理都起着相当重要的作用。

生产测井是监测油气井开发动态的主要技术手段，其重要途径是测量压裂后井筒内流体的流动剖面，了解各压裂井段产出流体的性质和流量，对井的生产状况和地层生产能力作出评价。流动剖面测井属于流体动力学测量，测量参量包括流量、持率、温度、压力、流体密度等。

流量和持率是生产测井最重要的两项测量参数。流量测量对象是井内流动的各相流体单位时间内流过某一流道截面的流体体积，流量测井实际上是测取同流体速度相关的信息，然后求出平均流速，再与截面积相乘求出体积流量。通过测量井内流体的相持率可以识别流体的性质，确定各相流体的就地体积分数。

在直井中，流体流动特性相对比较简单，而对于水平井来说，流动动态和剖面极为复杂，包括相层状流、段塞流、活塞流、分散泡状流和环状流等，使用生产测井测量产液剖面和每段的相流量贡献率比较困难。1 井～ 4 井压后产出差异对比如图 4–39 所示。

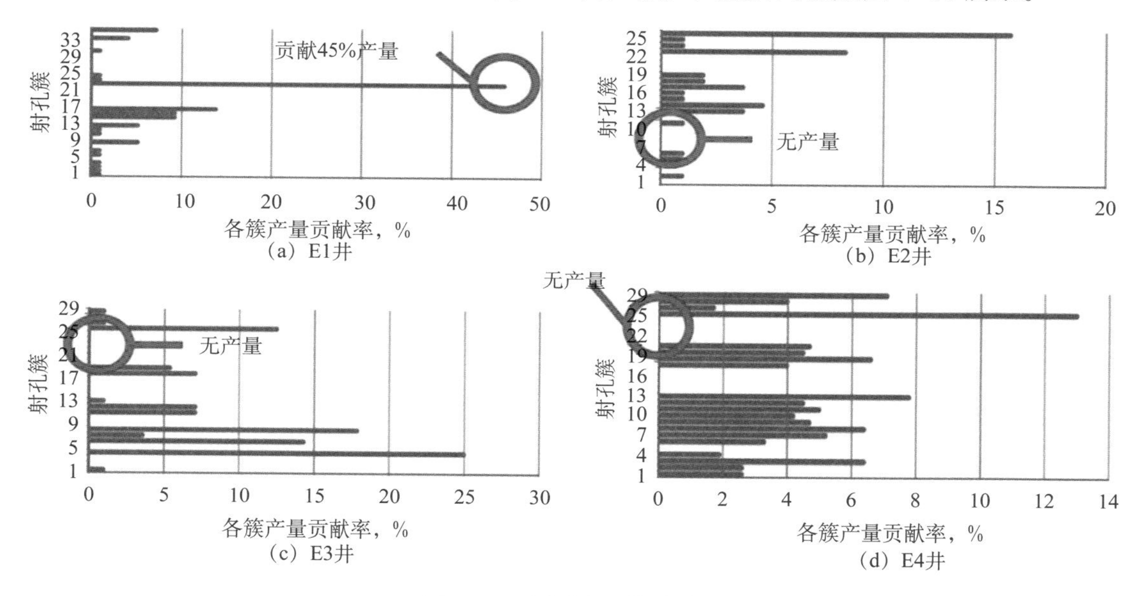

图 4–39　压后产出差异对比

F 井是威远地区针对上奥陶统五峰组—下志留统龙马溪组下部页岩气层部署的一口评价井。完钻井深 4702m，最大井斜 93.24°，水平段长 1052m，穿行 L11、L12、L13、L14 号 4 个产层，设计分 12 段进行水力压裂，实际压裂 11 段。

为了了解水平井分段压裂后各段产出动态，在 F 井压裂后对该井进行生产剖面测井，测量时地面排液量 120 m^3/d 左右，产量（8.34 ～ 19.18）$\times 10^4 m^3/d$，使用生产测井仪器进行一上一下两次的测试和 8 个深度的点测。根据仪器的速度和持率数据得到的流动剖面表明，所有压裂段均有产气贡献，但是各改造层段对产量的贡献差异较大，将生产动态剖面与压裂改造段进行叠合，第 6、8、9、10 压裂段的产量占全井总产量的 68.97%，其余 7 段产量贡献率只有 31.03%，而第 10 段一段的产量就占到了 23.63%，第 5 段产量贡献仅 2.15%。在产液量上，第 5、7、8 压裂段就占到全井总排液量的 75%，其余 8 段的产液量只有 25%，其中有 6 段单段不超过 5%，前三段累积排液量仅占1%（表4-10）。

表4-10 生产测井解释结果

压裂段	射孔深度，m	排液，m^3/d	产气，m^3/d	各段产气贡献，%
12	3625～3664	8.88	7816.10	4.78
11	3699～3764	5.89	11343.30	6.94
10	3794～3867.5	2.74	38605.40	23.63
9	3890～3953	3.97	21085.80	12.91
8	3976～4028	15.60	13767.70	8.43
7	4051～4127	42.37	25826.40	15.81
6	4157～4233	8.43	27152.90	16.62
5	4273～4319	31.94	3518.85	2.15
1，2，3	4319以下	0.79	14245.20	8.72
总计		120.6	163361.65	

通过生产测井分析，并结合储层评价结果判断，该地区L11号产层为主力产层，应确保水平段尽量在该层穿行；综合压裂参数对比分析，增大单段施工规模对压后产量没有显著的影响，认为单段液量在1800～2000m³，平均砂量在80～100t时，产量较高；对于水平井开发模式，采取水平段大于90°的井眼轨迹更利于井底积液的排出。

参考文献

[1] 钱斌，张俊成，朱炬辉，等. 四川盆地长宁地区页岩气水平井组“拉链式”压裂实践[J]. 天然气工业，2015，35（1）：81-84.

[2] 任勇，钱斌，张剑，等. 长宁地区龙马溪组页岩气工厂化压裂实践与认识[J]. 石油钻采工艺，2015，37（4）：96-99.

[3] 寇双锋，朱炬辉，尹丛彬，等. 多井同步压裂理论与工艺探讨[J]. 天然气工业，2014，34（增刊1）：35-39.

[4] 刘社明，张明禄，陈志勇，等. 苏里格南合作区工厂化钻完井作业实践[J]. 天然气工业，2013，33（8）：64-69.

[5] 何明舫，马旭，张燕明，等. 苏里格气田“工厂化”压裂作业方法[J]. 石油勘探与开发，2014，41（3）：349-353.

[6] 王国勇. 致密砂岩气藏水平井整体开发实践与认识——以苏里格气田苏53区块为例[J]. 石油天然气学报，2012，34（8）：153-157.

[7] 李鹂，HII Kingkai，TODD Franks，等. 四川盆地金秋区块非常规天然气工厂化井作业设想[J]. 天然气工业，2013，33（6）：39-42.

[8] 叶登胜，王素兵，蔡远红，等. 连续混配压裂液及连续混配工艺应用实践[J]. 天然气工业，2013，33（10）：47-51.

[9] 刘振武，撒利明，巫芙蓉，等. 中国石油集团非常规油气微地震监测技术现状及发展方向[J]. 石油地球物理勘探，2013，48（5）：843-853.
[10] 修乃岭，王欣，梁天成，等. 地面测斜仪在煤层气井组压裂裂缝监测中的应用[J]. 特种油气藏，2013，20（4）：147-150.

第五章　工厂化试采技术

试采是获得区块地质参数的重要手段，是勘探与开发相衔接的重要环节。一个区块的地震、钻井、完井、录井、测井等一系列勘探工作结束后，需要对区域内的井进行一段时间的试采，以获得地层的渗透性、连通情况、边界等基础资料[1]。工厂化作业中试采环节通过获取地层的各项参数来评价钻井、压裂作业效果。

第一节　试采准备

为了较好地进行试采工作，必须做好试采准备工作，而钻磨桥塞又是试采准备工作的重要一环。

一、连续管钻磨桥塞

在工厂化压裂作业中，尤其是页岩气井通常采用泵送桥塞压裂，压裂后留在井内的桥塞在投产前必须钻掉，以恢复井筒通道。在连续油管钻磨桥塞施工过程中，经常会出现因螺杆马达的质量、性能的局限性、井况的复杂性、施工人员操作不规范等问题，而引起钻磨桥塞作业长时间无进尺或进尺缓慢，甚至于造成卡钻、马达损坏、工具断脱等大的事故，致使作业周期延长，增加作业成本。

1. 技术特点

连续油管钻磨桥塞技术是指通过连续油管传送容积式马达和磨鞋等钻磨工具组合快速钻除井筒中多段压裂封隔桥塞，确保储层改造后井筒排液通道畅通的一项钻磨技术。该技术具有效率高，成本低的特点。

连续油管钻磨复合桥塞技术的先进性主要体现在以下两个方面，一是连续油管作业设备相比修井机的优势，二是容积式马达螺杆钻具相比传统螺杆钻具技术上的优势。

与修井机采用油管、钻杆下桥塞和钻磨桥塞相比，连续油管设备更加灵活，在井筒中的起下速度比修井机连接油管起下速度快得多，除此之外，连续油管作业费用更低，在现场安装拆卸时间也比修井机更短，可以缩短作业成本和周期，提高施工作业效率和油气开发速度。最重要的是，连续油管可以安全用于带压环境中，能够减少作业人员和设备的数量。如果没有必要压井，可以提供一个清洁的产层，这个优势尤其适用于低压或敏感性储层。

2. 连续油管钻塞工艺设备及工具

选择合适管径和长度的连续油管，有助于提高磨铣效率。若油井压力较高，需要安装如辅助流动四通装置和外部防喷器这样的专用设备。作业时，必须检查施工连续油管作业车。

1）连续油管设备的选择

连续油管作业车需带实时数据采集系统，能实时采集、监控压裂车泵注压力、排量，连续管下入深度、悬重、井口压力等参数的连续油管作业车。

在连续油管设备的选择过程中，需要考虑施工作业区域交通道路及井场公路情况。在根据作业井深、井底压力选择连续油管外径、壁厚、长度、强度、安全承载能力、允许工作压力的同时，需考虑与连续油管设备配套的滚筒装载能力、注入头工作能力、防喷器及防喷盒安全工作压力。

2）连续油管的选择

连续油管的选择，在连续油管设备条件允许的情况下，主要根据作业井深、井底压力、井下工具串情况来确定连续油管外径、壁厚、长度、强度、安全承载能力、允许工作压力、连续油管钢级。在工艺设计时，还需要考虑不同管径连续油管水力学性能和参数。连续油管钻塞地面设备及配套设备见表 5–1。

表 5–1　连续油管钻塞地面设备及配套设备表

设备	数量	设备	数量
ϕ50.8mm 连续油管主车	1 台	HQ1650 型压裂车	1 台
ϕ50.8mm 连续油管辅车	2 台	单机泵	1 台
75t 吊车	1 台		

3）井底钻磨工具组合

标准的钻塞井底工具组合为：连续油管外卡瓦连接头 + 双回压阀 + 震击器 + 液压丢手 + 双循环接头（高压井中可不选用）+ 容积式马达 + 磨鞋（图 5–1）。

标准冲洗工具组合：外卡瓦接头 + 液压丢手 + 冲洗头。

标准的模拟通井工具组合：连续油管接头 + 液压丢手 + 连续油管通井规（长度与钻塞工具组合等长）+ 连续油管通井规（与钻塞工具组合磨鞋外径等径）。

工具顶部有一个外径连续油管外卡瓦接头。外卡瓦接头能够承受螺杆马达高的扭矩，可承受抗拉力，适用于连续油管钻磨时对扭矩的需要，不可用不抗扭矩的卡瓦式接头和焊接头。双作用回压阀（单流阀）用来隔离压力和从井筒进入连续油管的油气。钻磨桥塞时经常发生卡钻，所以一般都要下震击器，钻磨遇卡时可以产生双向震击作业，辅助解卡，能克服井眼倾斜、弯曲等附加摩擦力，增加连续油管（CT）的下入深度，具有液压延时功能，可设置超载提升力来调节震击力。震击器下部带液压丢手。将钢球从连续油管泵入，通过液体加压丢脱，释放丢手以下工具串。螺杆马达要求高扭矩、低钻压。

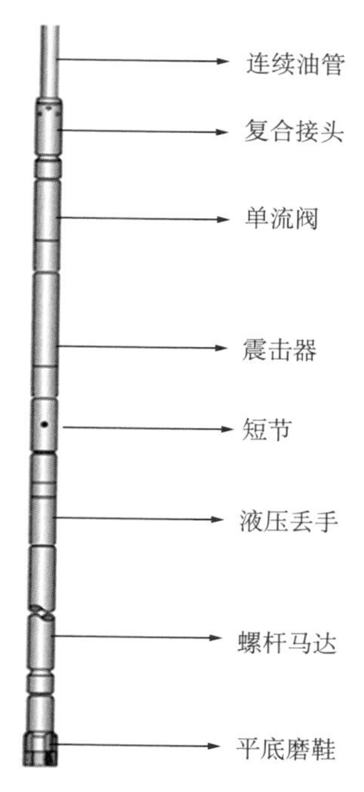

图 5–1　钻磨工具管串结构图

磨鞋外径尺寸应与套管规格及复合桥塞外径相匹配，一般控制漂移内径在 92% ～ 95% 之间，例如套管内径为 3.875in，使用外径 3.603in 的三刃磨鞋（漂移内径 93%），根据螺杆马达及复合桥塞情况，也可控制在 94% ～ 96% 之间。这有助于改进机械转速和环绕磨鞋流体的运动形式，从而改进钻塞作业期间的磨屑清除方式。这既可保证磨鞋周围的桥塞碎片能够循环出来，又提供了较大的桥塞钻磨表面积。磨鞋的选择还需要考虑复合桥塞的材料和结构、输送工具以及螺杆马达的性能参数。磨鞋切削面的几何形态、刃型、磨鞋水道和水眼也应根据不同情况予以考虑设计。

4）地面及井口设备

选择合适的地面设备很重要。作业前，必须了解每组地面设备的类型。地面设备包括：一套装有多层阻流器的节流管汇，一个附加的磨屑捕集器（或相应的井下工具组合）。磨屑捕集器起运行器材和安全装置的作用，即在磨屑到达节流管汇前，消除回流中的磨屑，限制开启节流针阀和油嘴的暴露时间。

连续油管钻磨复合桥塞井口的设备包括：

（1）井口设备。

大四通：耐压强度为70 MPa，通径为$7^{1}/_{16}$in，标准法兰，12孔螺栓均匀分布，垫环型号BX–156。

大闸门：通径为$7^{1}/_{16}$in耐压强度为70 MPa，标准法兰，12孔螺栓均匀分布，垫环型号BX–156。

法兰防喷管：通径为$5^{1}/_{8}$in，长度10m，耐压强度为70 MPa，标准法兰，12孔螺栓均匀分布，垫环型号BX–169。

专用压裂头：通径为$7^{1}/_{16}$in标准法兰，12孔螺栓均匀分布，垫环型号BX–156，耐压强度为70 MPa。

法兰变径活接头：$7^{1}/_{16}$in法兰变$5\ ^{1}/_{8}$in活接头；$7^{1}/_{16}$in标准法兰，12孔螺栓均匀分布，垫环型号BX–156；$5^{1}/_{8}$inACME扣活接头，垫环型号BX–169耐压强度为70 MPa。

变径法兰：$5^{1}/_{8}$in变$3^{1}/_{16}$in变径活接头；$5^{1}/_{8}$in标准法兰，12孔螺栓均匀分布，垫环型号BX–156；$3^{1}/_{16}$in标准法兰，8孔螺栓均匀分布，垫环型号BX–154，耐压强度为70 MPa。

（2）井口防喷措施。

防喷器（图5–2）：闸板材质，防H_2S和CO_2，符合NACE MR–01–75，工作压力为70MPa，试验压力105MPa。

防喷盒（图5–3）：金属材质，防H_2S和CO_2，符合NACE MR–01–75。防喷盒工作压力为70MPa，试验压力105MPa。

图5–2　防喷器

图5–3　防喷盒

二、其他投产准备

投产前需下入生产管柱，安装采油、采气井口、试采地面流程等。

第二节　地面排液试采

常规地面测试作业，通常是一口井配一套地面流程设备，以完成井筒流体降压、保温、分离、清洁、计量测试等作业。但是，在进行如页岩气等非常规气藏的工厂化地面排液求产时，将面临如下难题：

（1）由于非常规气藏特殊的井下作业及储层改造措施，地面流程还需要具备捕屑、除砂、连续排液等更多的功能，所需地面排液流程设备较常规地面流程更多；

（2）若仍然按照一口井配一套流程作业，不仅该丛式井场没有足够的空间摆放地面设备，同时也大大增加作业成本，降低了工厂化试采作业的开发效率；

（3）丛式井组的工厂化完井试采作业往往涉及多工序同时交叉作业，怎样确保地面测试作业的安全顺利进行成为难题；

（4）如何选择合理的排液求产制度，在确保施工安全的前提下，使得页岩气井产量达到最大化。

一、地面排液流程设计

工厂化试采技术地面排液流程设计，总体原则就是以模块化地面测试技术为依据，减少地面流程的使用套数。同时，能满足多口井同时作业，满足多口井不同工况作业同时进行。目前，大多数页岩气平台普遍为 6 口井，现在将工厂化试采流程大致划分为井口并联模块、捕屑除砂模块、降压分流模块和分离计量模块，提出了利用多流程井口并联模块化布局，以解决整个页岩气平台的地面测试需求[2]。

具体地面流程如图 5–4 所示，该流程可同时满足 6 口井分别进行加砂压裂、钻塞洗井、返排测试等不同工况的作业。

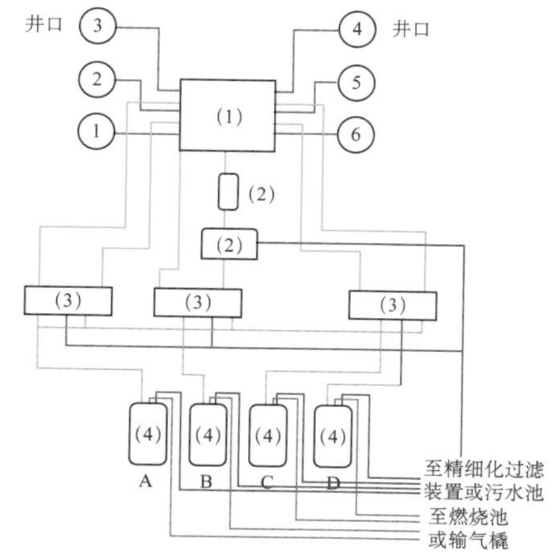

图 5–4　工厂化试采地面流程示意图

（1）—井口并联模块；（2）—捕屑除砂模块；（3）—降压分流模块；（4）—分离计量模块

具体设计时，将原先每口井需要使用一套地面测试流程的设计，合并为 6 口井同时使用 4 套地面流程（图 5–5），精简了地面排液计量流程设备。其流程设计主要特点为：

（1）井口并联模块是采用多个 65–105 闸阀组成的管汇组直接与平台上各井口连接，现场能够满足平台上各井能同时开井且井间不串压、任意井单独压裂砂堵后解堵、任意井单独钻磨捕屑、任意井单独高压除砂。

（2）捕屑除砂模块是采用 1 套捕塞器 +1 套除砂器串联后，直接与井口并联模块相连，由井口并联模块倒换接入需要捕屑除砂的单井。若地层出砂量大，可以考虑增加 1 套除砂器。

（3）降压分流模块是采用 3 个油嘴管汇橇并联组成，与井口并联模块之间采用 65-105 法兰管线连接，以满足 6 口井不同工况下的作业。

从图 5-5 可知，整个流程简明清晰，一目了然，功能齐全，而且便于操作。可以实现同井组不同井的不同作业不受干扰。每口井都能实现单独的排液试采作业，若要合并作业，流程同样能够实现。应用模块化地面测试技术，通过不同功能模块的划分，实现了对整套地面流程设备的充分利用，满足了工厂化压裂改造的同时进行试采作业的需要，以较少的测试设备（仅 4 套）完成对全井组的连续作业，很好地体现了页岩气等非常规气藏工厂化、批量化作业的新需求。

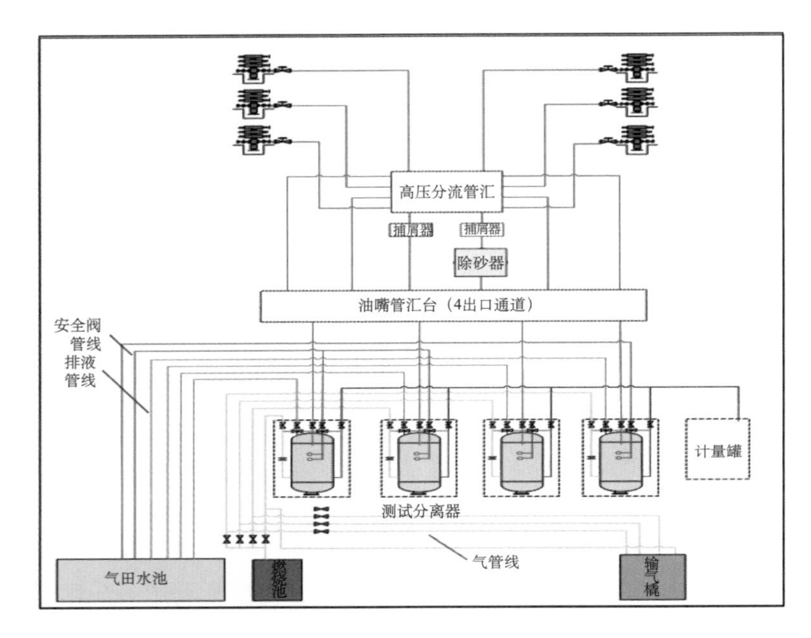

图 5-5　工厂化试采地面流程图

与此同时，利用这套排液流程的设计，其井筒流体的基本走向如图 5-6 所示。当流体经过捕屑器后，不仅确保了现场施工的安全，还实现了井筒流体的初步清洁；当流体再次经过旋流除砂器的离心分离后，返排流体的固相含量急剧降低，可以实现返排流体的进一步清洁；当清洁后流体降压分流后，进入分离计量模块，经过分离后，比较清洁的气体通过精确计量后进入输气管网，而液体经过计量后则使用多袋式双联过滤器精细过滤，过滤后液体可进一步回收利用。

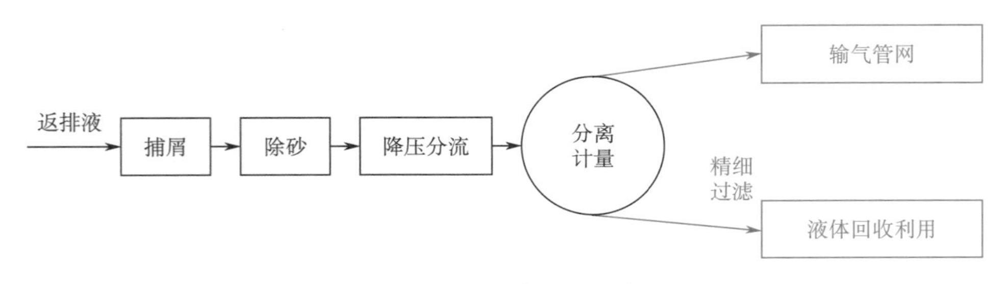

图 5-6　井筒流体走向示意图

在气、固、液三相流动条件下，本套地面流程实现了连续的捕屑除砂，降低了返排流体对设备的冲蚀，有效降低了设备刺漏的风险。为了适应安全、环保排液的新需求，本流程还安装了超压保护装置，主要通过配置安全阀、ESD控制面板和高低压传感器等，实现超压保护。一方面流程上主要的压力容器上都装配有相应压力值的安全阀，一旦设备超压，安全阀会将高压迅速释放掉，保证容器安全，防止爆裂、爆炸等灾难性事故。另一方面流程多处安装有液动截止阀，返排测试过程中，一旦管线、设备超压，刺漏等，可通过远程ESD面板，迅速关闭相应部位前端的液动截止阀，截断高压危险源。同时，流程中还配备高低压传感器如在热交换器之前、分离器上设置高压传感器，当压力突然增高，超过安全设定值，高压传感器将感应的信号迅速传达到与其相连的ESD控制面板上，控制面板及时自动关闭其控制的液动截止阀，保证压力容器等的安全，防止爆裂。

此外，为了保障返排测试的安全顺利进行，杜绝环保事故的发生，确保作业人员等的安全，作业过程中还集成应用了多种安全监控手段。通过配套视频监控系统，实现远程观察监视流程高危区域；应用数据采集与传输系统实时监测返排测试过程中流程主要节点的压力温度变化并在压力、温度出现异常时及时报警提示；配备了专门用于探测地层出砂量大小的探砂仪和检测管线厚度的壁厚检测仪，使用壁厚检测仪检测流程冲蚀较为厉害部位的弯头、直管等的壁厚变化情况。在流程主要区域还配备了环境监测系统，实时监测大气环境中的有毒、有害、可燃性气体，防止出现爆炸与人员中毒事故。

二、排液求产制度的确定

压裂后排液是一种不稳定泄流和压裂液向地层滤失同时进行的过程，其过程非常复杂，影响出液量的因素很多，主要有注入的压裂液的量、黏度、密度，地层的滤失量、闭合压力、射孔孔眼的摩擦阻力、井下和地面管柱的直径、长度、表面粗糙度等。若油嘴尺寸选择较大，容易携带部分支撑剂；若油嘴尺寸选择较小，又延长了放喷时间，增加了压裂液向地层中的滤失，造成了压裂液对储集层的污染。支撑剂在裂缝中的运行主要受三种力的作用：支撑剂自身重量产生的下沉力；压裂液对支撑剂的悬浮力和压裂液在一定流速下所给予的推动力。在压裂放喷过程中，支撑剂在垂直裂缝中，当液体放喷速度小于平衡值时，支撑剂下降至裂缝底部并且逐渐堆积起来。一旦当液体放喷速度大于沉砂的临界速度时，在砂堆表面上的颗粒就有可能被冲走，逐步向井筒回流，降低缝口的导流能力，影响压裂效果，还有可能造成砂堵。

压力施工后，如果返排速率控制不当，会严重影响裂缝的导流能力。返排期间所用的油嘴尺寸偏大，压裂液返排速率过快，会导致支撑剂回流到井筒，裂缝导流能力下降；使用的油嘴偏小，压裂液返排速率较小，则压裂液在地层中滞留时间较长，对储层造成伤害，影响返排效果[3]。因此，确定合理排液求产制度十分关键，排液求产制度实际上就是通过对井口油嘴的控制，来控制返排速度。其主要目的就是在满足支撑剂不发生回流的前提下，使压裂液残液尽可能多的排出地层，以获取较好的气产量[4]。

大多数页岩气藏压裂后，是采用连续油管钻磨井筒内的桥塞，然后进行多级混合返排测试。根据压裂工艺和地层的需要，放喷过程通常需要3个阶段：闭合控制阶段、产能最大化阶段、产能稳定阶段[5]。

（1）闭合控制阶段：

工作制度：根据现场进行的地层流体注入诊断测试（DFIT）数据，得出地层闭合压力，通过使用3mm的油嘴控制，将井口压力降低于地层闭合压力。

特点分析：

①由于压裂后井筒及井底附近地层空隙基本被液体占据，在返排量达到1.5～2倍的井筒容积之前，只有液体返出。在返排量达到1～2倍的井筒容积后，有少量的天然气返出。

②当井底压力低于裂缝闭合压力，裂缝完全闭合时，控制排量阶段结束，这个过程一般需要持续12h。

③一般在钻磨桥塞完后，地层已经完全闭合，因此很多现场直接省略该阶段返排。

（2）产量最大化阶段：

工作制度：在井口压力低于地层闭合压力后，常用4～10mm油嘴控制，以返出井筒和地层中松散的砂粒和放喷测试最大产量为目的。

特点分析：

①裂缝完全闭合，支撑剂受岩石应力的挤压作用被夹持在裂缝壁面内部，能够比较稳定的固定在一个位置上。

②此阶段初期在井口压力低于地层闭合压力后，可逐步增大油嘴，返排量控制在25～40m^3/h，尽可能地将井筒内的残留砂粒和近井带比较松动的砂粒带出地面。

③在地面流程返出砂粒较少，且在地面流程安全控制范围内，保证地面返出砂量小于10～20kg/h的情况下，逐步增大油嘴，放喷测试到最大产量。

④由于气体的指进效应，裂缝和地层中的天然气向井筒运移速度要快于液体，天然气进入井筒内的气量增加，返出液体量逐渐减小。

（3）产量稳定阶段：

工作制度：用5～12mm油嘴进行控制，并随着气量减小、压力下降而逐步减小油嘴尺寸，将地层中的压裂液尽可能地返出地面，保证流体中没有砂粒，流体达到临界流量以上和产能稳定后返排1～2d，结束整个返排测试作业。

特点分析：

①由于页岩气产能下降迅速的特性，因此一般产量和流体不易达到稳定状态，通常井口压力下降到40%～60%才能保持产量和流体稳定。

②产能稳定条件：油、天然气、水产量稳定在 ±10%；油气比/凝析油气比稳定在 ±20%；返排井筒压力稳定在 ±10%；返排流体温度稳定在 ±10%；返排水样参数（pH，氯离子，密度）稳定在 ±10%；返排水样中沉积物含量稳定在 ±10%。

③根据现场实际统计，四川页岩气藏压裂后混合返排持续2周左右，返排率可达到30%～40%。

第三节　轻便集成计量装备

工厂化压裂施工后的试采技术是石油勘探开发的一个重要组成部分，是认识页岩气区块，验证地震、测井、录井等资料准确性的最直接、有效的手段。通过试采可以得到油气层的压力、温度等动态数据。同时，可以计量出产层的气、水产量；测取流体黏度、成分等各项资料；了解油、气层的产能，采气指数等数据；为油田开发提供可靠的依据。因此做好工厂化试采工作，取全取准测试资料，对油田的勘探开发有着重要的意义。而轻便集成计量装备又是地面试采技术的关键，目前使用的一系列成套工厂化试采地面试油测试装备，解决了页岩气试油测试过程中设备体积大、捕屑除砂能力差、处理能力过剩、安全系数低等技术难题。

一、工厂化作业要求

（1）生产运行一体化。在压裂项目部的统一指挥下，打破常规界限，对地面测试队职能进行分级、岗位进行分工、任务进行落实。

（2）质量控制标准化。用标准规范地面测试施工，依据工厂化作业指导书和施工设计书，执行工厂化地面测试管理手册和操作手册，建立相应的登记表和相应的考核制度，实现质量控制标准化。

（3）岗位管理责任化。各岗位分工明确，领导干部负责流程控制、技术骨干负责节点控制、员工负责具体操作，最终实现设备零故障、工程零事故、环境零污染、质量零缺陷的目标。

（4）工艺控制精细化。坚持“安全、环保、高效”的排液原则，强化现场实时分析、实时控制。

（5）设备轻便集成化。设备小型化、轻便集成化、多功能化，有效降低设备的安装时间和占地空间。

二、设备总体布局与功能

（1）提前绘制井场地面测试流程布局图，分区域布局。针对平台井压裂规模大、时间长、多工种交叉作业等特点，在每个平台施工前，先与压裂、配液、射孔等技术人员现场踏勘与协商，确定地面测试流程区，并绘制相应的布局图（图 5–7）。根据地面测试流程布局图，确定地面测试设备的摆放区域及入场顺序。

（2）首先，主压裂之前，从井口接一条简易的紧急泄压管线，用于配合连续油管洗井及喷砂射孔。

（3）然后，在紧急泄压管线上增加井口并联模块及捕屑除砂模块，为主压裂做准备，以便实现加砂压裂砂堵后的快速解堵。

（4）在第一段压裂前，需要在上面流程的基础上快速安装降压分流及分离计量模块，以便实现作业井复杂情况下的快速排液、配合钻磨及试采作业等功能。

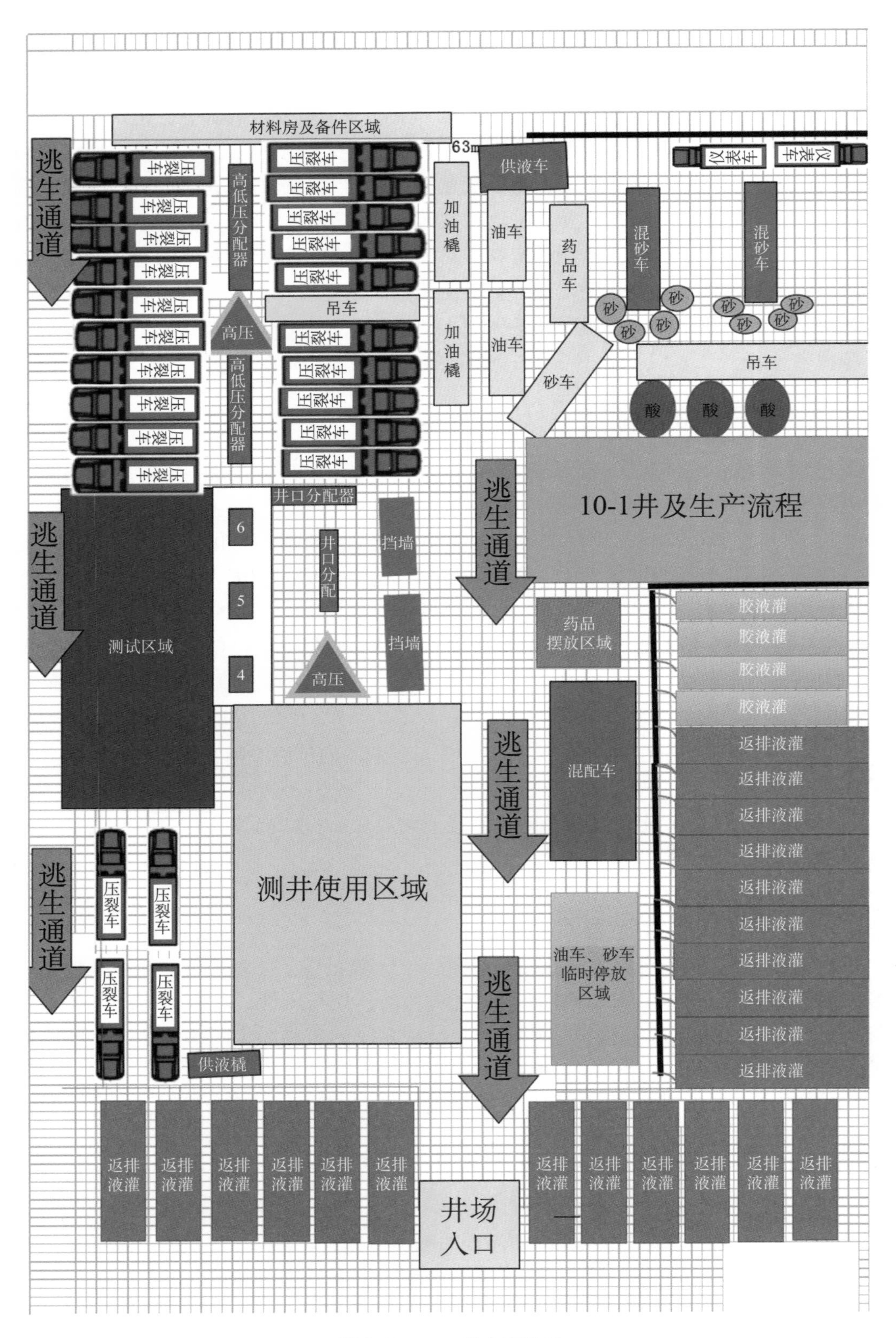
材料房及备件区域
逃生通道
压裂车
高低压分配器
高压
吊车
加油橇
供液车
油车
药品车
混砂车
仪表车
砂
砂车
酸
10-1井及生产流程
井口分配器
井口分配
挡墙
测试区域
6
5
4
药品摆放区域
胶液灌
返排液灌
混配车
测井使用区域
油车、砂车临时停放区域
供液橇
井场入口

图5–7　××平台布局图

三、主要轻便集成装备

1.105MPa 捕屑器

捕屑器由捕屑器本体、滤管、相应的阀门与变径法兰等构成，其主要参数及技术标准见表 5–2，现场设备如图 5–8 所示。本体主要采用 180 ～ 105 法兰管线，滤管装于捕屑器本体之内，常用的滤管尺寸为 3mm、5mm、4mm 和 8mm。

表 5–2　105MPa 捕屑器主要参数及技术标准

工作压力	105MPa
捕屑方式	滤孔过滤式
工作温度	–19 ～ 120℃
滤管尺寸	ϕ180mm × ϕ150mm × 3300mm
捕屑长度	3082mm
捕屑容积	54435825mm^3
过滤孔直径	3mm、5mm、6mm、8mm
环空尺寸	ϕ180mm × ϕ150mm（单边 6mm）
防硫等级	EE 级
工作环境	酸性、碱性、含硫、含砂、含屑流体介质环境

图 5–8　捕屑器设备图

主要用于页岩气等非常规气藏钻桥塞或水泥塞作业中担任捕屑角色，安装在流程最前端，从井筒返出的携砂流体，首先进入滤筒内部，通过内置滤筒拦截钻塞过程中井筒流体带出的桥塞等碎屑，经滤筒过滤后的流体再从侧面流出，碎屑被滤筒挡在其内部，从而实现碎屑和流体的分离，避免桥塞碎屑等固体颗粒大量进入下游，能有效地防止流程油嘴被堵塞或节流阀被刺坏，保障作业过程中流程设备和管线的安全，保证作业的连续性。

2.105MPa 旋流除砂器

105MPa 旋流除砂器由旋流除砂筒、集砂罐、管路、阀门、除砂器框架和仪表管路等几部分组成（图 5–9），其主要参数及技术标准见表 5–3。

表 5–3　105MPa 旋流除砂器主要参数及技术标准

工作压力，MPa	105
工作温度，℃	–19 ～ 120
最大气处理量，m^3/d	100×10^4
最大液处理量，m^3/d	690×10^4
防硫等级	EE 级
工作环境	酸性、碱性、含硫、含砂、含屑流体介质环境

旋流除砂器是一种配合地面测试使用的设备，适用于压裂后洗井排砂和出砂地层的测试或生产。除砂器能安全地除掉大型压裂的压裂砂，过滤并计量地层出砂量，有效地减少对下游地面设备的损坏。

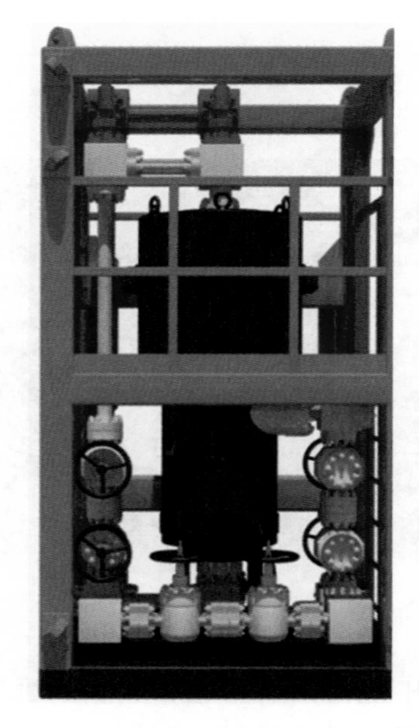

图 5–9　105MPa 旋流除砂器结构图

105MPa 旋流除砂器是通过在超高压除砂罐内设置旋流筒，将井流切向引入旋流筒内，产生组合螺线涡运动，利用井流各相介质密度差，在离心力作用下实现分离。旋流除砂器设有超高压集砂罐，在集砂罐上设置了自动排砂系统，利用除砂器砂筒内部压力可将罐内积砂快速排出，可实现密闭排放。

3. 节流—加热—分离计量一体化装置

高压油气流节流保温分离计量一体化装备是一种适用于油气井试油地面测试作业的专用设备，它安装在地面流程中转向管汇后端，井筒产出流体经上游管汇进入一体化装备，其主要参数及技术标准见表 5–4。该装备整体上采用双层布局的结构，分离单元位于顶部，加热单元位于下部。其主要部件包括：吸雾器、消泡器、盘管、液位控制器、聚集板、旋流管、节流阀、平板闸阀、球阀、气动薄膜阀、气体流量计、液体流量计等。

表 5-4　节流—加热—分离计量一体化装置主要参数及技术标准

单元	技术参数	标准
分离计量单元	额定工作压力，psi❶	1305（100℃）/1450（50℃）
	处理流体类型	含 H_2S 油、气、水、残酸以及少量压裂砂
	最大气处理量，m^3/d	30×10^4
	最大液处理量，m^3/d	400（3min 停留时间）
加热单元	额定工作压力，psi	盘管：5000(200℃)；设备壳体：145(200℃)
	介质	盘管：含硫天然气；壳体：饱和水蒸气
	换热面积，m^2	25
	总热交换量，MMBtu❷/h	2
高压节流单元	工作压力，MPa	105
	通径，mm	52
	防硫等级	EE

井筒产出流体经上游管汇进入节流保温分离计量一体化装置节流控压部分，高压油气流经节流控压元件的可调节流阀或固定节流阀降压后，节流降温后的流体进入一体化装置加热保温部分，流体在该部分的盘管中绕行时，与盘管和加热保温部分外壳体之间充斥的高温水蒸汽产生热量交换，从而将节流降压后的流体温度升高，加热后的流体经加热保温部分出口管路进入气液分离元件内部，采用旋流、折射与重力沉降的方式分离，固体沉降于容器底部，液体下沉至容器的下部，气体从液体中逸出并上升，夹带大量液滴的气体通过气液分离元件罐体内部聚结板进一步分离后，再经过消泡器和除吸雾器净化，净化后的气体从气路出口排出，经气路出口管汇上的气体流量计计量，并通过气控系统来控制气体排放量；分离元件罐体内部的分离聚集液体从气液分离元件液出口排出，经液路出口管汇上的液体流量计计量，并通过气控系统来控制液体排放量。气液分离元件底部沉降的固体颗粒在罐体内部压力的作用下同时经排砂出口管路排放。根据现场实际统计表明，目前一体化装置实现了以前三个设备的功能（图 5-10），但占地面积却减少了 70% 以上。

图 5-10　高压油气流节流保温分离计量一体化装置图

❶　1psi=6894.757Pa。

❷　1MMBtu=2.52×10^8cal。

图 5–11　多袋式双联过滤装置结构图

4. 多袋式双联过滤器

多袋式双联过滤器（图 5–11）是一种压力式过滤装置，主要由过滤筒体、过滤筒盖和快开机构、过滤袋和不锈钢滤篮等主要部件组成，其主要参数见表 5–5。

多袋式双联过滤器是一种结构新颖、体积小、操作简便灵活、节能、高效、密闭工作、适用性强的多用途过滤设备。滤液由过滤机外壳的旁侧入口管流入滤袋，滤袋本身是装置在滤篮内，液体渗透过所需要精度等级的滤袋即能获得合格的滤液，杂质颗粒被滤袋拦截。该装置更换滤袋十分方便，过滤基本无物料消耗。

多袋式双联过滤器分为：单多袋式双联过滤器和多袋式双联过滤器。多袋式双联过滤器，适用于大流量过滤。从 2 袋到 24 袋，规格齐全，单机最大流量 90 ～ 1000m^3/h。采用快开设计，滤袋更换非常便捷，非常适用较长时间后方才更换滤袋的场合。多袋式双联过滤器因体积较大，顶盖重量重，一个工人难以操作，在此过滤器加上摇臂装置，可方便现场操作。

表 5–5　多袋式双联过滤装置主要参数及技术标准

主要参数	标准值
设计压力，MPa	1.0
工作压力，MPa	0.7
工作温度，°C	–29 ～ 100
处理能力，m^3/h	120
过滤精度，μm	10

通过用多袋式双联过滤器为压裂返排液处理后，为再利用提供了保证，节约了天然水资源，节约了拉运水的费用，可以有效降低现场作业成本。

5. 探砂仪

探砂仪在地面测试领域主要应用于测量地面流程流体中固相颗粒的含量，有效地指导现场施工，以便减少固体颗粒对设备的侵蚀，可起到安全防范作用。它是有探砂仪探头、数据传输线、探砂仪主机及计算机（安装探砂仪软件）等部分组成（图 5–12），其主要参数见表 5–6。

图 5–12　探砂仪组成示意图

表 5–6　探砂仪主要参数及技术标准

主要参数	标准
耗电量，W	0.8
工作温度，°C	–40 ～ 225
最远距计算机位置，m	2000
重量，kg	2.0
输出信号	RS485 Multi–Drop/4–20MA/Relay

设备基于“超声波智能传感器”技术。这种传感器安装在第一根弯头后面，返排流体中的固相颗粒碰击管壁的内壁，产生一种超声波脉冲信号。超声波信号通过管壁传输，并由声敏传感器接收。探头被调节或校验到在频率范围内提取声音后，将它传给计算机之前的智能部分（探砂仪主机）作电子处理。再将处理后的信号传给计算机，通过探砂仪计算软件计算出地面流程流体中固相颗粒的含量，并显示曲线。

6. 密闭燃烧装置

密闭燃烧装置主要由筒体、耐高温隔热材料、火焰检测器、燃烧头、通风口和天然气入口等组成，其中，耐高温隔热材料安装在筒体的内壁周围，燃烧头设置在筒体内且安装在筒体底部，筒体底部开有通风口和天然气入口，天然气入口与燃烧头连通，通风口与筒体内壁相通，通风口位于燃烧头的下方，火焰检测器安装在筒体上，并穿过筒体和耐高温隔热材料模块，且火焰检测器位于燃烧头的上方。燃烧头内安装有电子点火器，电子点火器与外部的点火控制箱连接。密闭燃烧装置的主要参数及技术标准见表 5–7。

表 5–7　密闭燃烧装置的主要参数及技术标准

主要参数	标准
最大燃烧处理量，$10^4m^3/d$	7
运输尺寸，mm·mm·mm	8950（长）×2700（宽）×2700（高）
安全耐火温度，°C	1350
筒体外壁最高温度，°C	≤ 50
点火方式	远程手动电子点火（距离火炬筒 50m 以远）

天然气经立式密闭燃烧装置天然气入口 5 进入（图 5–13），通过燃烧头 3 自动点火，使天然气在筒体 1 内燃烧。燃烧过程中，通过通风口 4 不断向筒体 1 内提供空气，确保天然气的充分燃烧，并通过火焰检测器实现对火焰的实时监控，筒体 1 内侧的陶瓷纤维模块 2 能大大降低燃烧过程中热辐射的径向传递。天然气经过多个燃烧头 3 分流减压后，在筒体 1 内分散旋流燃烧，从而减短焰带高度、降低噪声和减小径向热辐射。放喷燃烧结束后，用吊车拆卸立式燃烧器。

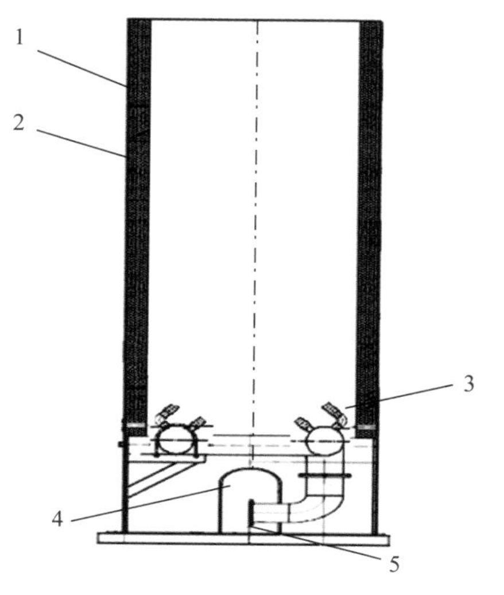

图 5–13　密闭燃烧器剖面结构图

1—筒体；2—陶瓷纤维模块；3—燃烧头；4—通风口；5—天然气入口

四、应用效果评价

利用不断优化的地面排液流程及使用的地面配套轻便集成计量装备，使得页岩气开发过程中管线集中度和设备利用率大幅度提高，设备占地面积缩小了 25% ～ 30%，设备安装时效提高了 15% ～ 20%，设备运输费用减少约 20%，结合不同的井筒工艺，实现了与酸化压裂、射孔、连油等工况的交叉作业，同时还实现了试采一体化，使得整个试采时间至少提前了 6 个月。

参 考 文 献

[1] 刘飞，潘登，等. 页岩气藏压裂返排液回收处理技术探讨[J]. 钻采工艺，2015，38（3）：69–72.

[2] 曾小军，陆峰，等. 四川富顺页岩气藏压裂改造模式及返排工艺分析[J]. 钻采工艺，2016，39（2）：77–79.

[3] 王才，李治平，等. 压裂直井压后返排油嘴直径优选方法[J]. 科学技术与工程，2014，14（14）：44–48.

[4] 严志虎，戴彩丽，等. 压裂返排液处理技术研究与应用进展[J]. 油田化学，2015，32（3）：444–448.

[5] 杨波. 气井压后返排过程机理研究及返排制度优化[D]. 成都：成都理工大学，2014：31–33.

第六章　清洁化作业技术

自20世纪以来，我国钻井、压裂废弃物处理一直偏重“末端治理”的思想，即将钻井、压裂废弃物统一收集在岩屑池和污水池内，待完井后再进行统一处理。这种做法不仅占地大，而且雨水、场面排水等清洁水容易混入污水池，增加单井污染物产生量，特别是在雨季环保压力巨大。一些发达国家在20世纪末提出了采用新技术、新工艺、新产品和新设备，从源头控制、过程管控和末端处理多个方面进行改革，提出了“清洁生产”这一全新的钻井废弃物处理技术[1]。2002年《中华人民共和国清洁生产促进法》正式对“清洁生产”做出了定义和要求。通过近年来不断地摸索，我国开始全面推行钻井、压裂清洁生产作业。

钻井和压裂清洁生产作业是指不断优化设计和改进钻井、压裂作业工艺过程，采用无毒或低毒原材料，实行废物综合利用与治理，有效减少钻井、压裂作业废物产生量和危害，减少或者消除对人类健康及环境的可能危害。作为工厂化钻完井作业的一部分，实行钻井、压裂清洁生产作业技术，不仅可以减少井场占地面积、节约原材料，还可以减少钻井、压裂废弃物的处理量，实现资源循环，具有良好的经济效益和环保效益。

第一节　井场工业用水清污分流技术

钻井现场清污分流主要是通过土建工程设计，明确钻井现场清水和废水各自不同的径流方向，避免清水和废水汇集一体，最终达到减少钻井废水处理量，实现清洁生产的目的[2]。钻前工程通过修建场内清水沟、隔油池、场外排水沟、井场横向坡度设计、围堰、雨棚等，使场内清洁区域和易被污染的区域分开，保持井场场面整洁。

在工厂化钻井作业条件下，单一平台只需配备一套完整的清污分流系统及其配套设备，有效减少了井场占地面积及各类池体的修建。

一、井场清污分流系统设计及井场场面管理

1. 井场场面及设备基础

在设计时，井场场面和井场循环系统、井架、柴油机和发电房、油罐区、油品房、钻井液储备罐等区域为已被污染的区域[3]。该区域内设备基础及其外延1.5m范围内采用混凝土进行整体硬化处理，可避免因重力作用导致场面损坏，达到防渗的目的。待设备吊装完成后在基础外沿设置围堰，将易被污染的区域和清洁区域分开。在钻井过程中，该区域内的废弃物采用随时收集、分类储存、集中处理的原则进行处理。

在井场内，除硬化区域为平坡外，非硬化区域向井场的横向两侧设置排水坡度，可将场内的清水汇集至场内清水沟。

2. 集污坑和临时集砂坑（罐）

集污坑是在易被污染区域内设置的方形下沉坑，主要用于收集易被污染区域内的污染

物，保证该区域内场面整洁，避免污染物外溢。

临时集砂坑（罐）是在循环系统外侧设置的供收集钻井废弃物的下沉坑或下沉罐。临时集砂坑结构图如图 6–1 所示。

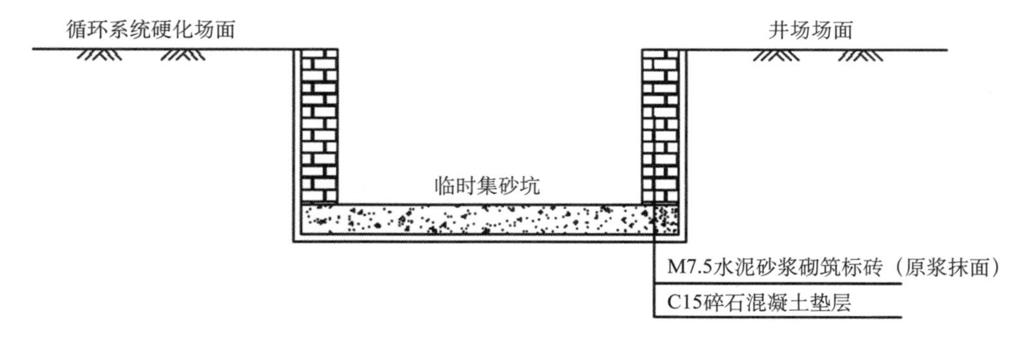

图 6–1　临时集砂坑结构图

3. 场内清水沟和隔油池

场内清水沟是沿井场边缘修建的明沟，用于收集场内汇集的清水，并通过设计一定的坡度引流至场外排水系统，避免清水混入钻井废水中，达到钻井废水减量化处理的目的。当清水沟位于填方区域时，应设置钢网等防裂防渗措施。

场内清水沟的设计流量应参考雨水量进行设计。

雨水设计流量公式：

$$Q_s=q\Psi F \tag{6–1}$$

式中 Q_s——雨水设计流量，L/s；

q——设计暴雨强度，L/（s·m^2）；

Ψ——径流系数；

F——汇水面积，10^4m^2。

径流系数见表 6–1。

表 6–1　各地面种类参考径流系数

序号	地面种类	Ψ
1	各种屋面、混凝土或沥青路面	0.85 ~ 0.95
2	大块石铺砌路面或沥青表面处理的碎石路面	0.55 ~ 0.65
3	级配碎石路面	0.40 ~ 0.50
4	干砌砖石或碎石路面	0.35 ~ 0.40
5	非铺砌土路面	0.25 ~ 0.35
6	公园或绿地	0.10 ~ 0.20

隔油池是在场内清水沟内修建的，具有隔油沉砂功能的方形小池。隔油池一般位于井场四周及横向中部，在修建时需进行防渗处理，避免油污污染地层。隔油池结构如图 6–2 所示，场内清水沟与隔油池结构设计如图 6–3 所示。

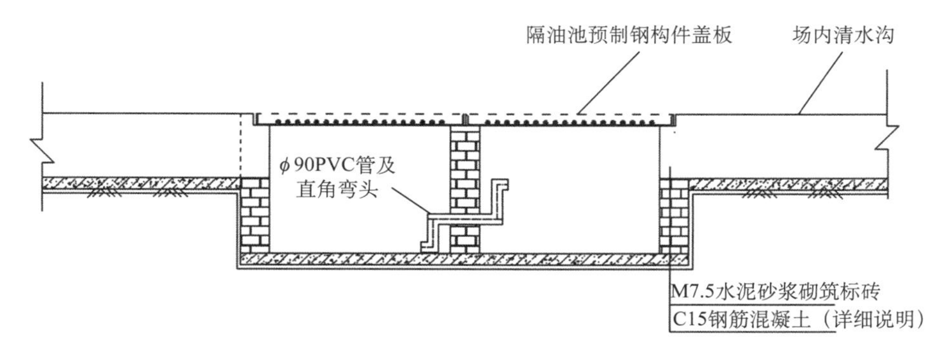

图 6–2　隔油池结构

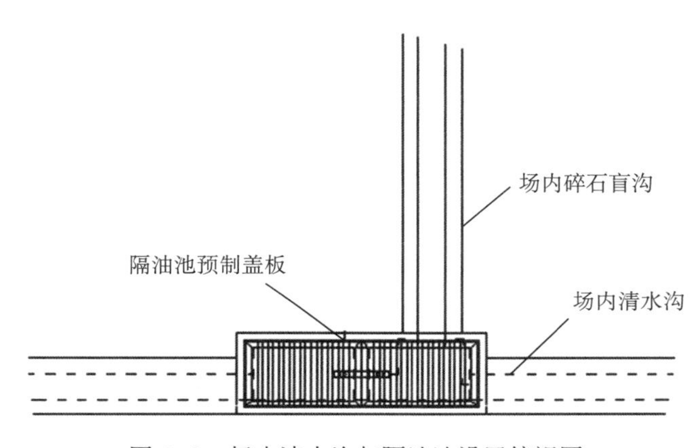

图 6–3　场内清水沟与隔油池设置俯视图

4. 场外排水系统

场外排水系统主要是通过在井场外侧设置的排水沟，与场内清水沟在井场边缘汇集，将场内清水引流入地方自然水系。值得注意的是，若进井场的公路为下坡入场，在公路和井场连接处采取水篦子等拦截措施，将雨水引流至场外排水系统。清污分流系统设计如图 6–4 所示。

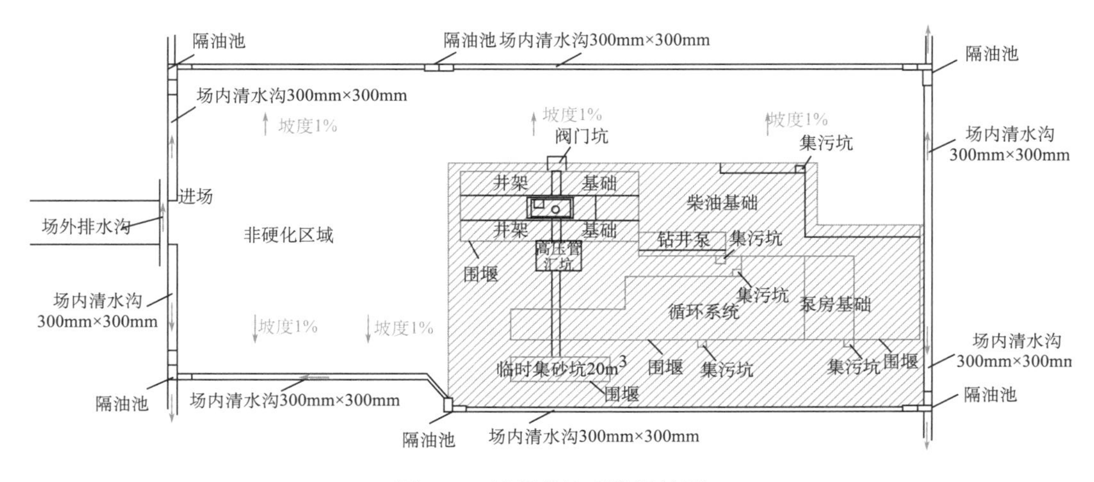

图 6–4　清污分流系统设计图

二、清污分流系统配套工程设计与修建

1. 清洁生产操作平台

清洁生产操作平台作为清污分流系统配套工程，主要是供清洁生产施工单位进行钻井废水和固体废弃物集中收集、处理，分为物料堆放区域、污水储存罐区、搅拌罐区和固化操作平台等区域。钻井作业时，井场内所有钻井污水，井架、机房等区域内的污水，易被污染区域产生的污水和固井设备冲洗水、钻井液污染水收集存放在收集罐内。

工厂化钻井作业清洁生产操作平台要求设置在循环系统右侧，方便钻井固体废弃物的收集和处理[4]，设计面积和配套装置数量可根据平台井数量进行规划。清洁生产操作平台要进行硬化处理，保证操作平台的抗压强度，同时满足防渗要求。

2. 应急池

应急池作为清污分流系统的辅助工程，主要是在污水储存罐容量不足的情况下暂时存放污水。在工厂化钻井作业模式下，同一平台只需设置一个 300 ～ 500m^3 应急池即可，较传统井场可有效减少污水池修建。

3. 填埋池

目前，国内钻井固废处理绝大多数采用固化填埋的方式进行处理[5]。钻井固废在清洁生产操作平台进行固化搅拌、候凝一段时间后，将由叉车或挖掘机转运至填埋池进行填埋。填埋池通常位于清洁生产平台外侧，参考井深、钻井设计、开发井的性质（常规井或勘探井）和固化体膨胀经验对填埋池容积进行计算，一般每口井的填埋池容积不超过每米进尺 0.3m^3。

工厂化钻井作业时，平台内各井产生的钻井固体废弃物统一收集至清洁生产区域内的固废收集罐内，在收集罐内统一处理后，由叉车或挖掘机转运至填埋池填埋。

填埋池修建结构图如图 6–5 所示。

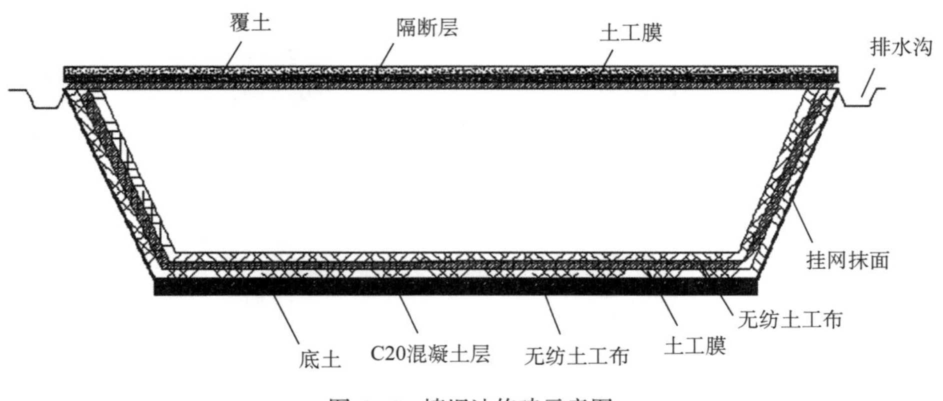

图 6–5　填埋池修建示意图

4. 雨棚搭建

雨棚搭建是清污分流系统配套工程中重要的一环[6]。设备吊装完毕后，在易被污染区域、清洁生产操作平台和填埋池上方搭建雨棚，可有效避免雨水流入该区域。搭建雨棚有以下好处：

（1）避免雨水流入易被污染区域的围堰内。雨水流入围堰会与易被污染区域内产生

的污染物混合，造成污染物的增加。同时，若雨水量过大，会造成污染物外溢，污染清洁区域。

（2）避免雨水流入清洁生产操作平台造成污染。清洁生产操作平台内摆放有钻井废弃物处理的药剂、污水罐和搅拌罐等，若雨水流入清洁生产操作平台，不但会造成污染，影响药剂性能，还会增加钻井废弃物的处理量[7]。

（3）避免雨水与填埋池内固化物混合。填埋池内固化体通常为半凝固状态的固化体，需在干燥的条件下进行候凝。若雨水与填埋池内固化物混合，会造成固化物候凝不佳或失败，影响施工进度。

三、清污分流技术应用

1. 钻井污水收集处理

在工厂化钻井作业过程中，清洁生产作业队伍对各区域的钻井污水进行分开收集、分类处理，确保钻井污水能够最大程度地实现回收利用：

（1）现场钻井污水收集初步沉降后，上清液尽可能转回钻井液配制系统，进行回用配制。

（2）无法回用的污水，在初步混凝沉淀处理后，上清液泵入污水储存罐用于清洁设备，经回用检测，若可以符合钻井队相应回用要求，则进行回用。

具体的钻井污水处理流程如图 6–6 所示。

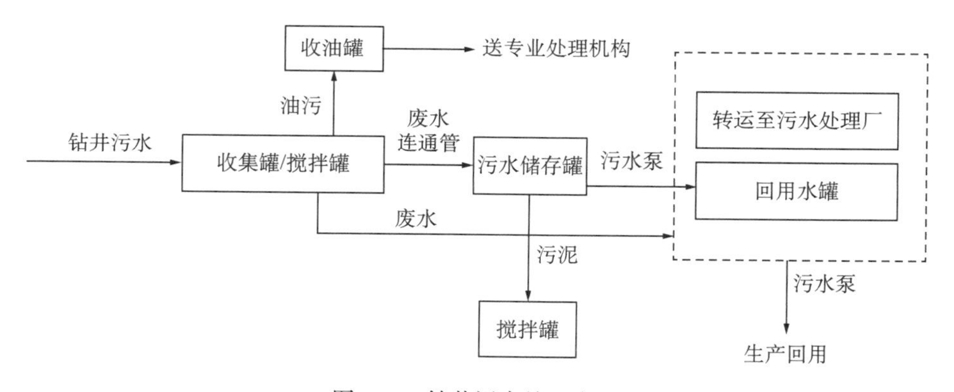

图 6–6　钻井污水处理流程

当井队不需用回用水时，钻井废水 pH 调节、除悬浮物处理后运输至建设单位指定的具有相关资质的废水处理厂处理，在钻井全过程中运输量不大于 300 m^3。

2. 清污分流技术应用效果

清污分流系统在修建过程中取消了污水沟、岩屑池、废水池，井场清污功能分区，采用清洁区水稳层和易被污染区硬化技术，可减少占地面积和井场修建费用。采用清污分流系统在页岩气丛式井组修建过程中，可明显减少井场占地和修建费用。在工厂化钻井模式下，同一平台或相邻平台产生的钻井污水可统一收集、及时回用，提高钻井污水的利用率。目前，工厂化钻井清污分流技术已在上百口钻井清洁生产现场进行应用，取得了良好的经济效益和环境效益，满足清洁生产要求。传统井场与工厂化钻井清污分流系统对比见表 6–2，修建井场现场如图 6–7 所示。

表 6-2 传统井场与工厂化钻井清污分流系统对比

序号	平台	修建模式	井场面积，亩	修建成本，万元	钻井废水处理量，t
1	长宁 H1 平台	传统井场	18.58	890.90	—
		工厂化钻井清污分流系统	14.68	680.90	—
2	长宁 H2 平台	传统井场	18.78	924.10	2860
		工厂化钻井清污分流系统	14.80	527.80	300
3	长宁 H3 平台	传统井场	18.60	751.90	4135
		工厂化钻井清污分流系统	14.73	540.90	300

注：1 亩 =666.667m^2。

（a）传统井场

（b）工厂化清污分流技术修建井场现场

图 6-7 传统井场与工厂化清污分流技术修建井场现场

第二节 井场噪声、粉尘处理技术

一、井场噪声处理技术

石油钻井是露天、流动、短时性作业。因此，最初由钻井作业引起的噪声并不被关注。随着环保意识的加强，国家噪声法律法规、相关标准的逐步出台和不断完善，以及噪声污染带给人的问题日益凸显，石油钻井作业产生的噪声日渐受到业内重视。钻井噪声不仅会对环境造成影响。而且还会影响工作人员及附近居民的身心健康与生产生活。我国在职业噪声危害方面也颁布了 GBZ 2.2—2007《工作场所有害因素职业接触限值物理因素》法规。

1. 噪声来源

井场噪声主要来源于机械装置联动及电机组的工作[8]。钻井噪声多为机械性噪声，并伴有电磁作用产生的电磁噪声、液体撞击产生的流体性噪声（多为气体冲击噪声，如气田钻井时测试放喷气），或者突发性的非稳态噪声（如各种冲击碰撞、快速放气阀产生的刺耳尖鸣等）。

钻井井场的主要噪声设备包括动力驱动系统、提升系统、钻井液循环系统、旋转系统、传动系统等。

（1）动力驱动系统主要是柴油机气缸内燃烧冲击压力作用在柴油机所致噪声、排气管快速气流流动噪声、水箱冷却风扇转动噪声；

（2）提升系统主要是在进行起下钻、换钻头、送钻、下套管等作业时钻井绞车、游动滑车的运动引发的机械撞击噪声；

（3）钻井液循环系统主要是钻井泵振动噪声、振动筛的振动噪声以及水龙头、水龙带、钻柱等振动噪声叠加；

（4）旋转系统主要是转盘转动引起的机械噪声；

（5）传动系统主要是传动链条、倒车机构等机械装置联动产生噪声；

（6）工厂化作业模式下，通常一个平台有两台及以上钻机进行同时作业，各钻机及其配套设备的噪声叠加。

2. 降噪措施

井场噪声治理的方法主要有以下几个方面：

（1）尽量避免各设备间噪声的叠加，在井场布局方面有效利用噪声的距离衰减作用，降低噪声污染[9]；

（2）在发电机组、柴油机组、空气压缩机组和钻井泵等高噪声设备安装组装式隔声间或隔声罩，并在隔声间或隔声罩气流通道安装消声器，同时对设备基础配套减振、隔振措施；

（3）为减少空气动力性噪声，在柴油机、发电机排烟管、空压机进风口和事故放空口加设消声器；

（4）为了阻隔噪声传播，在场界四周修建吸隔声墙；

（5）考虑发动机电代油方案。

通过以上措施后，能确保钻井场场界噪声满足 GB 12523—1990《建筑施工场界噪声限值》中的标准，实现井场场界噪声的达标排放。图 6–8 所示为四川某井场柴油发电机降噪改造现场。

图 6–8　四川某井场柴油发电机降噪隔音房及消声器

3. 减振措施

根据井场内振动波的传递规律及衰减特性设置隔振沟。隔振沟距离振源的距离为 8m，隔振沟的深度为 3m，宽度为 1m，填充材料分别为混凝土、细砂、泡沫塑料，此三种情况下的填充沟对简谐载荷引起的地面振动均有一定的隔振效果。

隔振措施主要采用两种方案：一种方案是采用钢筋混凝土基础块与减振器配合使

用，隔振效果可以达到80%左右；另一种方案采用型钢基座与SD橡胶隔振垫配合使用（图6−9），效果也能达到80%左右。

图6−9 减振器

二、井场粉尘处理技术

1. 井场常见粉尘处理技术

钻井作业时，井内返出的流体（气体及钻屑粉尘混合物）通过排岩管线进入地面回收池，从排岩管线排出的通常是干的钻屑粉尘，高速气流带出的粉尘四处散逸，严重污染环境和影响现场人员的身体健康。人体吸入生产性粉尘后，可刺激呼吸道，引起鼻炎、咽炎、支气管炎等上呼吸道炎症，严重的可发展成为尘肺病；同时，生产性粉尘又可刺激皮肤，引起皮肤干燥、毛囊炎、脓皮病等疾病。如：钻屑粉尘可以引起角膜损伤，导致角膜感觉迟钝和角膜混浊；严重时，人体吸入过量会导致硅肺。通过气体钻井粉尘治理技术及装置在现场的实施，可有效减少细小粉尘对现场人员及周边农户的伤害，降低职业病的发病率。

井场除尘技术主要是通过除尘装置从气体中除去或收集固态或液态粒子。目前主要的除尘技术包括机械除尘技术、静电除尘技术、湿式除尘技术和袋式除尘技术四大类。

机械除尘技术是依靠机械力（重力、惯性力、离心力等）将尘粒从气流中去除。特点是结构简单，如图6−10所示，设备费和运行费均较低，但除尘效率不高。机械除尘器按出尘粒的不同可设计为重力尘降室、惯性除尘器和旋风除尘器。适用于含尘浓度高和颗粒力度较大的气流。广泛用于除尘要求不高的场合或用作高效除尘装置的前置预除尘器。

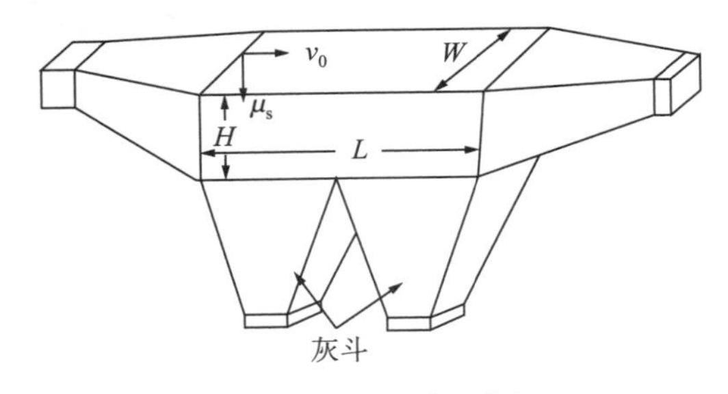

（a）水平气流重力沉降室

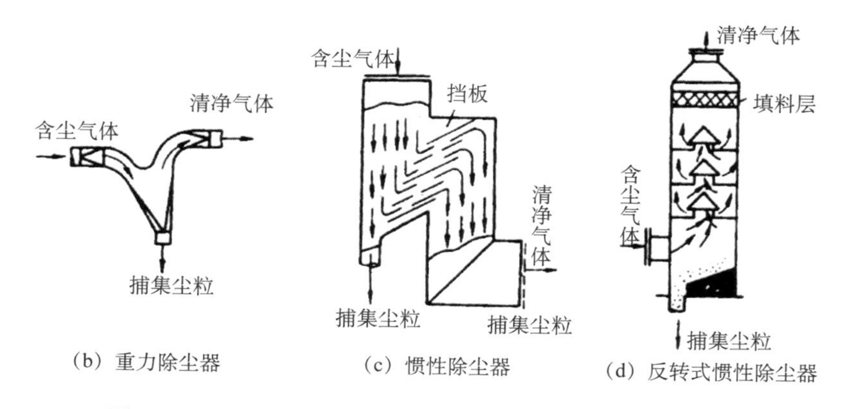

（b）重力除尘器　（c）惯性除尘器　（d）反转式惯性除尘器

图 6-10　水平气流重力沉降室及常见机械除尘器结构示意图

静电除尘技术的工作原理是利用高压电场使烟气发生电离，气流中的粉尘荷电在电场作用下与气流分离。静电除尘器的结构如图 6-11 所示，负极由不同断面形状的金属导线制成，叫放电电极。正极由不同几何形状的金属板制成，叫集尘电极。静电除尘器的性能受粉尘性质、设备构造和烟气流速等三个因素的影响。粉尘的比电阻是评价导电性的指标，它对除尘效率有直接的影响。比电阻过低，尘粒难以保持在集尘电极上，致使其重返气流。比电阻过高，到达集尘电极的尘粒电荷不易放出，在尘层之间形成电压梯度会产生局部击穿和放电现象，这些情况都会造成除尘效率下降。

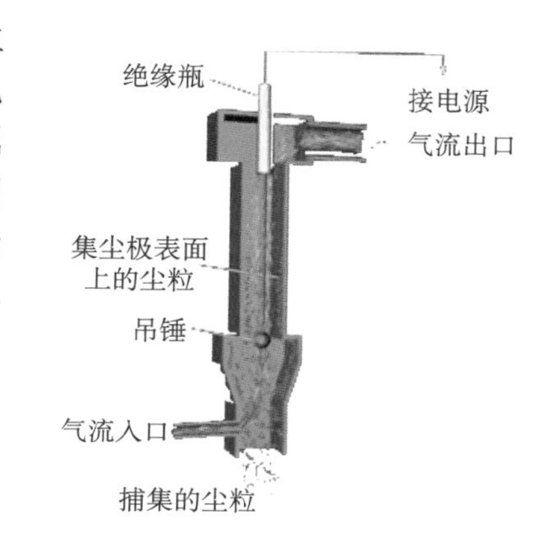

图 6-11　单管电除尘器结构示意图

湿式除尘技术原理是各种机理中的一种或几种。主要是惯性碰撞、扩散效应、黏附、扩散沉降和热沉降、凝聚等作用。惯性碰撞是湿式除尘的一个主要机理。含尘气流在运动过程中同液滴相遇，在液滴前某处气流开始改变方向，绕过液滴运动，而惯性较大的尘粒有继续保持其原来直线运动的趋势。尘粒运动主要受两个力支配，即其本身的惯性力以及周围气体对它的阻力。当尘粒的惯性力大于周围气体对它的阻力时，尘粒与液滴相碰撞，尘粒与液滴相融合，从气流中分离。湿式清灰可以避免已捕集粉尘的再飞扬，达到较高的除尘效率。湿式除尘器结构如图 6-12 所示。

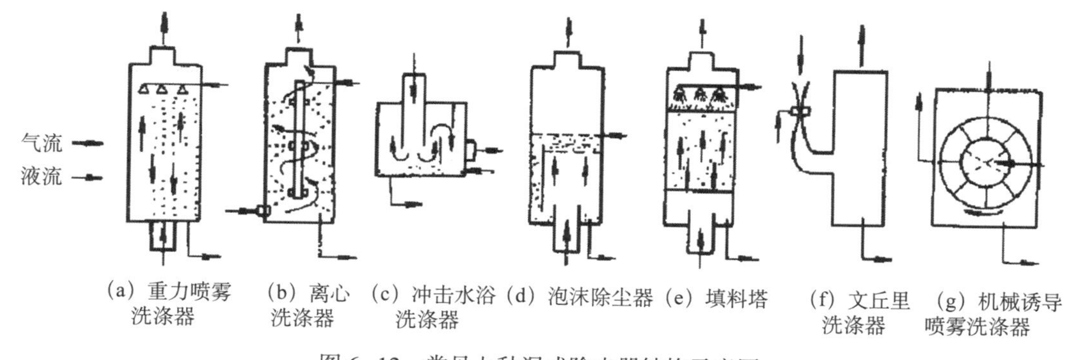

（a）重力喷雾洗涤器　（b）离心洗涤器　（c）冲击水浴洗涤器　（d）泡沫除尘器　（e）填料塔　（f）文丘里洗涤器　（g）机械诱导喷雾洗涤器

图 6-12　常见七种湿式除尘器结构示意图

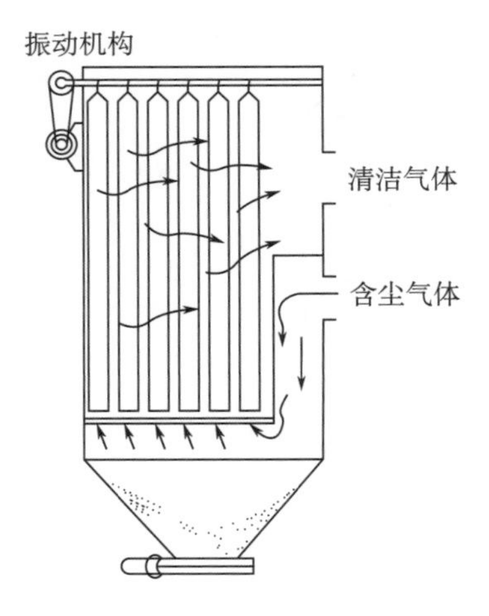

图 6–13　袋式除尘器结构示意图

袋式除尘技术是利用多孔纤维材料制成的滤袋（简称布袋）将含尘气流中的粉尘捕集下来的技术。涉及的装置为袋式除尘器，结构如图 6–13 所示。袋式除尘器工作时，含尘气流从下部进入圆筒形滤袋，在通过滤料的孔隙时，粉尘被捕集于滤料上。沉积在滤料上的粉尘，可在机械振动的作用下从滤料表面脱落，落入灰斗中。粉尘因截留、惯性碰撞、静电和扩散等作用，在滤袋表面形成粉尘层，常称为粉层初层。新鲜滤袋的除尘效率较低，粉尘初层形成后，成为袋式除尘器的主要过滤层，提高了除尘效率。随着粉尘在滤袋上积聚，滤袋两侧的压力差增大，会把已附在滤袋上的细小粉尘挤压过去，使除尘效率下降。

2. 气体钻井作业粉尘治理技术实例

空气钻井作业时，井内返出的流体（空气及钻屑粉尘混合物）须通过排岩管线进入地面回收池。从排岩管线排出的钻屑通常是干的粉尘。

考虑到气体钻井作业现场的安装以及工作状况，采用湿式喷淋工艺对气体钻井粉尘进行治理。气体钻井现场湿式喷淋除尘工艺的示意图如图 6–14 所示。

现场试验表明，用于气体钻井粉尘治理的喷淋除尘装置在工作稳定的情况下，出口浓度在 150mg/m³ 以下，达到了 GB 16297—1996《大气污染物综合排放标准》的要求。装置试验了两口井，经测厚仪检测装置内壁厚度，磨蚀程度较小，每口井平均磨蚀在 0.43mm，可以满足 3 口井以上的要求。

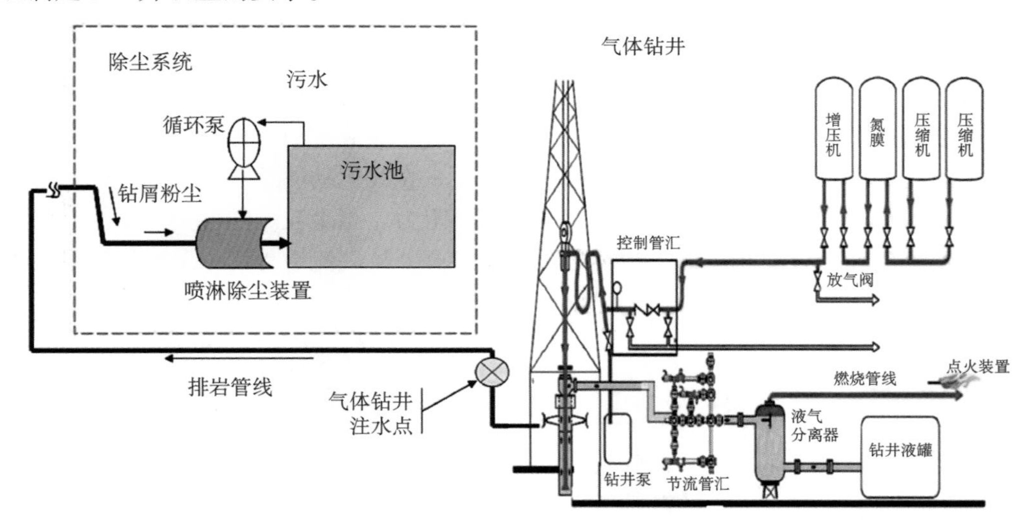

图 6–14　气体钻井粉尘治理技术工艺示意图

该工艺可将气体钻井粉尘中粒径大于 0.08mm 的粉尘变成钻井液后从出口排入岩屑池。装置所用循环水是来自清洁生产区域污水储存罐中的钻井污水，以废治废，实现钻井废水的回用，减少对周边环境的污染。

第三节　岩屑不落地处理及固废处理技术

在钻完井过程中，将产生大量钻井岩屑，主要包括钻井地层中带出的地层岩屑和废弃钻井液[10]。传统处理方式是在钻井井场根据井深单井设置 800 ～ 1500m^3 岩屑池、污水池，将岩屑直接排放至池内集中储存，完井后集中固化填埋处理甚至直接掩埋。同时现场振动筛、离心机、出砂出泥器等出料口所出的钻井岩屑通过污水沟、推砂道等进入污水池、岩屑池收集，固体废物的现场收集，还采用人工推掏的方式，效率低，一定程度制约了现场的处理效率。同时岩屑出料口下方岩屑等废弃物易产生洒落，极易造成井场地面污染。

2015 年随着新《环保法》的实施，对钻井岩屑的处理提出了更为严格的处理要求与标准，“钻岩屑不落地处理”的概念也应运而生，“钻井岩屑不落地”是指取消钻屑现场的岩屑池、污水池，通过在循环系统外设置减量化收集装置，统一收集井场内钻井固体废弃物至清洁生产区内进行无害化处理，提高钻井液再利用率，节约钻井液材料，同时有效地避免由于钻井造成的环境污染，减少土地占用[11]。

钻井岩屑不落地处理目前已在塔里木油田、南方公司、冀东油田、鄂尔多斯大牛地气田及川渝页岩气等地区示范应用多口井，已成为钻井环保发展的趋势。

一、岩屑不落地处理技术

根据工艺目的的不同，钻井岩屑不落地处理主要是基于钻井队“固控系统”的废弃物处理技术，主要包括钻井系统上的固控系统、岩屑收集单元、固液分离单元等三个部分，其布置示意如图 6–15 所示。

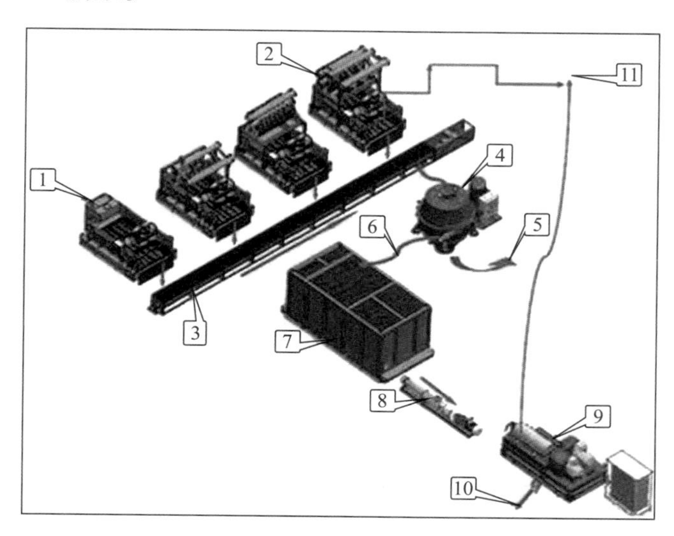

图 6–15　钻井岩屑不落地处理布置示意图

1—振动筛；2—钻井液清洁器；3—螺旋输送器；4—立式钻屑甩干机；5—废渣；6—回收的钻井液；7—回收钻井液罐；8—离心机供液泵或螺杆泵；9—离心机；10—固体排渣口；11—干净钻井液回归钻井液系统

1. 固控单元

返出井口的钻井岩屑经振动筛、除砂器、除泥器等将岩屑及废钻井液分离。岩屑进入下步处理收集单元，废钻井液进行回用。为提高液体利用率，钻井岩屑不落地处理系统可在常规固控单元强化振动筛固液分离功能，更换干式振动筛，提高废钻井液分离效率。固控单元分离出的钻井岩屑进入收集单元。

2. 废弃物收集单元

废弃物收集单元主要通过在振动筛、除砂除泥器出口设置螺旋传输器，随钻收集钻井岩屑，并输送至下一单元。根据钻井岩屑的特性，目前现场使用最广的传输器是无轴螺旋传输器（图 6–16）。无轴螺旋传输器采用无中心轴、吊轴承设计，利用具有一定柔性的整体钢制螺旋推送物料，具有运转灵活、结构紧凑，运行平稳安全，现场检修方便等优点。

图 6–16　无轴螺旋岩屑输送机应用

螺旋传输器从钻井固控系统接收的岩屑可通过岩屑输送泵（图 6–17）传输至几百米甚至 1km 外的钻井固体废弃物处理现场，适用于现场无害化处理场地较远的井场条件。该系统中有两套主液压缸、输送缸与定位液压缸，可以实现左右的交替工作，从而实现岩屑的连续的输送。

图 6–17　岩屑输送泵

3. 固液分离单元

固液分离技术在国外的应用已十分广泛，该技术利用化学絮凝、沉降和机械分离等组合技术，分离钻井岩屑中的固、液两相，实现液相可以重复利用。固控系统的振动筛也是一种固液分离装置。

由于钻井岩屑中含有的废弃钻井液是一种复杂的悬浮液，主要由膨润土、无机盐、化学处理剂、加重材料和钻屑等组成，含有大量的胶体，简单自然沉降和物理机械分离很难破坏其中的胶体体系，处理时主要通过加入化学试剂达到岩屑破胶脱稳、絮凝、沉淀，从而达到固液分离要求。图 6-18 是典型的岩屑不落地处理工艺示意图。

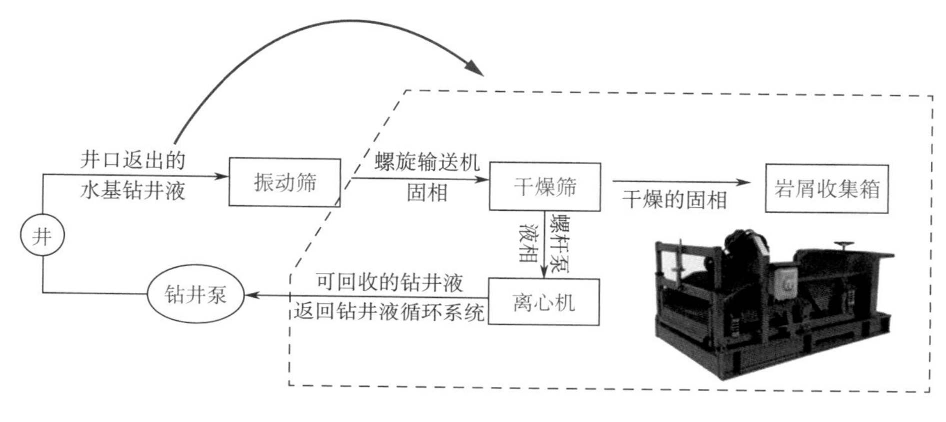

图 6-18　岩屑不落地处理工艺示意图

二、钻井固体废弃物处理技术

钻井废弃物是指在钻井生产过程中产生的无法直接循环利用或无法进行自然排放的物质，包括了废弃钻井液、废水与工业垃圾。

工厂化钻井过程中对废弃钻井液、废水的处理过程遵循循环利用、资源化利用的原则。确实无法循环利用的废弃钻井液和钻井岩屑，将采用无害化处理技术进行处理[12]。现目前对钻井固体废弃物的处理方式主要包括固化处理与微生物处理以及部分资源化利用。

1. 固化填埋

固化技术是一项传统的固体废弃物处理技术，其原理是采用固化剂将废弃物凝固，有害物质包裹在凝固体内使其无法扩散，不破坏环境。在工厂化钻井作业过程中，可将同一平台或相邻平台的钻井固体废弃物统一收集至清洁生产区域进行固化处理[13]，既节约了占地面积，又减少了机具的使用。

在实施固化填埋前，需对钻井固体废弃物进行固化处理小试，通过小试确定加药比例，保证处理效果。在批量钻井作业时，可针对同一地层、同一钻井液体系产生的钻井废弃物进行统一收集，只需做一次处理前小试。根据小试结果，按比例投加固化剂主剂和辅剂，在搅拌罐内进行搅拌处理后，转移固化体至现场填埋池进行夯实，候凝。

施工单位需及时取出处理样品，打散后现场浸泡，采用 pH 试纸及目测方式检测浸出液 pH 值、色度，保证 pH 值在 6 ～ 9 及浸出液颜色透明清澈，达不到要求则及时添加处理剂再次处理。图 6-19 为四川某井固化填埋现场。

图 6–19　四川某井固化填埋现场

2. 生物处理

目前，微生物处理是国内外较为流行的钻井固体废弃物资源化处理方法。在有条件的情况下，固体废弃物可采用微生物技术进行处理（图 6–20）。

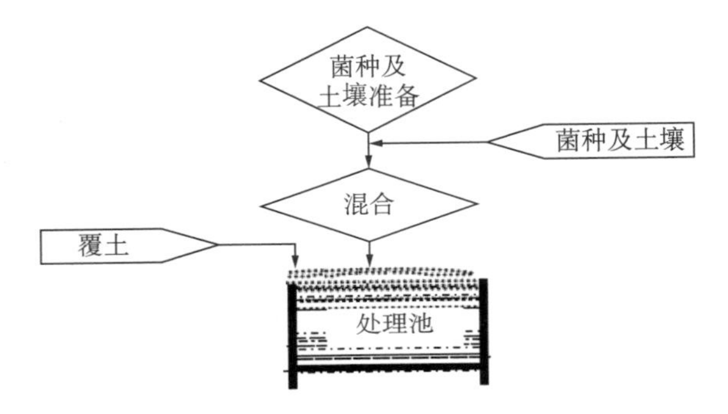

图 6–20　固体废弃物微生物处理工艺流程图

在准备阶段，需在施工前查看当地常见植物和各种废弃物产生量，对钻井废弃物进行采样，以便分离、驯化出针对该批次钻井废弃物具有较好处理效果的微生物。施工前进入现场后，根据现场固体废弃物量准备土壤，存储得当，翻细、晾晒，调节其含水量为 15% ～ 20%。

在施工阶段，在钻井固体废弃物内加入一定剂量的生物菌种，充分搅拌均匀后，再加入土壤，充分搅拌至充分混合均匀后，调节含水量为25%左右。将处理完后的各生物处理池，覆盖 5 ～ 10 cm 新鲜土，撒播草种，利于菌种生长。图 6–21 为四川某井固体废弃物微生物处理现场及处理后植物生长效果。

图 6–21　四川某井固体废弃物微生物处理现场及处理后植物生长效果

采用该方法可实现钻井固体废弃物的资源化利用，处理后的钻井固体废弃物—土壤混合物上可种植草种，甚至农作物。特别是在工厂化钻井作业条件下，同一批次作业下产生的钻井固体废弃物由于性质较为相近，可同时进行处理。减少了微生物分离、驯化的次数，节约了培养时间，减少处理工序。

第四节　钻井液重复利用技术

钻井液作为钻井工程的重要物资，具有使用量大、使用成本高的特点，钻完井后排放的钻井液是石油钻井行业的主要污染源之一，其处理问题是长期困扰企业的一大难题。传统钻井施工模式基本上都是采取“一开配浆开钻，二开后在适当井段加入处理剂转浆钻进，完井后钻井液直接排放、大池子沉淀或固化”的模式。这一模式成本较低、处理方便，但钻井液不能有效重复利用，造成极大的资源浪费和环境污染。

随着钻井成本不断增加、环保标准要求日益严格及企业自身社会责任的日益彰显，在“工厂化”开发模式下采用这种方式[14]，将会引致巨大的成本压力和环境压力。首先，随着钻井工艺难度的不断加大，钻井工程施工对钻井液质量的要求日益提高，为保证钻井工程质量、施工进度和对油气藏的保护，必须大量使用各种处理剂。而原材料及处理剂成本大幅上升，给企业带来巨大的成本压力。同时，在旧有的钻井液排放模式下，完井后性能优良、可重复使用的钻井液被直接排入钻井液池中，不能有效再利用。而钻井液的重复利用，是控制钻井成本，减少废旧钻井液产生最有效的途径[15]。

随着“工厂化”技术的大力发展，丛式井“工厂化”生产方式的推行（图 6–22），为钻井液的重复利用提供了良好的基础，如何选择绿色钻井方式实现钻井液回收再利用，以实现长远的经济效益与社会效益，直接关系到钻井企业的健康发展。因此，钻井液重复利用技术的研究变得日益迫切与重要[16]。

图 6–22　“工厂化”施工作业现场

一、废旧钻井液及危害

废旧钻井液是钻完井工程结束后，不再重复使用的钻完井工作液混合物的统称。这类混合液是由水、土、油烃类、岩屑、化学处理剂、有机盐类、无机盐类、重金属、加重剂等物质构成的复杂、稳定的胶体。废旧钻井液的主要特点为：（1）胶体稳定，成分复杂；（2）通常性能不满足直接重复使用的要求；（3）大多数有毒、有害，不能直接排放或者掩埋。

废旧钻井液可能对环境造成的影响主要表现在：（1）对地表水和地下水资源的污染；

（2）导致土壤的板结（主要是盐、碱和岩盐地层的影响），对植物生长不利，甚至无法生长，致使土壤无法返耕，造成土壤的浪费；（3）各种重金属滞留于土壤，会影响植物的生长和微生物的繁殖，同时因植物吸收而富集，危害到人畜的健康；（4）对水生动物和飞禽的影响（化学处理剂和生物降解后的某些产物）。

实验表明钻井液中的苯、氯化物等对人的健康和环境的损害最大（表6-3）。如聚合物会使废弃钻井液的化学需氧量增加，重金属铬离子为致癌物质等。我国钻井液工作者对江苏油田、大港油田、胜利油田以及新疆宝浪油田等油田的部分废旧钻井液的调查分析表明，10项污染指标（石油类、磷、氨氮、砷、铬、汞、铅、镉、有机污染物、pH值）中的多数指标高于中国国家标准规定的污染物排放限度（表6-3）。

表6-3　主要污染物及危害

名称	存在数量	危害
石油类	较多	可以使土地上的动植物死亡，使水中的生物灭绝
磷	有	使水富营养化，造成藻类大量繁殖，大量吸收水中的溶解氧，影响水中其他动物的生存
氨氮	较多	使水富营养化，造成藻类大量繁殖，大量吸收水中的溶解氧，影响水中其他动物的生存
砷	有	属于重金属，对人或动物的生命造成重大危害。主要是与细胞中的酶系统结合，使许多酶的生物作用失掉活性而被抑制造成代谢障碍
铬	有	Cr^{6+}是一种致癌物质
汞	有	属于重金属，进入人体后，先后引起感觉障碍—运动失调—语言障碍—视野缩小—听力障碍
铅	有	属于重金属，铅是对人体有害的元素，引起末梢神经炎，引起运动和感觉障碍，对儿童影响尤为明显，严重影响智力发育
镉	有	属于重金属，镉被人体吸收后，在体内形成镉蛋白，主要症状为全身疼痛，发生多发性病理骨折，从而引起骨骼变形，身躯显著萎缩，俗称佝偻病
有机污染物	大量	对人体和动物有持久性和潜在性影响

所以废旧钻井液不经处理直接排放或掩埋会对环境造成严重影响和破坏，直接或间接对动物、植物及人类健康产生危害，不利于人类对环境和经济实施可持续发展的战略目标。因此，应在钻井完成后对钻井液进行无害化处理，同时更重要的是提高钻井液的重复利用，从源头上减少废旧钻井液的产生。

二、废旧钻井液处理技术现状

1. 水基钻井液

（1）回收再利用法。

回收再利用处理废旧钻井液是一项既经济又合理的处理方法。通过一定的维护处理工艺，提高钻井液的重复利用率，从源头上减少废旧钻井液的产生，是下一步处理废旧钻井液的发展方向。

（2）固液分离法。

固液分离法（图6-23）就是向废旧钻井液中加入适当的破胶剂、助凝剂，破坏体系的稳定性，改变黏土颗粒的表面性质，破坏其表面结构，中和表面的电荷，减少颗粒之间的静电引力，促使固相颗粒聚结变大，再机械辅助分离。分离的液相可作适当处理，回用配制钻井液，或控制含量，达到环保要求，就地排放，固体根据情况另行处理。

固液分离法常常是处理废旧钻井液最基本的步骤之一，为有害物质的深度处理提供了前提条件，比如可以把固液分离和固化处理结合起来。但经固液分离处理后产生的废水往往 COD、色度、矿化度、含油量都较高，须做进一步处理。

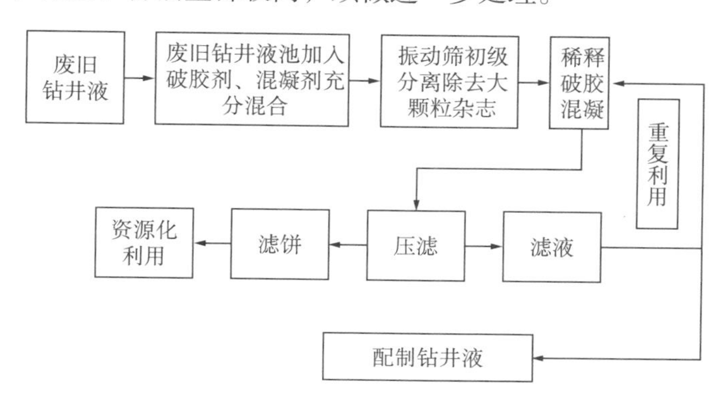

图 6–23 “固液分离法”工艺流程图

（3）固化法。

固化法（图 6–24）是向废旧钻井液中加入固化剂，使其转化为土壤或胶结强度很大的固体，或就地填埋或作为建筑材料等。该方法能够消除废旧钻井液中的金属离子和有机物对水体、土壤和生态环境的影响和危害。该方法现在被认为是一种比较可靠的治理废旧钻井液污染的好方法。对于治理难度最大的 COD、Cr^{6+}、pH 值和总铬最为有效。根据固化液毒性测定，达到国家工业废水排放标准，对于含水量较高的废旧钻井液，可以结合固液分离技术，以取得最佳的处理效果。适用的钻井液体系主要为膨润土型、部分水解聚丙烯酰胺、木质素磺酸盐、油基钻井液等。

图 6–24 “固化法”现场施工图

2. 油基钻井液

油基钻井液具有润滑性好、抑制性强且能够很好地保护储层等优点。但是随着环境保护意识的不断提高，油基钻井液废弃物对生态环境严重污染越来越普遍地受到重视。近年来，对于废旧油基钻井液的处理，国内外已经进行了一定的探索和研究。对于废旧油基钻井液，可确定石油类、COD和总铬为其主要污染物。而且由于配制油基钻井液要用到大量的基础油，比水基钻井液成本高很多。所以如何对废旧油基钻井液回收再利用和无害化处理显得尤其重要。

对于油基钻井液钻井产生的钻屑，可以通过蒸馏、冷凝，蒸出油份和水，回收蒸馏出的油份，可用于油基钻井液配制；至于蒸馏后剩余的钻屑，则进行固化处理。

回注技术就是先将钻屑粉碎碾磨，使其能在回注流体中均匀分布。然后把钻屑与废弃流体均匀混合，添加适当处理剂使其具有适当黏度。用高压泵把流体泵入地层。当高压泵入时，地层因为流体的高压而产生裂缝，流体随之填充其中；当高压泵停止，由于地层压力，裂缝封闭，废弃物也就被封隔在裂缝里。根据浆体从地面泵入地层的通道，钻屑回注可分为套管环空回注和专用井井筒/分隔器回注。

三、钻井液重复利用技术研究

对于油田的环境治理，经济有效的途径是控制好污染物的源头，以防为主，尽可能做到钻井液的重复利用。如何重复利用好钻井液变废为宝，既解决污染排放难题保护环境，又节约重晶石等不可再生资源减少工程成本，成为研究者们关注的热点问题，而“工厂化”作业，又为钻井液的重复利用提供了重大发展契机[17]。

1. 影响钻井液重复利用的因素

川渝地区地质条件复杂，对钻井液性能要求极高。钻井液经过长时间循环，体系混合充分，性能较稳定，其有效成分主要是聚合物、盐类、加重材料和水，同时固相含量较多，而大部分有效成分保留在固相中。

（1）高分子聚合物类材料经过搅拌、循环、充分水化后，和钻井液中的固相颗粒吸附结合，形成胶体。由于长时间在较高温度下循环和剪切，长链高分子有可能断裂，加之使用、储存时间过长，可能导致部分降解，有效作用大大降低。

（2）无机盐、有机盐随水和固相存在，尽管部分离子吸附于固相，但有效离子浓度足以满足再次利用的条件，特别是成本较高的盐类。

（3）废旧钻井液的固相含量一般比新配制钻井液多，主要是加重材料、劣质固相，特别是经过长时间循环，亚微米颗粒多。同时，大部分聚合物和盐类都吸附于固相颗粒，如何处理好钻井液中多余的固相是回收重复利用的主要难题。

2. 钻井液重复利用技术思路的建立

“工厂化”钻井作业从分散到集中，在同一地区集中布置大批相似井[18]，使用大量标准化的装备或服务，以生产或装配流水线作业的方式进行钻完井作业，为钻井液站点的建立创造了空间上的条件。使钻井液的重复利用不再是一口井完井后才会被考虑的事，而是在钻井液设计之初，钻井液工作者们就把重复利用作为钻井液的需求功能之一，将重复利用的理念从钻井液的设计、配制、使用和维护，直至钻完井整个工程都从始至终地贯彻下去，保证了“工厂化”钻井液重复利用技术的实施效果（图6–25）。

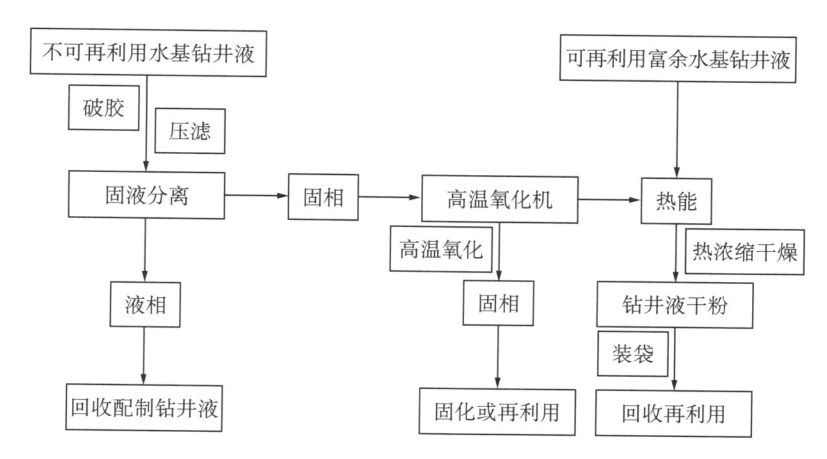

图 6–25　钻井液重复利用技术线路图

要实现水基钻井液的重复利用，必须严格控制其各项性能指标，如流变性、固相含量、防腐及滤失量等，这就需要构建一套完整的废旧钻井液控制程序标准（图 6–26），来严格控制其性能能够满足下口井或下开井段的开钻要求，以保证重复利用后的钻井液有足够的稳定性。因此，对水基钻井液的重复利用标准的建立显得尤为重要。

现场对油基钻井液的回收再利用可以把用过的钻井液预处理后通过一些设备（离心机、振动筛、除砂器等）加以处理以清除使用过的油基钻井液中的无用固相。清除的无用固相作无害化处理，对处理后的油基钻井液调整油水比、补充乳化剂、润湿剂和有机土等，使其性能至合理范围内，这样就可以继续使用，达到了循环利用的目的。

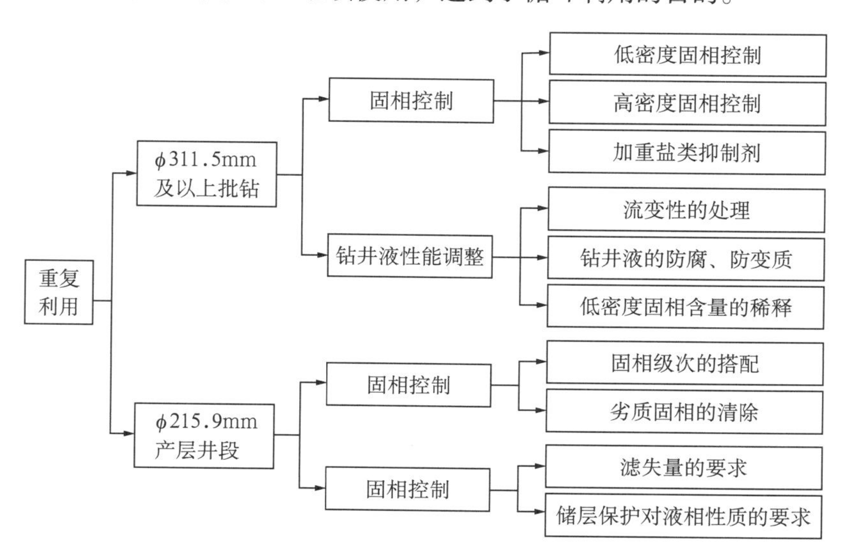

图 6–26　钻井液重复利用标准

3. 关键控制参数

钻井液中固相颗粒特别是无用固相的含量是影响钻井液重复利用最重要的条件[19]。Manohar LaI 提出了一种简单模型。LaI 研究认为，传送到固控系统的颗粒尺寸很大程度上取决于所钻地层类型，而其他因素的影响较小。颗粒粒径分布的情况与可用固控设备清除的颗粒尺寸相关（表6–4）。通过对所钻地层的岩性描述，我们可以初步判断钻屑颗粒的粒径分布。可以利用不同固控设备与清除颗粒大小的关系（表6–4）和固控效率（SCE）模型对固控设备进行选择和配置，以达到最大的固相清除效率，并初步掌握无法清除的固相占比，以制定后期的重复利用方案。

表6–4　清除颗粒含量与不同固控设备、颗粒大小的关系　　单位：%

类型	无法清除颗粒			离心机可清除颗粒		水力旋流器可清除颗粒		振动筛可清除颗粒		
	2μm	3μm	8μm	16μm	32μm	64μm	128μm	250μm	500μm	1000μm
页岩		16		34		34		16		
砂岩						16		34		50
砂砾岩（硬）							16		84	
碳酸盐岩		16				34				50

待重复利用的钻井液中较大粒径的固相颗粒已经被振动筛清除，固相基本上都是粒径在110μm以下的颗粒，这就需要合理选择搭配固控设备，同时要求合理的设置固控设备参数，使固控效率最大化。

使用了一段时间的钻井液中存在大量厌氧型微生物，其中的功能性添加剂容易被微生物降解（尤其是功能性官能团），使添加剂失去原有的功能或者效能大大降低，不利于钻井液的重复再利用。鉴于微生物生长的酸碱性环境多偏酸性，因此向钻井液中加入适量的烧碱，调节pH值至8.5～9.5，同时添加适量的杀菌剂，降低钻井液中微生物的量或者抑制微生物的活动，以防止添加剂的生物降解作用，有利于钻井液重复利用时的性能控制。

四、钻井液重复利用工艺

对于废旧钻井液的传统处理方法是运输至某一指定地点，固化、掩埋。但随着井位不断扩大，这种方式不能满足大量废旧钻井液的处理，而且不适应当前低油价形势。特别是“工厂化”钻井方式的推行，奠定了采取针对性的方式方法，提高其重复利用率，实现钻井液重复利用的条件。

（1）前瞻性的地质预判，钻井液需功能化。

基于批量布井、标准模块建设的“工厂化”钻井模式，钻井液的作业方案不再是过去的“一井一方”的老中医模式了，而是从工程、地质和钻井液一体化研究出发，确立每个区块专打模式和每个层位专打方案。流水线作业，把一个生产重复的过程分解为若干个子过程，前一个子过程为下一个子过程创造执行条件，每一个过程可以与其他子过程同时进行。简而言之，就是功能分解，空间上顺序依次进行，时间上重叠并行。在相似的井身结构和地质特点下，让每段钻井液成为“工厂化”钻井作业的一个标准化零件，使区块内的不同井可以依据模块化方案，直接将标准化专打钻井液回用，用完后又转出至其他井或钻井液转运站，便于下次的重复利用。

（2）标准化的配制工艺，性能可初始化。

几千亿年的地质沉积进化，地层中存在着高温、膏盐、酸性气体、油气和各种流体。在钻进过程中，这些流体和钻屑混入钻井液中，使钻井液中的处理剂交联、降解，引起钻井液的高温增稠、高温降解、失水增大、药品失效等各种性能波动，影响井下、设备和人身安全，增大钻井液的处理成本。所以提高钻井液的抑制性和抗污染能力，是提高钻井液重复利用效果的关键。以水基钻井液为例，在钻进初期我们加入充足的聚合物和抑制剂，减少有害固相的分散，保证快速钻进的实施。在进入可能含 H_2S、石膏、盐水和 CO_2 等污染的井段，打破了钻井液的酸碱平衡，宜首先添加 NaOH 溶液，使钻井液维持碱性环境，再作进一步处理。同时增加钻井液护胶剂的加量，维护好钻井液的胶体状态。然后再根据污染特点针对性的加入特效处理剂，如除硫剂、焦磷酸钠和生石灰等，将污染流体从钻井液中清除。保证下次回用的正常使用。

（3）固相控制技术系列化。

①使用好固控设备处理钻井液。

振动筛作为一级固控，能筛除粒径在 250μm 以上的固相颗粒。振动筛筛布的选择直接关系到进入钻井液中固相颗粒的粒径范围。因此现场在 ϕ311.15μm 井段选用 160 目及以上的筛布，ϕ215.9mm 井段选用 200 目的筛布，尽可能多地筛除固相，起到充分净化钻井液的作用。

水力旋流器，如除砂器、除泥器，作为二级固控设备，能筛除粒径在 64μm 以上的固相颗粒。旋流器的个数和旋流器的有效性都直接关系到二级固控的效果，因此在现场需充分利用好现有的除砂器、除泥器设备，并做好设备的保养工作，起到处理量和处理效果效能最大化，尽可能净化钻井液。

提高固控效率的最有效手段是提高离心机分离能力，并优化离心机布局和数量。

②应用新浆稀释处理废旧钻井液。

由于通过固控设备无法清除废弃钻井液中约 10% 粒径为 1.56 μm 的固相，需要通过配制新浆进行稀释处理，同时结合经固控设备处理后的废旧钻井液性能，综合考虑新浆配制量，根据现场经验，新浆与废旧钻井液比值为 1/2 ～ 2，按比例混匀后，调整钻井液性能，以满足钻进要求。

批量化钻工厂化模式，不着眼于某一口井的得失。将整个区域的钻井作业作为一个集成性的管理平台，统一考虑成本和管理，以密集型作业，流水线生产完成整个区域的高效节约。

五、川渝地区钻井液重复利用运行管理

川渝地区钻井队施工区域较为集中，具备钻井液回收的基础和便利条件。不仅如此，施工井中深井比例大，钻井液多为钾聚磺钻井液，体系较为稳定，性能优良，钻井液成本较高，完全可以重复循环使用。按照“分级使用、资源共享、利润分成”的原则，建立了钻井液循环利用机制，实现废旧钻井液的“变废为宝”。

1. 完善钻井液重复利用机制

（1）健全组织机构。明确各职能部门及钻井液作业队职责，制定多项规章制度，对钻井液回收流程、钻井液质量标准等各个环节进行规范，确保了钻井液重复利用制度化、

程序化、规范化。

（2）调整结算方式。重复利用钻井液的收益方支付相关费用，充分调动作业队参与钻井液重复利用的积极性。

2. 搭建钻井液重复利用平台

（1）建立钻井液转运站。在遂宁、威远和长宁分别建立了储备能力 2000m³、1000m³ 和 2000m³ 的钻井液转运站、配备了一套完整的钻井液循环系统，专设了钻井液管理维护人员。转运站负责钻井液的回收、储备、性能维护及供井工作，建有钻井液性能台账、日常维护记录台账、各作业队回收供及台账。

（2）建立网络调剂平台。得益于集约作业的交通便利和现代信息技术的发展，"工厂化"钻井模式建立高效的钻井液中转网络。主要包含有：一是钻井液库存，包含转运站存储的钻井液的常规性能、存储体积等信息；二是钻井液回收，包含每日回收的钻井液的基本性能、体积等信息；三是钻井液作业队间调剂，包含作业队间调剂钻井液的体积、基本性能等信息；四是钻井液供井，包含每日供井的钻井液的基本性能、体积等信息。

3. 钻井液循环利用运行管理

（1）同台井循环利用。作业队完井后将多余的钻井液进行回收、存放，在下一口井的施工中按照少量、多次的形式，逐渐将钻井液混入，在实现钻井液就地循环利用的同时，也解决了同台井大循环池存放受限问题（图 6–27）。

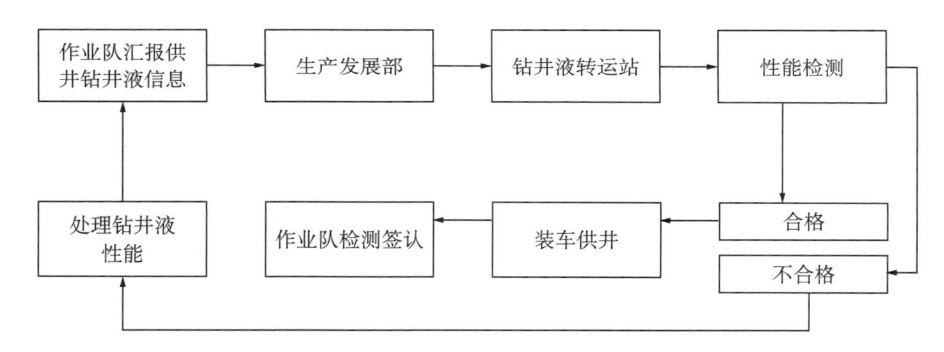

图 6–27　钻井液供井流程图

（2）转运站回收再供井。转运站对单井完井钻井液进行回收、储备，并加以日常维护，保证钻井液性能一直处于良好状态。井队有需求时，提前一天将回收、供井钻井液数量、性能报至调度室，调度室统一安排转运站进行配送（图 6–28）。

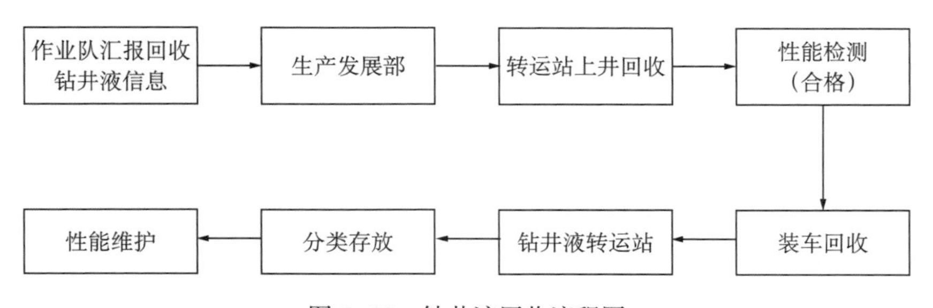

图 6–28　钻井液回收流程图

（3）井队间调剂利用。为了更灵活地利用钻井液，公司创新实行作业队间调剂利用（图 6–29）。由调度室根据井队上报的供需信息，在井距合理、时间节点契合、钻井液性能满足要求的情况下，安排井队之间进行相互配送，无需通过转运站中转，既节省费用，又能提高资源利用率。

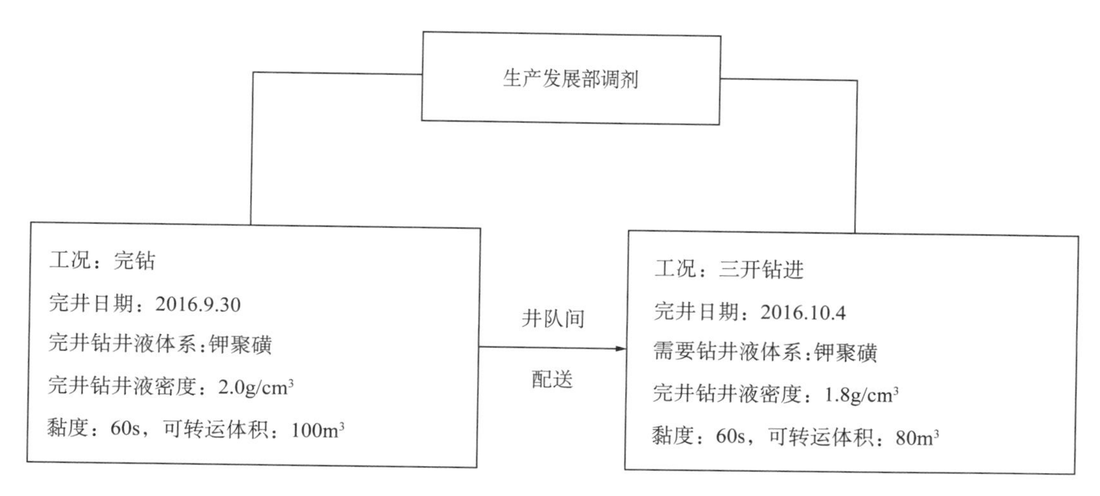

图 6–29　井队间调剂流程图

通过上述技术措施，钻井液重复利用率逐年提高，2014 年同比提高 3%，2015 年再提高了 2%。

4. 配套钻井液重复利用技术标准

（1）制定钻井液质量标准。在钻井液回收、储备、供井的每个环节都制定了钻井液性能量化标准，确保钻井液性能满足施工要求。回收钻井液重点针对中深井的循环罐完井钻井液进行回收，其他井型视具体情况进行回收，回收现场进行性能检测，性能不达标的不予回收。转运站钻井液按照密度、体系等进行分类存放。

（2）制定钻井液技术规范。针对现场施工中“老浆新用”带来的技术问题，通过开展技术攻关，分区块、分井型对二开后混入老浆的井段、数量及性能指标都进行量化规定，配套出台钻井液再利用技术标准，对钻井液供井及时性进行明确规定。

5. 钻井液循环利用的效益评价

1）经济效益评价

通过钻井液循环再利用，可以实现废旧钻井液的重复使用，从源头上减少钻井液的产生量，从而减少施工过程中配制钻井液所需的原材料，有效降低施工成本。同时可相应减少完井后的废弃处理费用，提升了综合效益。

2）社会效益评价

通过钻井液循环利用，首先，可以有效降低末端排放量，降低了环境风险。其次，最大限度地减少对环境造成的影响和破坏，确保了钻井生产的环境安全。最后，钻井液的循环再利用也为解决废旧钻井液环境污染问题提供了一条可行途径。

尽管废旧钻井液的回收利用效果较好，但由于废旧钻井液本身的局限，并结合目前废钻井液产生和处理现状（表 6–5），在重复利用过程中还存在一些影响其使用的问题。

表6-5 川庆钻探工程有限公司废钻井液产生及处理现状（2014年数据）

作业区域	产生量 $10^4m^3/a$	现有处理方法	处理量 $10^4m^3/a$	处理成本 元/m^3	达到要求	备注
川渝	12	补加添加剂	7	450	回用	
		固化填埋	5	300	固化标准	
长庆	50	直接回用	2	500	回用	集中储存后回用
		补加添加剂	2	1000	回用	
		风干/固化填埋	46	60	固化标准	
新疆	10	集中风干后填埋	10	120	地方环保	运费+处理费

（1）废旧钻井液在存储过程中易变质，发臭，需要不断处理。如果存储时间较长，每周一次加入0.02%烧碱和0.1%防腐剂，能保持较好的原始状态。特别注意的是，烧碱直接加入储备罐后会导致钻井液中固相结块，必须配成水溶液在搅拌情况下加入。

（2）钻井液不断重复利用后，亚微米固相颗粒不断增多，引起钻井液性能变化。钻井液黏度增大，特别是塑性黏度；一些无用离子增多，干扰性能，例如氯离子，甲酸根离子等干扰。同时固控设备处理量增大，效率下降；潜在的问题是可能会导致钻速较慢，钻具冲蚀较严重。

（3）将甲酸盐完井液和甲酸盐加重钻井液混合作为开钻钻井液时，易产生大量气泡，造成泵压不稳，影响有效水动力的传递等问题。

六、正在试验的几种废弃钻井液的处置方法

通过精细地科学管理，可以不断提高钻井液的重复利用率，但是还是没法做到让废旧钻井液无限次循环重复利用下去。最终如何处置废弃钻井液，也是我们探索的课题。

1. 微生物降解

利用微生物将有机长链或有机高分子降解成为环境可接受的低分子或气体。经过近5年研究攻关形成一套适合川渝地区特征的新型钻井固体废物微生物处理技术（图6-30）。该技术2011年起先后在6口井应用，处理废弃渣泥3000m^3以上。实践证明，微生物处理3个月后，钻井固体废弃物中的COD、石油类的降解率可达90%以上，达到国家GB 8978—1996《污水综合排放标准》一级指标要求。微生物具有极强的代谢多样性特征，能将钻井废弃渣泥中的复杂有机物一部分转化成腐殖质组分，一部分降解为简单的无机物甚至二氧化碳和水，使钻井废弃渣泥中的污染物得到消除，达到无害化处理目的。针对油气勘探常用的聚磺、钾聚磺、聚合物无固相等钻井液体系的废弃钻井液、渣泥，试验研究分离驯化筛选出20种微生物菌种，制成固体菌，方便运输。钻井固体废物微生物处理技术与常规固化处理方式相比，施工时间可缩短20%，降低成本10%。

图 6–30　微生物降解现场实验

2. 干粉干燥钻井液

将液体变为粉剂，就是将废旧钻井液，通过低温干燥技术生产成干粉，通过加水按井下实际需要辅以少量添加处理剂，复原为钻井液（图 6–31）。经过钻井液性能检测，符合井下要求后入井。该种方法具有运输简便，配制快速的优点。2014 年 5 月 23 日，在某井须家河井段，运用该项技术生产的干粉复原后的钻井液成功地完成了钻井任务，高效地利用了资源。

图 6–31　干粉干燥钻井液现场实验

第五节　返排压裂液处理、循环利用技术

页岩气压裂不仅消耗大量水资源，而且压裂后从储层中返排的大量废液也对环境造成巨大威胁。以 2014—2015 年中国石油和中国石化两家石油公司近 300 口页岩气井的水力压裂为例，需要配液用水 $1000 \times 10^4 m^3$ 左右，按 30% ～ 50% 的返排率计算，返排的废液（300 ～ 500）$\times 10^4 m^3$。这些返排液组成复杂，与压裂液种类、储层地质特点等有关。返排液中含有植物胶、人工合成聚合物残渣以及其他各种添加剂，主要的成分可分为石油类、悬浮物、硫化物、COD 以及各种水溶性矿物离子等。如果不经过处理而外排，将会对周围环境，尤其是农作物及地表水系造成污染。

一、页岩气压裂返排液的组分分析

根据对多平台压裂返排液量统计，页岩气压裂作业完成后有 15% ～ 80% 返排液排至地面[20]。压裂返排液由于曾与地层接触，往往有含量较高的金属离子、有机质和氯根等污染物，如果处理不当，则存在环境污染风险。可以说，如何合理处置页岩气开发过程中产生的大量返排液已成为页岩气规模化开发的瓶颈问题之一。

返排液主要成分为水，其余为机械杂质 / 悬浮物、可溶性盐、有机物、细菌（硫酸盐还原菌）及少量油等。随着返排液时间的延长，累计返排液量不断增加，返排液中总溶解固体、氯根、一些金属离子（总钙、总镁、总钡、总锶等）的含量也不断增高；尤其是在产出水阶段，由于与地层接触时间长，返排液中总溶解固体含量往往超过 10×10^4mg/L，同时也含有相对较高量的金属离子和有机物等。

表 6–6 列出了美国 Marcellus 页岩区和 Barnett 页岩区返排液的主要水质指标。从表中可以看出，页岩气压裂返排液具有悬浮物多、总溶解固体含量高和成分复杂等特点。但不同页岩区由于地质条件差异等原因在某些水质指标上可能存在着较大差别：比如较之于 Barnett 页岩区，Marcellus 页岩区的压裂返排液中具有较高的总钡含量、总锶含量，较低的硫酸盐含量和较高的总溶解固体含量等。从每一项水质指标的波动幅度来看，即便是在同一页岩区，不同气井的压裂返排液也存在着一定的差别。

表 6–6　美国 Marcellus 页岩区和 Barnett 页岩区主要返排液水质指标概况表

水质指标	Marcellus 页岩区 14d 返排液		Barnett 页岩区 10 ～ 12d 返排液	
	范围	中位值	范围	中位值
pH 值	4.9 ～ 6.9	6.2	6.5 ～ 7.2	7.1
碱度	26.1 ～ 121	85.2	215 ～ 1240	725
悬浮固体含量，mg/L	17 ～ 1150	209	120 ～ 535	242
氯离子含量，mg/L	1670 ～ 181000	78100	9600 ～ 60800	34700
溶解性总固体含量（TDS），mg/L	3010 ～ 261000	120000	16400 ～ 97800	50550
有机碳含量，mg/L	1.2 ～ 509	38.7	6.2 ～ 36.2	9.75
油脂含量，mg/L	7.4 ～ 103	30.8	88.2 ～ 1430	163.5
硫化物含量，mg/L	1.6 ～ 3.2	2	未测得	未测得
硫酸盐含量，mg/L	0.078 ～ 89.3	40	120 ～ 1260	709
总钡含量，mg/L	133 ～ 4220	1440	0.93 ～ 17.9	3.6
总锶含量，mg/L	1220 ～ 8020	3480	48 ～ 1550	529
总钙含量，mg/L	8500 ～ 24000	18300	1110 ～ 6730	1600
总镁含量，mg/L	933 ～ 1790	1710	149 ～ 755	255
总铁含量，mg/L	69.7 ～ 158	93	12.1 ～ 93.8	24.9
总锰含量，mg/L	2.13 ～ 9.77	4.72	0.25 ～ 2.20	0.86
总硼含量，mg/L	13 ～ 145	25.3	7.0 ～ 31.9	30.3

表 6–7 列出了我国威远—长宁地区页岩气返排液水质指标概况。从表中数据可以看出返排液中不同成分的含量因不同采集时间而有很大的不同，就主要成分而言，目前这两个区域所采用的液体体系和添加剂种类没有质的区别，而两个区域的储层矿物化学成分虽有差异，但总体差异不大。

表 6–7　威远—长宁页岩气返排液水质指标概况表

检测指标	威远地区	长宁地区
pH 值	6.0 ～ 7.5	6.5 ～ 7.8
化学需氧量（COD），mg/L	521 ～ 1130	235 ～ 897
悬浮物含量，mg/L	317 ～ 853	256 ～ 765
氯离子含量，mg/L	5290 ～ 10600	6500 ～ 11600
溶解性固体总量（TDS），mg/L	9650 ～ 26800	11300 ～ 20755
钾含量，mg/L	83 ～ 164	177 ～ 449
钠含量，mg/L	2840 ～ 6780	3900 ～ 9980
钙含量，mg/L	379 ～ 398	71 ～ 438
镁含量，mg/L	290 ～ 340	22 ～ 310
钡含量，mg/L	35 ～ 40	24 ～ 36
锶含量，mg/L	3 ～ 24	20 ～ 96
总铁含量，mg/L	38 ～ 60	10 ～ 40
硫酸盐含量，mg/L	6 ～ 48	2 ～ 60

二、返排液重复利用可行性分析

降阻剂的主要成分是聚丙烯酰胺类聚合物，因此，所有能影响聚丙烯酰胺的因素都能影响降阻剂的降阻性能。聚丙烯酰胺根据其侧链所带的官能团不同，可以分为非离子型（PAM）、阳离子型（CPAM）和阴离子型（PHP）。

降阻剂主要成分是阴离子型聚丙烯酰胺，分子链中阴离子基团较多，净电荷较多，极性较大，而 H_2O 是极性分子，根据相似相溶原理，聚合物水溶性较好，特性黏度较大；随着矿物质含量的增加，正的静电荷部分被阴离子包围形成离子氛，从而与周围正的静电荷结合，聚合物溶液极性减小，黏度减小；矿物质浓度继续增加，正、负离子基团形成分子内或分子间氢键的缔合作用（导致聚合物在水中的溶解性下降），同时溶液中的金属离子通过屏蔽正、负电荷，拆散正、负离子间缔合而使已形成的盐键受到破坏（导致聚合物在水中的溶解性增大），这两种作用相互竞争，使得聚合物溶液在较高的盐浓度下黏度下降甚至不起黏，从而影响到滑溜水的降阻效果。结合返排液中的离子成分组成，就返排液中常见的一价（Na^+，K^+）、二价（Ca^{2+}，Mg^{2+}）及多价金属离子（Fe^{3+}，Al^{3+}）对降阻剂性能影响实验结果来看，金属离子的价位越高，浓度越大，对降阻剂的性能影响程度越大，如 Fe^{3+} 与降阻剂分子的络合能力极强，在极低浓度下（低于 50mg/L）就能极大降低降阻剂的降阻性能，甚至使降阻剂失效。

此外，在页岩增产改造整个流程中，返排液从井内返排到回注或回用过程中，必然涉及在管线类运输和在临时返排液盛装池过渡，而管线和盛装池内因环境因素复杂，难免导致细菌滋生，所以会引起各类细菌在返排液中普遍存在，其中硫酸还原菌（SRB）对降阻剂的性能影响程度最大，硫酸还原菌（SRB）会产生 H_2S，S^{2-} 会与聚丙烯酰胺分子链发生自由基反应，导致高分子断链，降低聚合物黏度，从而影响降阻效果。图 6–32 为硫酸还原菌形态及它致使聚丙烯酰胺断链示意图。

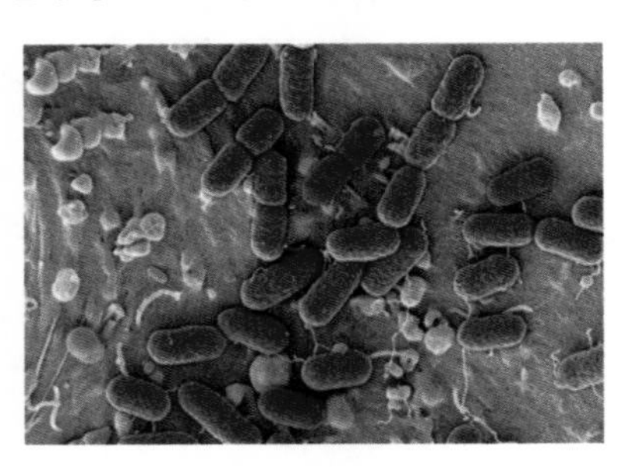

（a）硫酸还原菌　　（b）聚丙烯酰胺断链

图 6–32　硫酸还原菌及聚丙烯酰胺断链示意图

三、返排液处理原理

返排液处理回用技术取决于返排液水质、水量特点和压裂液配液水质要求。在经常现场处理回用的情况下，一般只需去除总悬浮颗粒，然后与清水混合稀释配液即可满足压裂作业要求。进一步处理经过软化、脱盐，则可以外排。返排液的处理技术路线如图 6–33 所示。

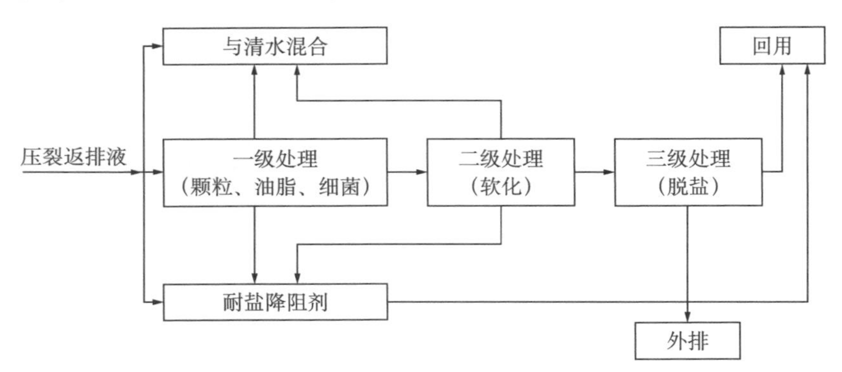

图 6–33　返排液处理技术路线

1. 物理化学法处理返排液

压裂返排液的一级处理中固体悬浮物及原油成分可通过物理处理达到返排液回用标准，具体可采用重力分离法、过滤分离法、旋流分离法和气浮分离法等固液分离的方法进行分离。压裂返排液中含有微量的未被氧化的有机和无机污染物，可通过加入吸附剂（多孔粉末或颗粒）吸附其中的一种或多种，从而去除该类物质并脱色除臭。常见的吸附剂（如活性炭颗粒等）具有较好的吸附能力。

压裂返排液二级处理的主要任务是去除水体中二价金属阳离子，如 Ba^{2+}、Mg^{2+}、Ca^{2+} 和 Sr^{2+} 等。比较传统的方法是通过生成碳酸盐沉淀去除二价金属阳离子，但是这种方法在针对压裂返排液的处理过程中结果并不理想，主要困难在于生成的碳酸盐量无法准确预计，下面就列举几种返排液二级处理的方法。

（1）氧化法。

氧化法包括初级氧化技术和高级氧化技术。初级氧化技术是指向压裂返排液中加入氧化剂，如 $Ca(ClO)_2$，NaClO，$KMnO_4$，H_2O_2 等，进行预处理，以处理易降解的有机物，处理后残留的有机物再进行深度氧化。高级氧化技术是 20 世纪 80 年代发展起来的一种处理难降解有机污染物的新技术。它利用不同途径产生的活性极强的羟基自由基，无选择性地将废水中难降解的有机污染物氧化降解成无毒或低毒的小分子物质，甚至直接矿化为 CO_2、H_2O 及其他小分子羧酸。目前国内外高浓度难降解废水的高级氧化处理法主要包括 Fenton 氧化法、催化臭氧氧化法、超临界水氧化法、TiO_2 光催化氧化法、电催化氧化法等。陈安英等采用 $KMnO_4$ 预氧化压裂返排液，经“预氧化—混凝—臭氧深度氧化”3 步复合工艺处理后，高锰酸盐指数去除率达 86.5%，处理效果较好。

（2）电絮凝法。

电絮凝的工作原理是：给多组并联的极板接通直流电，在极板之间产生电场，使待处理的水流入极板的空隙。此时通电的极板会发生电化学反应，溶出 Al^{3+} 或 Fe^{3+} 等并在水中水解而发生絮凝反应，在此过程中，同时发生电气浮、氧化还原等其他作用。这类新生态氢氧化物活性高、吸附能力强，与原水中的胶体、悬浮物、可溶性污染物等结合生成较大絮状体，经沉淀、过滤后被除去。同时，电解中的还原作用还能部分还原金属离子，在电极的阴极上生成沉淀。二价金属离子 Ca^{2+}、Mg^{2+} 能生成碱性沉淀，能明显去除。三价金属离子 Fe^{3+} 生成的 $Fe(OH)_3$ 几乎不溶于水，因此去除效率极高，达到 97.3%。返排液中主要影响降阻剂效果的因素就是二价及多价金属离子，因此电絮凝法十分适合于返排液的处理。该方法工艺简单，可连续处理，自动化高，劳动强度小，处理效果好；缺点在于前期投入高，能耗大，不能有效处理 K^+、Na^+ 等一价金属离子。

（3）电浮选技术。

电浮选技术，主要分离比重接近于水的悬浮物质（油类，纤维，活性污泥等）。它是将空气以微小气泡形式注入水中，使微小气泡与在水中悬浮的油粒黏附，因其密度小于水而上浮，形成浮渣层从水中分离。油气田浮选处理技术多采用加压溶气或剪切气浮技术，通过浮选剂改善废液中悬浮物质接触角，浮选剂一方面具有破乳作用和起泡作用，另一方面还有吸附架桥作用，可以使胶体粒子聚集随气泡一起上浮。达到污染物的去除的目的。研究表明电气浮选工艺用于油田采出水除油及杀菌是可行的。阳极用于除油，阴极用于杀菌，除油率可达 90% 以上，机械杂质、悬浮物的去除率可达 95% 以上[21]。电耗约为 $0.1kW·h/m^3$。

（4）联合工艺。

由于压裂返排液的难处理性和特殊性，仅凭单一的方法来使出水达标排放或重复利用是困难或难以实现的，因此多种化学法或化学法与其他方法的联用在压裂返排液处理工艺中被普遍采用。

压裂返排液的三级处理主要是脱盐工艺的深入处理，需除去返排液的一价离子，一般根据除去离子半径大小的差别可分为微滤、超滤、纳米过滤和反渗透等膜分离技术[22]。

超滤（UItrafil–tration，简称 UF）是一种膜分离技术，能够将溶液净化、分离或者浓缩。超滤是介于微滤与纳滤之间，且三者之间无明显的分界线。一般来说，超滤膜的孔径在

0.05 μm ～ 1nm 之间，操作压力为 0.1 ～ 0.5MPa。主要用于截留去除水中的悬浮物、胶体、微粒、细菌和病毒等大分子物质。超滤膜根据膜材料，可分为有机膜和无机膜。按膜的外形，又可分为：平板式、管式、毛细管式、中空纤维和多孔式。目前家用超滤净水器，多以中空膜为主。

超滤原理并不复杂。在超滤过程中，由于被截留的杂质在膜表面上不断积累，会产生浓差极化现象，当膜面溶质浓度达到某一极限时即生成凝胶层，使膜的透水量急剧下降，这使得超滤的应用受到一定程度的限制。为此，需通过试验进行研究，以确定最佳的工艺和运行条件，最大限度地减轻浓差极化的影响，使超滤成为一种可靠的反渗透预处理方法。

反渗透是渗透的一种反向迁移运动，是一种在压力驱动下，借助于半透膜的选择截留作用将溶液中的溶质与溶剂分开的分离方法，反渗透原理如图 6–34 所示，它已广泛应用于各种液体的提纯与浓缩，其中最普遍的应用实例便是在水处理工艺中，用反渗透技术将原水中的无机离子、细菌、病毒、有机物及胶体等杂质。反渗透法处理返排液方法简单，处理后水质好，可根据处理量增减处理单元，操作简便灵活。不足在于前期投入大，设备能耗大，保养维护费用高。适用于对处理水质有较高要求的情况。处理后水中各种离子均下降 60% 以上，去除率随着金属离子原子质量和原子直径的增加而增大，原子质量最大的 Fe 完全去除。

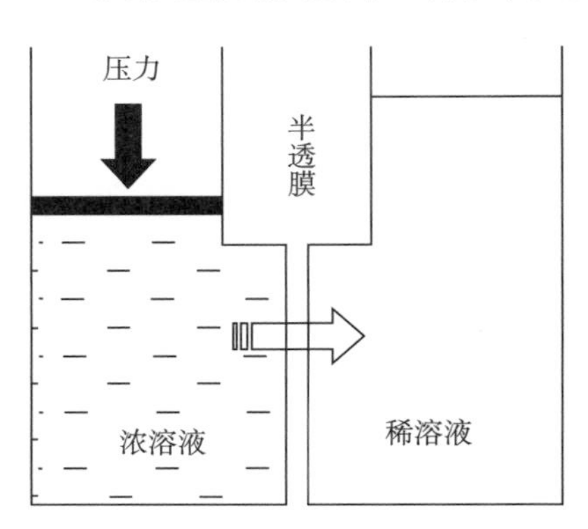

图 6–34　反渗透原理示意图

2. 生化处理技术

废水生化处理技术是利用微生物的生化作用，将复杂的有机物分解为简单的物质，将有毒的物质转化为无毒物质，从而使废水得以净化。根据氧气的供应与否，可分为好氧生物处理法和厌氧生物处理方法两大类。好氧生物处理法是在游离氧存在的条件下，以氧气做电子受体，利用微生物的新陈代谢实现污染物的降解。好氧微生物按微生物的生长状态可分为附着生长法和悬浮生长法，派生出了生物膜法（Blological film proeess）和活性污泥法（Activated sludge preeess），处理工艺在城市污水和工业废水治理中得到了广泛的应用。厌氧生物处理方法是在无游离氧的条件下，以兼性细菌和厌氧菌降解有机物的生物处理方法。 由于压裂废液的复杂性、多变性污染特征，生化处理技术在压裂废液处理的应用大多处于研究实验阶段，工程实践少。但是，近年来以生物处理为基础的地层渗透处理技术逐渐在油气田废水处理中得到中试。其作用过程是将井场废水经过一定的化学预处理后，再将其喷洒在地层上面，让废水经过土壤中的微生物的生化作用以及土壤的物化作用，将废水中的有机物降解为 CO_2 和 H_2O，而水中的金属离子则会通过土壤的离子交换作用、化学作用及吸附作用被固定于土壤中。

生物生化法主要是通过微生物的代谢作用，使污水中呈溶解胶体状态的有机污染物转化为稳定的无害物质，使废水得以净化。通过此法对返排液预处理可将压裂返排液的 COD_{Cr} 去除 65%，而且提高了压裂返排液的可生化性，降低后续生化处理的负荷；经过 15d 的生化处理，COD_{Cr} 去除率达 98.6%。生物生化法处理一般具有很强的针对性和可行性，其工艺简单，具有投资少，运行管理方便等优点；缺点是所需时间长，寻找优势菌种是一个迫切需要解决的问题。

3. 稀释法处理返排液

页岩气井压裂后返排液的返排率大部分未超过30%，而同一区块其他页岩气井的压裂规模均会与返排井规模相当，因此在将同一区块的返排液稀释回用过程中，返排液的比例不会超过50%。稀释后返排液的各离子浓度降低，达到了返排液重复利用标准，便可以用于直接配制滑溜水。

该方法操作简单，几乎无成本，适用于返排液液量不大，或者施工规模较大时，能够将返排液以较低的比例混合入清水中，使配液水中的离子浓度在降阻剂的可接受范围。

四、返排液处理设备

1. 除机械杂质袋式过滤器

过滤常被用于来自井筒返排液的预处理，实现固—液分离，去除机械杂质 / 悬浮物等，也能在过滤时将部分油污除去，往往可配以活性炭吸附处理。过滤效果受滤网 / 滤芯孔径限制，过滤效率受过滤后的水质要求限制。过滤处理返排液在国内外各大油气田均有应用，但通常与其他处理技术复合应用，除去返排液自身和处理过程中产生的机械杂质。图6–35为内装袋式过滤器与一套简易水处理装置外观。

图6–35　内装袋式过滤器与简易水处理装置

2. 气浮去烃装置

气浮装置采用可移动橇装式设计，可通过细小气泡将油 / 脂、总悬浮固体（TSS）等物质举升到上部，分离器再将可销售的油分离出来。装置带盖设计可用于控制挥发性有机化合物（VOC）的控制。装置示意图如图6–36所示。

图6–36　气浮装置外观图

3. 化学沉淀 / 沉降装置

采用可移动的压裂罐，包括多个混合罐和内置澄清罐（图6–37），去除易成垢的无机复合物化学沉淀，如钡、锶、金属、硬度等。处

图 6–37　化学沉淀装置外观图

理过程中 pH 值 9.5 ～ 11，较高的 pH 值有利于抑制细菌滋生。污泥在分离系统中干化后，多在场外处理。

4. 分离沉砂罐

液体回收沉砂罐（图 6–38）是用来解决油井在喷砂射孔、水力泵送桥塞射孔、冲砂、压井及其他作业时液砂分离和返排液回收再利用难题，提高液体回收利用率，降低施工中的环境污染，达到清洁化生产目的。

图 6–38　分离沉砂罐

该装置按照区域功能划分为五部分：

（1）返排砂液供给：由井口、地面放喷节流控制装置、油套管放喷管线、装置连接进口及排放管线等组成。

（2）沉砂区域：分离后的砂子分别沉淀在一区、二区。

（3）储液区：分离出来的返排液储存。

（4）返排液外排及提升系统：由转液泵、外排管线等组成。

（5）沉砂清理：清砂口及密封部件。

（6）液体回收能力达 $4m^3/min$。

5. 固化压滤装置

通过破胶剂和稳定剂的使用，对浓残液中带电的微粒起电荷中和作用和吸附架桥作用，使体系中的微粒脱稳、絮凝，从而有助于沉降和过滤脱水，可使浓残液硬化凝固，形成固态物质。处理工艺：井口—浓残液—回收池—搅拌罐（加入破胶剂和固化剂）—压滤—液体回收、泥饼收集，图 6–39 为固化压滤装置外观。

6. 分离燃烧沉淀池

在井场以红砖、水泥建造分离燃烧沉淀池，主要由放喷池、阻火墙、遮挡墙、溢流口、导流渠和沉淀池（图 6–40）等组成，对返排液进行气体分离燃烧、砂子沉淀收集，用转液泵进行液体回收重复利用，液体回收能力达 $4m^3/min$，气体燃烧能力达 $5\times10^5m^3/min$。

图 6-39　固化压滤装置

图 6-40　分离燃烧沉淀池

第六节　放喷天然气处理及回收技术

在天然气井完井与开发过程中，大量测试放喷天然气以及非管输天然气由于无法及时输送，常被直接放喷燃烧，不仅浪费资源，同时也对周边空气环境产生影响[23]。放喷天然气作为油气田重点温室气体排放源之一，采取行之有效的处理和回收措施已成为当务之急。目前塔里木田、大港油田以及冀东油田等已开展油田伴生天然气的回收利用实践，经过多年的回收治理，其伴生气放喷得到控制，同时也带来一定经济效益。

对于此类零散放喷天然气，国内外通常采用移动橇装存储方式进行回收。回收方案有三类：一是现场压缩制成压缩气体，再拉运至加气站；二是通过换热制冷技术，将天然气冷却液化；三是在现有天然气压缩罐中填充多微孔材料，利用吸附原理增加回收量。

一、天然气压缩（CNG）工艺

CNG 工艺包括天然气分离、调稳压、脱硫、脱水、脱烃，再用压缩机增压到 20.0MPa 后装车，拉运至城市加气站。经过几年发展，CNG 技术已实现橇装化，逐渐成为国内油田最主要的回收工艺技术。2004 年以来，塔里木油田已累计回收天然气 $15.76\times10^8m^3$，减少二氧化碳排放量 524×10^4t，直接经济效益达到 10.65 亿元。2006 年底，新疆油田在百口泉采油厂建成了新疆油田第一套 CNG 橇装回收装置，并一次投运成功，设计规模为 $2 \times 10^4 m^3/d$，半年即可收回投资。

目前压缩回收存在问题有：由于井口气量不稳定，处理后压缩气体的水露点和烃露点不达标，影响产品质量；在脱水、脱烃过程中所需的干燥剂等材料消耗较大，增加回收成本；节流过程容易产生水合物堵塞卸气管线。

二、天然气液化（LNG）工艺

LNG 工艺包括预处理、加压、制冷、储存。其核心是制冷环节，常采用技术有透平膨胀制冷、节流制冷、用制冷剂制冷等。将气态天然气液化，极大提高天然气输送效率，对非管输气井等零散气井，通过开发小型可橇装的液化装置进行回收，减少资源浪费。近年来国内已有较成熟的 LNG 橇装化装置，具有储运效率高、占地少、布设灵活、不受管网制约等优势，但目前运用此技术回收气田放空气的文献报道较少，受气源压力、产量波动影响等因素的制约，对生产过程产生安全隐患。

三、天然气吸附（ANG）工艺

ANG 工艺与常规天然气压缩回收工艺类似，吸附回收也要经过天然气分离、调压稳压、脱硫、脱水、吸附、运输、脱附过程。该技术关键是吸附剂与吸附方式选择，其原理是利用吸附剂表面多微孔结构，使气体分子与之成键并附着在表面。与压缩天然气相比，运行成本低，储罐形状和吸附剂材料选择余地大、质量轻，可以在常温、中低压下充装，使用安全方便，国产化程度高。

四、应用案例

某井油压 69 MPa，井口温度 26 ℃，油产量为 80t/d，气产量为 $10 \times 10^4 Nm^3/d$，该井位于某县城北约 31.9km，距离最近的油气处理厂 200km。目前边缘井凝析油均拉运至相应作业区处理厂进行处理，天然气的处理深度取决于其下游市场的需求，鉴于该井情况，修建管线输送天然气投资巨大、工期漫长，无可行性，因此考虑将天然气脱水脱烃制成 CNG，通过 CNG 槽车拉运。本工程选用分子筛脱水 + 外冷 + 换冷 +J–T 节流制冷脱烃处理工艺。为保证整套装置具有很好的可移动性，各主体工艺设备均成橇，方便组装及搬迁，能够重复利用。

（1）单井油气分离工艺。

该井井口压力高，达到了 70 MPa 以上，需通过高压节流管汇进行节流，为保证节流后不产生水合物造成管线冻堵，对节流到不同压力下的水合物形成温度进行了计算，确定节流后压力 20MPa，节流后油气经加热炉加热至 50℃，再经节流阀节流至 9.1MPa，节流后油气进入分离器橇进行油气分离。

（2）油处理工艺。

生产分离器分出的凝析油压力降至 0.15 ～ 0.3MPa 后进入闪蒸罐。分离出的凝析油进入凝析油计量罐，经油罐车拉运至作业区处理厂进行处理。闪蒸出的天然气经低压气压缩机压缩后，进入天然气回收橇。

（3）天然气处理工艺。

分离器橇分出的天然气与低压气压缩机压缩后的天然气混合后，进入天然气回收橇。

天然气回收橇分为三个功能单元：天然气预处理单元、天然气脱水单元、天然气冷凝分离单元。天然气在天然气预处理单元分离出天然气中可能存在的液态水、重烃和微小粉尘，并进行稳压、计量后进入制冷机组进行预冷。经过预冷后的天然气在 15 ～ 18℃下进入天然气脱水单元脱水，天然气脱水单元采用分子筛脱水，将天然气水含量脱至≤ 3mL/m³，水露点降至 −68℃以下。

经过干燥净化后的天然气进入天然气冷凝分离单元，干燥天然气先与低温分离器分离出的干气和混烃在三股流换热器内换热，温度降为 −15℃后进入 J–T 阀膨胀制冷，温度降至 −28℃后进入低温分离器进行分离，分离出干气和混烃，干气和混烃在三股流换热器内复热至 13℃。在天然气回收装置内设进口分离器、预冷天然气分离器和混烃分离器，分别对原料气、预冷后天然气和复热后的混烃进行分离以保证处理效果。在装置内设三相分离器，用以对进口分离器和预冷天然气分离器分出含油污水进行油气水三相分离，分出的天然气去低压气压缩机增压，分离出的混烃去混烃储存装车橇，分离出的污水进入污水罐。天然气回收橇分离出的大部分干气进入 CNG 压缩机压缩至 20 ～ 22MPa，经过 CNG 加气柱充装至 CNG 槽车，拉运至阿克苏及周边县市销售，部分干气经燃气调压缓冲罐调压后作为发电机燃料使用，分离出的混烃产品送入混烃贮存装车橇储存并装车至 LPG 槽车外运。

本套工艺流程中所有设备均橇装化（图 6–41），方便组装和搬迁，中间接管均采用预制，整套装置总图布局立足于单井井场，具有很强的适应性，安装周期在 15d 左右，极大地缩短了建设周期，同时工程投资小、风险低，具有良好的经济效益。

开发井口放喷气橇装式回收装置借鉴国内外对井口放喷测试与非管输气井回收利用经验，加快开发适应川渝地区的小型橇装式回收装置。采取较为成熟的 CNG 或 LNG 回收储存技术，将放喷气压缩或液化处理后再回收利用，对于放喷量较少或排放点较分散场所可以考虑吸附回收技术。开展增压机减排技术研究鉴于增压机在气田开发中的重要作用与庞大数量，需针对增压机检维修放喷和活塞杆泄漏放喷等情况，研究其回收利用的经济可行性。

目前，国内油气行业还存在着大量地放喷气尚未开发利用，而这些放喷气普遍被直接放喷烧掉，不仅浪费资源，而且增加区域碳排放。因此，进一步开发适应于油气田的放喷天然气回收利用技术不仅能更好实现节能减排目标，同时也可以获得可观的经济效益。

图 6–41　天然气回收装置

参考文献

[1] 孙海芳，王长宁，刘伟，等．长宁—威远页岩气清洁生产实践与认识［J］．天然气工业，2017，37（1）：105–111.

[2] 檀大冰．塔里木油田钻井清洁生产技术探讨［J］．化工设计通讯，2017，43（12）：221.

[3] 李博，贾宇，廖敬．某地区钻井清洁生产工艺研究［J］．油气田环境保护，2015，25（4）：12–14，79.

[4] 涂莹莹．南昌港樵舍货运码头水污染风险防范与措施探讨［D］．南昌：南昌大学，2014.

[5] 刘璞．基于BESI技术的油田压裂返排液生物处理效能研究［D］．哈尔滨：哈尔滨工业大学，2016.

[6] 谢海涛，徐刚．川渝地区钻井井场清污分流系统设计与探讨［J］．钻采工艺，2010，33（S1）：138–140，12.

[7] 刘建，蒲晓林，吴文兵．油田钻井废弃物处理技术概况［J］．内蒙古石油化工，2011，37（23）：86–88.

[8] 张维仕，黄鼎，刘洪强，等．钻井噪声的现场实测与治理对策分析［J］．石油与天然气化工，2015，44（2）：110–112，117.

[9] 潘闯．浅谈噪声环境影响评价方法与应用［J］．科技风，2016（18）：140.

[10] 李秀霞．钻井液技术发展及优化设计研究［J］．化工管理，2017（25）：197.

[11] 杜国勇．钻井废弃泥浆土壤化实验研究［J］．天然气工业，2010，30（8）：95–97，122.

[12] 袁波，汪绪刚，宋建民．艾哈代布油田废钻井液处理及循环利用技术［J］．钻井液与完井液，2014，31（6）：92–94，102.

[13] 陈立学．废弃钻井液不落地达标处理技术在塔里木油田的应用［J］．化工设计通讯，2018，44（1）：215.

[14] 王广书，姚良秀．钻井液循环利用［J］．中国科技信息，2014（15）：100–101.

[15] 毛国忠，刘军．钻井液量化控制管理技术可行性探讨［J］．钻井液与完井液，2003（5）：55–56，78.

[16] 程玉生，张立权，莫天明，等．北部湾水基钻井液固相控制与重复利用技术［J］．钻井液与完井液，2016，33（2）：60–63.

[17] 邹庆波，罗晓丽，安青龙．钻井液高低位密闭循环系统的研制应用［J］．中国设备工程，2018（5）：139–141.

[18] 彭彩珍，任玉洁．页岩气开发关键新型技术应用现状及挑战［J］．当代石油石化，2017，25（1）：24–27，33.

[19] 任崇刚．自同步平动椭圆钻井筛工作原理及动态特性研究［D］．成都：西华大学，2010.

[20] 刘建勋．页岩气返排液处理现状［J］．当代化工，2016（6）：1009–1011，1015.

[21] 刘石．化学法处理钻井废水实验研究［D］．西南交通大学，2007.

[22] 徐新阳，马铮铮．膜过滤在污水处理中的应用研究进展［J］．气象与环境学报，2007（4）：52–56.

[23] 王兴睿，罗兰婷，赵靓，等．气田放空天然气减排技术探讨［J］．油气田环境保护，2013，23（5）：65–67，85.

第七章　典型应用案例

我国的页岩气、致密油、致密气等非常规资源非常丰富、储量巨大，开发前景广阔，适合于采取工厂化模式，以批量作业，材料、装备的高效重复利用大幅度降低钻完井成本。我国自2009年开始，引进了工厂化钻完井的概念，开始尝试工厂化模式试验，形成工厂化钻完井配套技术。“十二五”期间在四川长宁—威远页岩气示范区、苏里格致密气示范区、长庆致密油示范区等相继得到推广应用。

第一节　长宁—威远页岩气“工厂化”应用

2012年，我国发布了《页岩气发展规划》，制定了“十二五”期间的页岩气勘探、开发战略，计划在全国建立19个页岩气勘探开发区。在此背景下，长宁—威远国家级页岩气产业示范区于2012年3月由国家发展和改革委员会及国家能源局批准建设，探索页岩气规模效益开发方法，建立页岩气勘探开发技术标准体系，实现页岩气规模效益开发。自示范区启动建设以来，通过不断摸索和试验逐渐形成了适用于长宁—威远页岩气的工厂化钻完井技术。

一、长宁—威远页岩气工厂化平台方案设计

1. 井场与井口布置

长宁—威远国家级页岩气产业示范区位于四川省内江、宜宾境内，地表地貌主要以丘陵、山区条件为主，且周围民房、人口、农田众多，交通不便，井场面积有限，在实施页岩气丛式水平井钻井作业过程中，通过改造钻机，优化设备布局，循环设备，柴油机组等可以不随钻机移动，综合考虑地质需求、工程作业能力、周边环境后。以CN-H2和H3平台为例，按井口数量6～8口考虑，按8口井丛式井组考虑，即最小井场面积要求为112m×51m。压裂过程考虑为拉链压裂，对场地要求是90m×62m，同时考虑钻井和压裂作业要求井场面积应该为112m×62m（表7-1和图7-1）。综上考虑，两平台井场面积：CN-H2井组面积：116m×60m（前场55m，后场43m）；CN-H3井组面积：111m×60m（前场55m，后场43m）。

表7-1　各型钻机井场有效面积

序号	钻机型号	长，m	宽，m	面积，m^2
1	ZJ10、ZJ20车载	55（前20+后35）	25（左12+右13）	1375
2	ZJ20	65（前35+后30）	30（左15+右15）	1950
3	ZJ30	75（前43+后32）	32（左17+右15）	2400
4	ZJ40	95（前53+后42）	40（左20+右20）	3800

续表

序号	钻机型号	长，m	宽，m	面积，m^2
5	ZJ50L、ZJ50L-ZPD、ZJ70L、ZJ70L-ZPD	97（前 54+ 后 43）	42（左 22+ 右 20）	4074
6	ZJ50D、ZJ70D	105（前 50+ 后 55）	45（左 22+ 右 23）	4725
7	ZJ90	125（前 65+ 后 60）	70（左 33.5+ 右 36.5）	8750

注：井场有效面积不包括钻井液储备罐、油罐等附属设施所占面积。

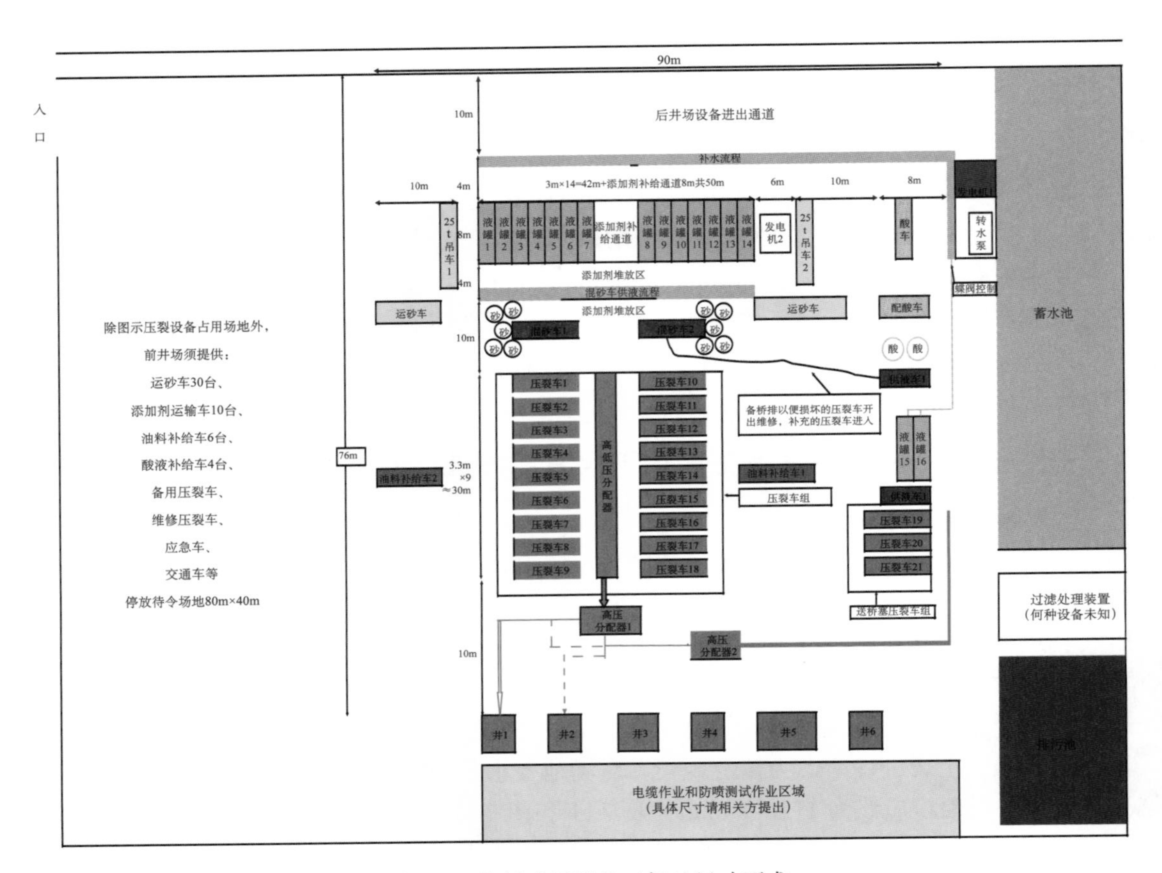

图 7-1　拉链式压裂施工场地尺寸要求

不同油田，不同区块有不同的丛式井组井口布局数量及方案，国外页岩气丛式井组井口数量一般在 6 口以上，可达到了 32 口甚至更多，丛式井组井口数量过少，不能有效发挥批量钻井的优势，井口数量布置过多则增加了工程作业难度[1]，针对四川长宁—威远区块页岩气井地理位置、周边环境、工程作业能力等制定丛式井组井口布置方案。

1）井口数量

为满足页岩气藏高效开发需要和增产改造措施的顺利实施，要求页岩气水平井水平段平行且相距 300 ～ 500m。而在井口数量选择上面，随丛式井组井口数量的增加，增加工程费用主要包括井深增加所需的钻井液、钻井日费、螺杆、定向仪器费用等，节约的费用主要包括钻前工程、材料运输等，井口数量的增加，定向扭方位井段变长，钻井以及后续作业中摩阻扭矩增加。为此，取水平井巷道间距 300m、造斜率 5°/30m，分析布置 6 口、10 口、14 口、18 口井条件下的井眼和工程作业能力。见表 7–2、表 7–3 和如图 7–2 所示。

表 7–2 平台井口布置数量

方案		单井组井数
方案一	1～2 号	6 口
方案二	1～3 号	10 口
方案三	1～4 号	14 口
方案四	1～5 号	18 口

注：具体井口部署情况参照图 7–2。

表 7–3 不同井口数与钻井作业难度对应表

井数	靶前距 m	井深 m	造斜点 m	定向段长度，m		狗腿度 (°) /30m	改变方位 (°)	增加工程费用，万元	节约钻前费用，万元	工程难度系数
				滑动	复合钻					
6	600	4160	2140	540	281	5	0			
6	670	4170	1938	756	276	5	46			★
10	850	4275	1706	827	542	5	66	160	560	★★★
14	1082	4408	1460	873	875	5	75	560	1120	★★★★★
18	1342	4543	1210	890	1243	5	79	1200	1680	★★★★★

注：本表中所罗列的井眼轨迹数据为各井口数量布置方案中定向作业难度最大井的井眼轨迹数据。

计算结果表明：随着井口数的增加，靶前距与总井深逐渐增大，造斜点逐渐上移（单井上移 250m 左右），方案三、四扭方位接近 80°，施工难度大，井下摩阻扭矩大，通井下套管难度大，钻井风险增大，单个平台部署井数在 6 口、8 口、10 口较为合适，需参考经济效益、征地难度进行综合评定，CN–H2 井组拟部署 8 口井，CN–H3 井组拟部署 6 口井进行试验验证。

2）井口间距

页岩气丛式水平井属于气井、已钻井表明龙马溪组不含 H_2S，按丛式井组不含硫气井井口间距不小于 5m、含硫气井井口间距不小于 8m 的要求，页岩气丛式水平井最小井间距为 5m。页岩气丛式水平井组二开、三开将使用大钻机作业，对于 5000m 钻机井口中心距左右侧地面基墩距离为 6.1m，为实施批量钻井和工厂化作业，要求钻井作业过程中钻机不能覆盖邻排井井口，同时要求钻机与邻排井井口相距一定距离，以便钻井同时能交叉实施压裂等作业，排间距应在 7m 以上，结合井场大小、基础修建等因素，确定 CN–H2/

H3 井口排与排间距为 9m，同排井间距为 5m（图 7–2）。

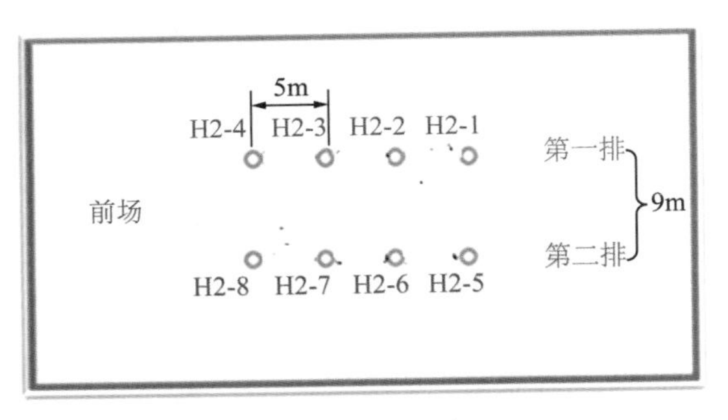

（a）CN–H2 平台

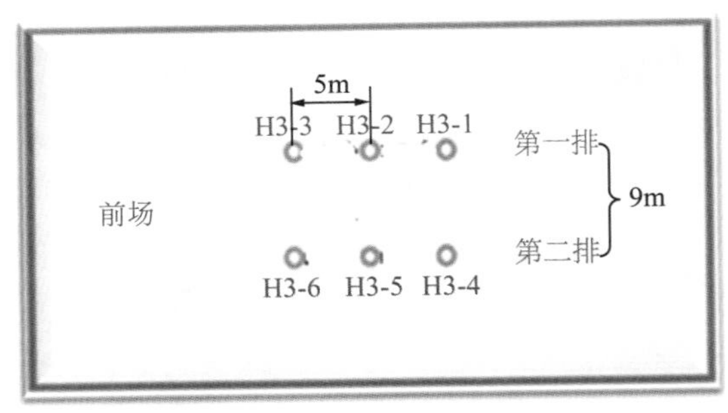

（b）CN–H3 平台

图 7–2　长宁丛式水平井组井口布局图

2. 井身结构设计

1）生产套管确定

页岩气水平井将采用拉链压裂、同步压裂等技术措施来提高单井产量，压裂施工排量大，注液多，生产套管抗内压强度和套管内径对压裂实施影响较大，计算了采用不同生产套管尺寸对应的压裂施工参数。计算表明：随套管内径的减少套管抗内压强度增加，压裂施工水马力消耗增加，采用 ϕ127mm 或 ϕ127mm+114.3mm 或 ϕ139.7mm 套管完井均能满足压裂施工水马力要求，威远、长宁页岩气区块前期完成井均采用 ϕ139.7mm 套管完井，加砂压裂后套管变形较严重，因此 CN–H2/H3 丛式水平井组试验采用 ϕ127mm 油层套管完井，抗内压强度 102MPa，抗外挤强度 131MPa，比宁 201–H1 井水平段套管强度分别提高 10MPa、20MPa，预计能取得较好效果。

2）井身结构优化方案

W201–H1、W201–H3、N201–H1 井实钻资料表明，威远、长宁区块地层压力普遍居于正常地层压力，套管必封点确定主要考虑上部井段井漏、页岩井段易垮，页岩井段将使用高密度钻井液稳定井壁以及充气钻井等特殊工艺、方法的要求和影响。

（1）已钻井身结构分析。

W201–H1、W201–H3、N201–H1 井 ϕ244.5mm 套管分别下至 500m、1573m、1636m，页岩 ϕ215.9mm 裸眼井段均在 2000m 以上，漏、喷、垮同存，施工周期长，页岩浸泡时间长，不利于井眼清洁和井眼稳定，加剧了复杂情况，也不利于加快钻井速度。

分析表明：井身结构采用三开三完是合理的，矛盾主要集中在水平段的安全快速与经济钻井，既要确保顺利高效地完成页岩长水平段又要综合考虑成本效益。

（2）井身结构优化原则。

①采用三开三完井身结构方案。

②丛式井组相邻井表层套管下深错开 20m 以上。

③针对常规技术缩小井眼尺寸，实现降本、提速、防塌目标；针对旋转导向技术，为满足旋转导向需要采用常规井眼尺寸，充分发挥旋转导向提速与造斜优势。

④表层套管：封隔上部漏层，便于采用批量化气体钻井治漏技术。

⑤技术套管：常规技术时采用非标井身结构：下至接近 A 点，尽可能封隔上部复杂

层段实现水平段专层专打。

⑥旋转导向技术时采用常规井眼尺寸结构：下至难钻地层韩家店上部，便于韩家店—石牛拦难钻地层批量采用氮气钻井技术进行提速钻进，氮气钻井完毕后替换为油基钻井液进行造斜段和水平段钻进。

⑦油层套管：完井套管有利于后期压裂改造。

根据上述井身结构优化原则，可实现一开批量使用气体钻井治漏，二开批量采用水基钻井液钻进，三开韩家店—石牛拦难钻地层进行批量化氮气钻井提速，下部造斜段和水平段采用油基钻井液进行钻进。在双钻机批量钻井作业时可通过时间错开的方式实现水基钻井液和油基钻井液体系的双钻机倒换使用，减少钻井液体系套数。

（3）页岩气丛式水平井井身结构优化方案。

①非标井身结构优化方案：

引入非标井身结构，减少破岩体积（41%，112m³）、套管用量（17%，73t）和油基钻井液钻屑处理（40%，15m³），提高机械钻速，成本降低；ϕ196.85mm 套管下至 50° ～ 65°，保证了斜井段钻井安全；龙马溪水平段采用ϕ168.28mm 钻头专层专打，降低钻井风险，提高井壁稳定能力。

②针对旋转导向的井身结构优化方案：

CN–H3–5 井是项目开展后，针对旋转导向钻井技术条件下的水平井工艺差别，形成了旋转导向的井身结构优化方案：ϕ339.7mm 表层套管下至 350m 左右，封固地表恶性漏层，为二开作井控准备；ϕ244.5mm 技术套管下至韩家店；ϕ215.9mm 井眼造斜点下移，韩家店—石牛栏放在直井段提速钻进。从造斜段开始使用旋转导向钻进。

依据地质特点和前期井下复杂研究，结合最新生产需求以及钻完井技术的发展需要，经历了“常规→非常规、大尺寸→小尺寸、四开→三开”的三轮井身结构优化方案的演变，形成了适合旋转导向和气体钻井提速的最优化井身结构，该轮井身结构的机械钻速和钻井周期均有显著提升，同时减少了井下复杂，降低了钻井成本。

3. 井眼轨道设计

1）井眼轨道优化设计要素

长宁丛式水平井组井眼轨迹设计除满足地质目标要求外，还应考虑以下因素：

（1）针对长宁区块小靶前距，大偏移距的水平井实际情况，采用“较大的井斜走偏移距—增井斜扭方位入窗”的三段制三维水平井井身剖面设计方法。

（2）浅层设计“预斜”井眼轨道，预造斜 3° ～ 6° 防碰绕障，拉开与邻井距离，直井段 PDC+ 螺杆和气体钻井防漏打快创造条件，机械钻速提高 30%。

（3）防碰段优化狗腿度（2°/30m ～ 4°/30m），减少上部套管磨损和摩阻扭矩，细化随钻测量程序，项目实施页岩气丛式水平井作业 22 口，未出现井眼相碰事故。

（4）设计造斜段全角变化率 5°/30m ～ 8°/30m，满足进入龙马溪造斜，靶前距 400m 和安全下套管以及完井施工要求，提高地质工程复杂应对能力。

（5）下技术套管前，调整方位姿态至靶区要求，以降低下部钻井摩阻扭矩，降低施工风险。

2）地质目标确定

（1）水平井巷道间距。

根据威远—长宁页岩气示范区页岩气藏特点，为保证页岩储层最大限度得到开发利用，采用双向平行井眼分布，利于后期进行大型体积压裂，最大限度开发储层。通过对前期已完成的三口先导页岩气水平井井下裂缝监测结果，裂缝垂直于井眼轨迹方向长度最小583m，最大达 1390m，呈不对称分布，压裂裂缝监测结果见表 7–4。

表 7–4　四川页岩气水平井压裂效果微地震监测裂缝长度表　　单位：m

井号	缝长	半缝长	半缝长
W201–H1	583	400	200
W201–H3	1390	750	640
N201–H1	1050	525	400

井下微地震监测结果表明：裂缝垂直于井轨迹方向长度最小均超过 500m。国外页岩气开发井距受各州法规、储层物性和水力裂缝尺寸的影响，水平巷道距离在 150 ～ 500m 不等，且大多都有由稀向密的发展趋势。

结合裂缝监测结果及北美开发经验，水平井巷道取 300 ～ 500m，长宁龙马溪页岩“工厂化”初期阶段根据地质、开发的试验对比需要，分别进行井间距 300m、400m、500m 对比试验，水平段长 1000m、1200m、1400m 对比试验，根据开发情况进行评价及优化。表 7–5 列出了 CN–H2 井组水平井巷道间距情况。

表 7–5　CN–H2 井组水平井巷道间距表

<table>
<tr><th>井号</th><th>井间距，m</th><th>水平段长，m</th><th>实验内容</th></tr>
<tr><td>CN–H2 － 1</td><td rowspan="4">300</td><td>1000</td><td rowspan="4">相同井间距，不同的水平段长产能情况</td></tr>
<tr><td>CN–H2 － 2</td><td>1400</td></tr>
<tr><td>CN–H2 － 3</td><td>1200</td></tr>
<tr><td>CN–H2 － 4</td><td>1000</td></tr>
<tr><td>CN–H2 － 5</td><td>与 CN–H2 － 6 井间距 500</td><td>1000</td><td rowspan="2">不同井间距，相同水平段长的产能情况</td></tr>
<tr><td>CN–H2 － 6</td><td>—</td><td>1000</td></tr>
</table>

（2）水平井着陆位置。

完成的 W201–H1 井等 3 口先导试验井，水平段沿高伽马页岩储层钻进，伽马均在 200 ～ 300API，储层为碳质页岩，层理发育，较破碎，稳定性较差，钻井过程中均不同程度的发生井壁垮塌。其中 N201–H1 井（图 7–3）在水平段采用 1.90g/cm^3 密度的合成基钻井液，钻至 3447m 起钻时因垮塌卡钻而填井侧钻，钻至原井深损失 65.5d，占钻井总时间的 44.70%，全井纯钻时间仅为 26%，复杂时效高达 58.88%。高伽马页岩垂厚较薄，增加了水平段储层跟踪难度，低伽马段垂厚一般在 30m 以上，沿稳定性相对较好的低伽马页岩储层钻进，储层跟踪难度较低，且储层改造时上下压裂深度可达300m，通过压裂可将高伽马储层连通，既能降低钻井风险，又能保证单井产量，因此，页岩气丛式水平井选择在低伽马段着陆。

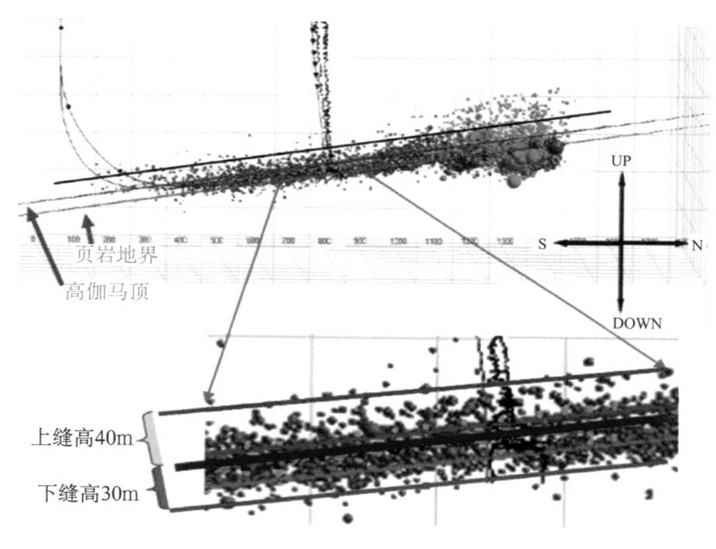

图 7-3 N201-H1 井压裂厚度图

对 CN-H2 丛式井组倾角小、地层平缓。龙马溪有利储层厚度相对较厚，TOC 含量为3.5% 的层段 20m 左右，综合考虑选择着陆点在距高伽马页岩底界 30m 左右。

（3）水平段延伸方向。

为实现良好的后期压裂效果，W201-H1 井等 3 口先导试验水平井，设计井眼轨迹是沿最小主应力方向延伸，不利于井眼稳定，容易发生井下垮塌，施工作业中达到压裂裂缝并未按垂直最小主应力方向延伸目的。因此，水平段延伸方向与最小主应力方向形成30°～40° 夹角，既提高钻井中井眼稳定，又保证取得良好的压裂效果。CN-H2 井组水平井延伸方向见表 7-6。

表 7-6 CN-H2 井组水平井延伸方向表

井号	延伸方向	井号	延伸方向
CN-H2-1 井	345°（最小主应力方向 25°）	CN-H2-4 井	165°
CN-H2-2 井		CN-H2-5 井	
CN-H2-3 井		CN-H2-6 井	

3）CN-H2 井组井眼轨道设计

丛式井组将面临同场井钻井周期逐步增加的问题：井深增大，造斜点上移，定向段增长，轨迹控制难度增大等。鉴于页岩气丛式水平井开发要求，井眼轨迹将由二维变成三维，同时要求缩短靶前距、提高造斜率，需攻克丛式井组三维井眼轨迹控制、三维大摩阻井眼安全施工（摩阻计算、钻具组合、安全下套管等）等技术难点。

长宁—威远区块页岩气丛式水平井组井眼轨迹设计除满足地质目标要求外，还应考虑以下因素：

（1）地层造斜率偏低，从宁 201–H1 井来看，1.5° 弯螺杆造斜率也仅 5°/30m 左右；

（2）考虑地层预测不准，层位提前或落后情况下井眼轨迹调整能力；

（3）考虑直井段可能形成正位移情况下井眼轨迹调整能力；

（4）丛式井组防碰绕障，相邻井造斜点错开 50m 以上；

（5）定向井扭方位作业一般在井斜角 50° 之前完成从而减小工程难度；

（6）下技术套管前，调整方位姿态至靶区要求，以降低下部钻井摩阻扭矩，降低施工风险。

根据地质靶区要求及提出的井眼轨迹设计原则，图 7–4 给出了 CN–H2 井组设计三维井眼轨迹图。

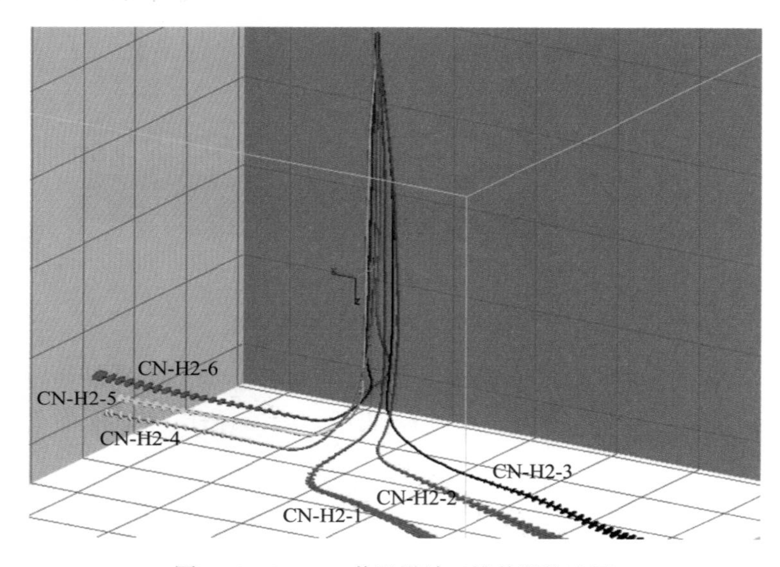

图 7–4　CN–H2 井组设计三维井眼轨迹图

4）井眼防碰

采用 ISCWSA 误差计算模型，应用 3–D 最近距离法扫描最近空间距离，进行了全井段井间距、分离系数计算，结果表明，按设计井眼轨迹进行绕障后分离系数均大于 2，能满足安全作业要求。

二、长宁—威远页岩气工厂化钻井作业方案

1. 总体方案

四川地区长宁、威远地形复杂，目前车载小钻机（1000m、1500m 钻机）运移受到道路条件限制，且上部一开、二开井段漏失层发育，采用小钻机复杂处理能力不足[2]，因此研究形成了双大钻机页岩气工厂化作业流程：

（1）采用三开井身结构。长宁区块一开采用充气钻井防漏治漏、二开水基钻井液钻进至韩家店难钻地层上部、三开韩家店—石牛拦地层采用氮气钻井提速，然后转入油基钻井液或高性能水基钻井液进行造斜段和水平段钻进；威远区块一开采用无固相强钻、二开水基钻井液钻进至龙马溪顶部、三开采用油基钻井液或高性能水基钻井液钻至完钻深度。

（2）双大钻机一开、二开批量钻井、三开批量钻井，减少钻井液用量和钻具倒换时间。

（3）开钻时间错开 7d，实现钻具搬安和运输设备、人员共用，表层采用 1 套空气钻井设备，形成学习曲线逐步提高技术能力水平。

图 7–5 为工厂化批量钻井作业流量，图 7–6 为批量钻井示意图。

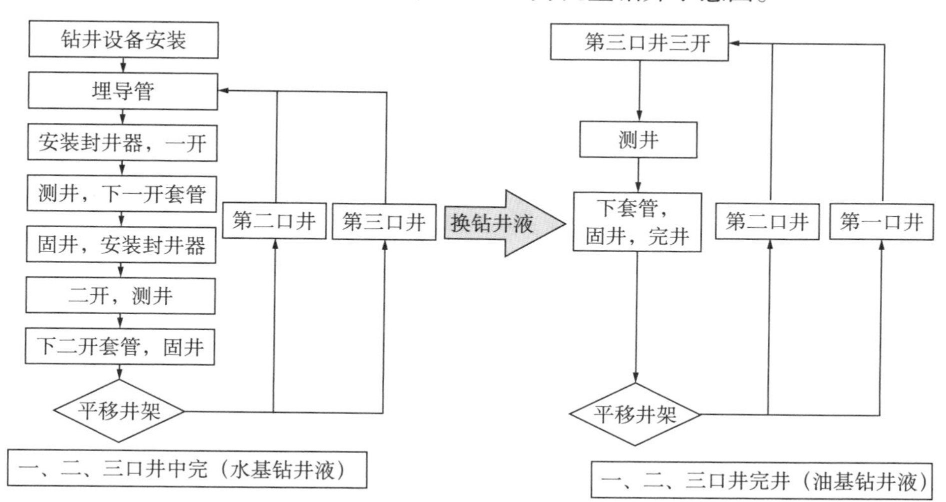

图 7–5　长宁—威远页岩气工厂化批量钻井作业流程

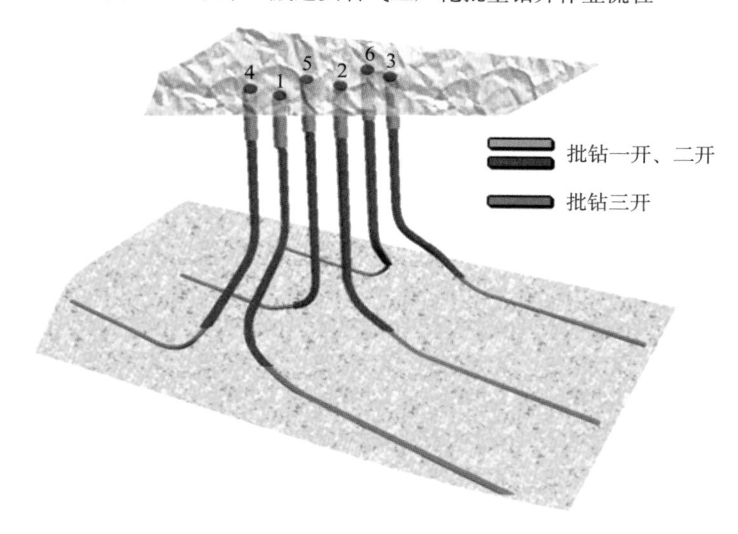

图 7–6　长宁—威远页岩气批量钻井示意图

2. 一开、二开双钻机批量钻井作业程序

（1）两台钻机分别就位于 1 号井和 6 号井，开钻时间错开 7d。

（2）1 号井进行气体钻井（约 3d），下套管固井、二开进行水基钻井液钻进，6 号井开始一开气体钻井。

（3）6 号井气体钻完一开，下套管固井，1 号井完成二开钻进，将钻井液倒换至 6 号井进行二开水基钻井液钻进，1 号井钻机平移至 2 号井进行气体钻一开。

（4）依次交替钻完 6 口井，进行钻机平移 4 次，完成一开、二开批量钻井时井架分别位于 3 号井和 4 号井。

3. 三开双钻机批量钻井作业程序

循环系统以第一排第 3 口井为基准摆放，批量化钻井作业中循环系统、钻井泵组、发电房和电控房不需移动位置，只需根据钻机位置延长钻井液管汇和电缆；钻机井架、底座、绞车由步进装置整体移动。

要求每口井的套管头不高于钻机基础 200mm，以满足钻机的整体纵向、横向的二维移动要求。

三开批量钻井顺序为：

（1）二开完钻后，两台钻机分别就位在 4 号、3 号井（打钻时间错开 7d），一套空钻设备。

（2）4 号井气体钻井（约 5d 时间），完成后 3 号井进行气体钻井，4 号井替油基钻井液，进行定向段和水平段钻进。

（3）3 号井完成气体钻井，气体钻井待命，替油基钻井液，进行定向段和水平段钻进。

（4）依次钻完 6 口井。

为实现双大钻机页岩气工厂化批量钻井作业，研制改造形成了电动钻机步进平移系统、机械钻机滑轨平移系统，现场应用中 1h 内完成纵向 5m 准确平移，与传统钻井搬安 6d 相比，单井节约 5d，为工厂化作业提高了装备和技术保障。CN−H2、CN−H3 平台钻机平移技术现场应用见表 7−7。

表 7−7　CN−H2、CN−H3 平台钻机平移技术现场应用

试验井	平移系统	移动时间，h	优点	适用范围
CN−H2 平台	导轨式平移系统	<1	平移负荷大	机械、电动钻机，纵向移动
CN−H3 平台	步进式平移系统	<1	小巧安装简单	电动钻机、纵向、横向移动

4. 现场应用效果

采用“集群化建井、批量化实施、流水线作业、一体化管理”的工厂化钻井作业模式，通过逐步完善钻机配套系统改造，推广应用双钻机、批量钻井工艺，分开次集中管理、实施，威远页岩气区块 2014—2015 年开展钻井作业 9 个平台、45 口井，总体钻井速度逐步提升、钻井周期逐步缩短。

（1）钻井周期逐步缩短。

选取威远区块 6 口井的双钻机作业平台，与常规单机单井作业模式相比，平台钻井周期缩短了约 40%，见表 7−8。

表 7−8　威远 202H1 平台钻井周期

平台号	井数	实际平台周期，d	6 口单井周期和，d
威 202H1 平台	6	260	395
威 202H3 平台	6	195	334
威 204H4 平台	6	366	676
威 204H5 平台	6	413	654
威 204H9 平台	6	296	440
平均		306	500

威204区块第一阶段共22口井、第二阶段共11口井，33口井钻井周期总体呈现下降趋势，第二阶段较第一阶段平均完钻周期缩短20.72d，完井周期缩短25.99d，机械钻速提高6.67%。

威202区块实施2个平台12口井，采用工厂化作业后，通过不断重复作业，平台后实施的井钻井绩效逐步提高，有明显的学习曲线。威202H1平台钻井周期对比如图7–7所示。

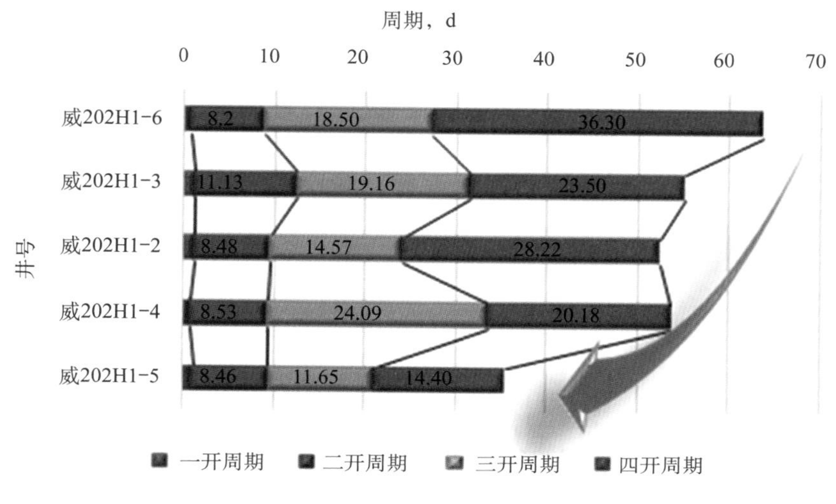

图7–7 威202H1平台钻井周期对比

（2）作业效率有效提高。

威远风险作业区两个区块，第一阶段2014—2015年的34口井，非生产时效8.18%，其中故障复杂时效高达5.36%。第二阶段2016年11口井，通过工厂化作业模式的不断学习、总结、改进，非生产时效下降到6.01%，故障复杂时效也控制在3%以内。

（3）工程质量不断提升。

随着井工厂的规模应用，页岩气区块地质认识逐渐深入、钻井工艺技术不断进步，2014–2015年龙一$_1^1$储层钻遇率分别为34.9%、76.7%、97.3%，页岩气效益得到很大提升。

三、长宁—威远页岩气工厂化储层改造方案

长宁—威远页岩气工厂化储层改造是实现页岩气高效开发的关键环节，通过两口或多口井的压裂、射孔“交叉”作业，各施工环节间做到无缝衔接，充分提高设备使用效率和施工作业时效，最大限度缩短作业周期。

1. 平台基本情况

G平台位于四川盆地，根据实钻资料，该地区龙马溪组厚163～574m，地层构造平缓，埋藏适中，地层底部发育一套富含烃类气体页岩，断层相对不发育，利于页岩气保存。平台分为上下半支，各3口水平井，井间距400m，上半支井位部署如图7–8所示。首先钻完上半支3口井，完井后，在下半支3口井钻井的同时压裂上半支3口井，待下

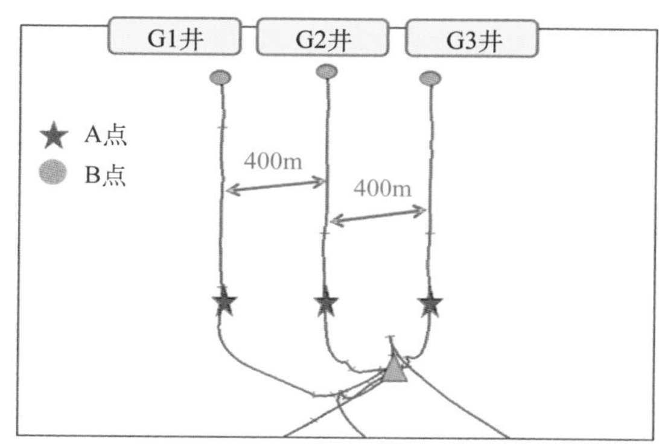

图7–8 G平台上半支井位部署图

半支 3 口井完井后，对下半支 3 口井进行压裂。

G 平台上半支 3 口水平井均采用 3 开套管完井，完钻层位龙马溪组，井身结构如图 7–9 所示。使用 ϕ139.7mm 油层套管完井，套管钢级 BG–125，壁厚 12.7mm，抗内压强度 137.2MPa，抗外挤强度 156.7MPa（表 7–9）。

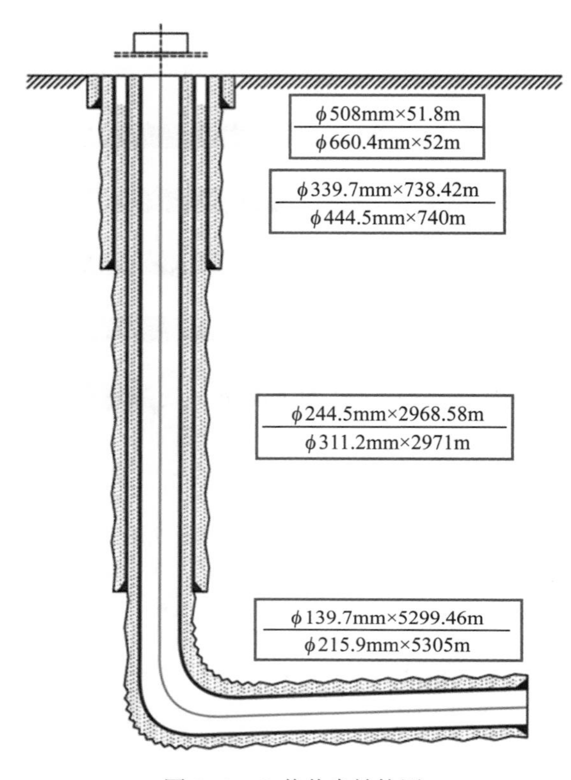

图 7–9　G 井井身结构图

表 7–9　油层套管数据

规格，mm	内径，mm	壁厚，mm	钢级	抗内压，MPa	抗外挤，MPa
139.7	114.3	12.7	BG–125	137.2	156.7

3 口水平井完钻井深 5000m 左右，其中 G1 井完钻井深达到 5305m。三口井水平段长均超过 1500m，优质页岩储层龙一$_1^1$层钻遇率高，三口井均超过 90%（表 7–10）。

表 7–10　G 平台上半支龙一$_1^1$钻遇率统计表

井号	完钻井深，m	水平段长，m	龙一$_1^1$段长，m	龙一$_1^1$钻遇率，%
G1	5305.0	1500.0	1356.7	90.45
G2	5010.0	1520.0	1520.0	100
G3	4967.0	1507.0	1395.5	92.6

G2 水平段长 1520m，优质页岩钻遇率 100%，箱体钻遇率 100%，龙一$_1^1$钻遇率 100%（图 7–10）。

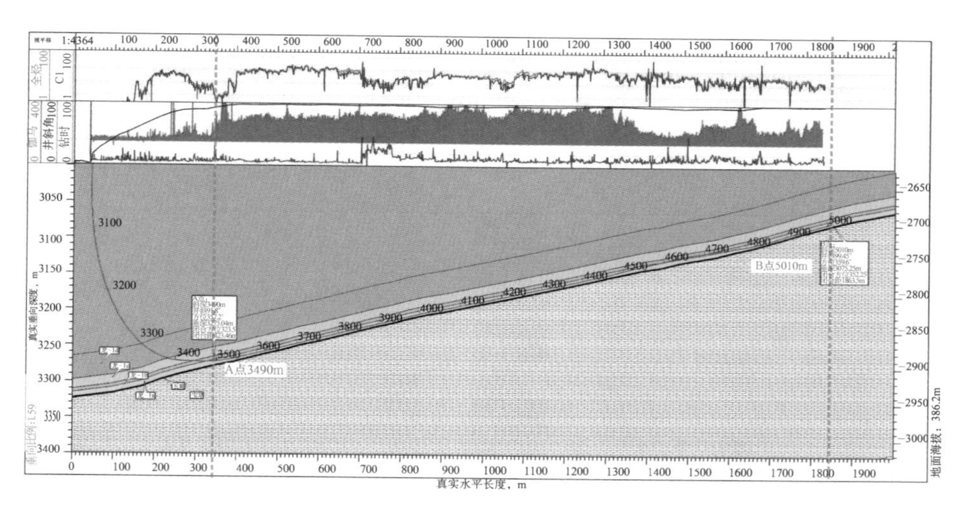

图 7-10　G2 井储层钻遇情况

2. 储层特征

G 平台优质页岩厚度为 40 ~ 50m，平均埋深为 3180 ~ 3520m，压力系数约为 1.8。龙一$_1^1$平均有机碳含量和总含气量最高，平均泥质含量最低，脆性指数相对较高。G 平台龙一$_1^1$平均 TOC 含量为 5.4%，孔隙度为 6.3%，总含气量为 5.8m³/t，脆性指数为 71.0%。

交叉偶极横波解释，G 平台最大主应力方向为近东西向，方位角 95° ~ 105°，平均为在 100°，与井眼轨迹近垂直关系，有利于水力压裂过程中形成正交井筒的裂缝，增大与储层的接触面积。

区域应力状态为 $\alpha_H>\alpha_v>\alpha_h$，垂向主应力居中，呈走滑应力状态，最大水平应力与最小水平应力差值为 15.4MPa。

根据蚂蚁体追踪技术可知，G 平台附近发育多条规模不等的过井筒裂缝，裂缝走向不一。本井 3660 ~ 3690m、4324 ~ 4511m、4811 ~ 4872m、4932 ~ 5002m 附近都发育有天然裂缝，其中 3660 ~ 3690m 和 4932 ~ 5002m 处裂缝规模较大，而且在 3680m 和 4830m 钻遇有小断层，压裂施工时需要控制施工规模，并监测压力响应（图 7-11）。

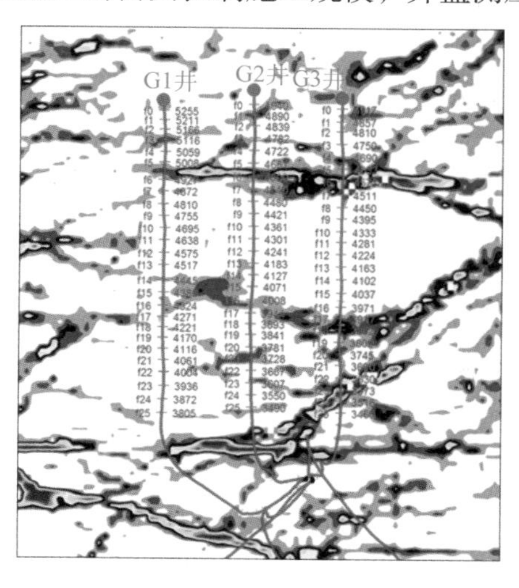

图 7-11　G 平台蚂蚁体追踪解释图

3. 压裂方案优化

（1）分段优化。

借助产能预测、诱导应力预测数值模拟，以实现最大单井产量与储层改造体积为目标，综合推荐段间距为：50～90m，平均段长 70m 左右。G 井压裂分段分簇方案如图 7–12 所示。

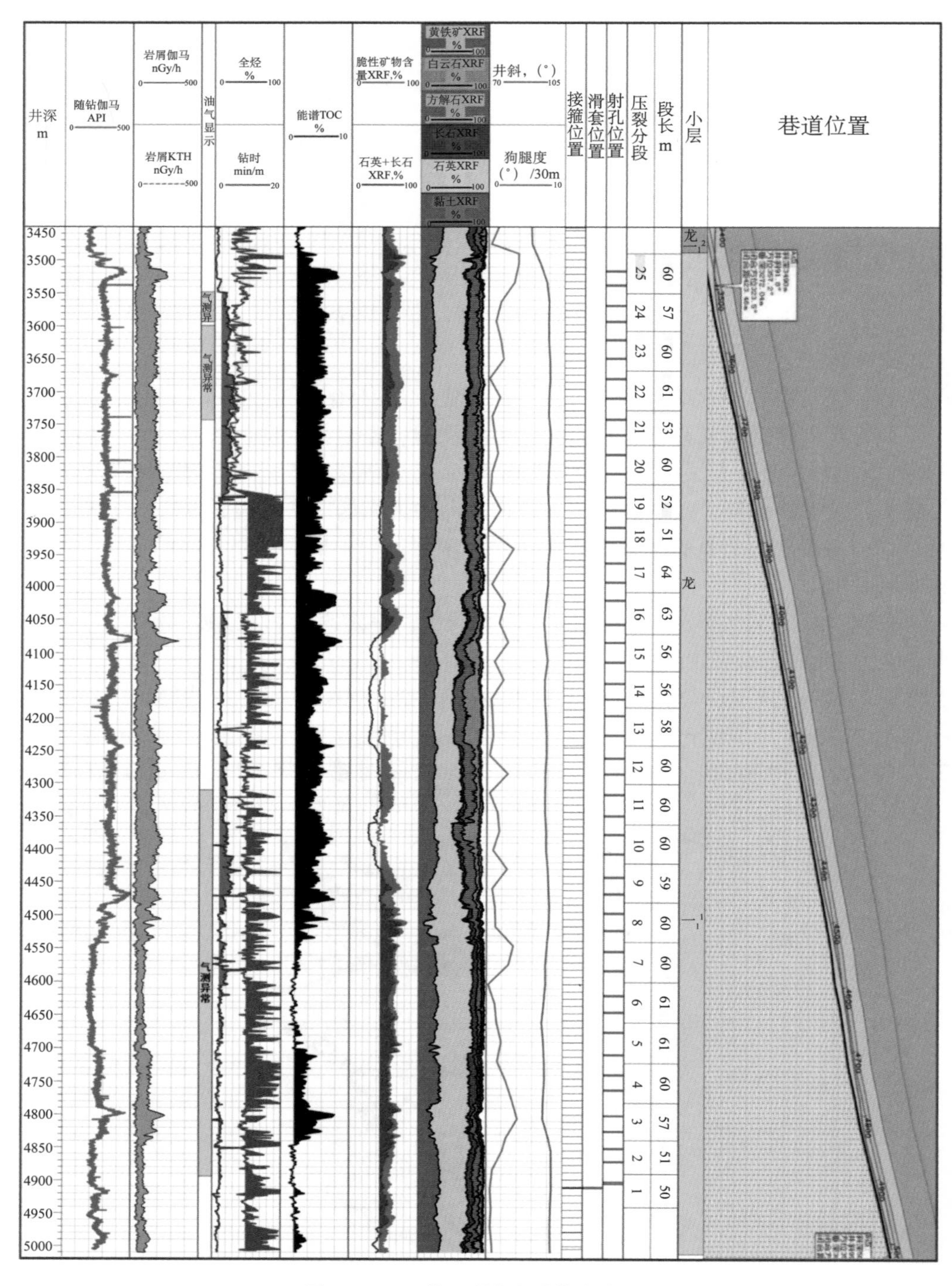

图 7–12　G 井压裂分段分簇方案图

（2）射孔段及参数。

①射孔方式：分簇射孔。

②射孔工艺：第 1 段连续油管分簇射孔；第 2 段及以后采用电缆传输分簇射孔。

③射孔孔数：根据限流压裂原理，页岩压裂中要形成复杂裂缝，单孔进液量为 0.2 ～ 0.3m³/min，在条件具备的前提下尽量提高单孔进液量。施工排量为 10 ～ 12m³/min 时，设计单段总孔数为 48 孔。射孔参数为 16 孔 /m，每簇 1m，每段 3 簇，总孔数 48 孔，10m³/min 排量下单孔流速 0.21m³/min（图 7–13）。

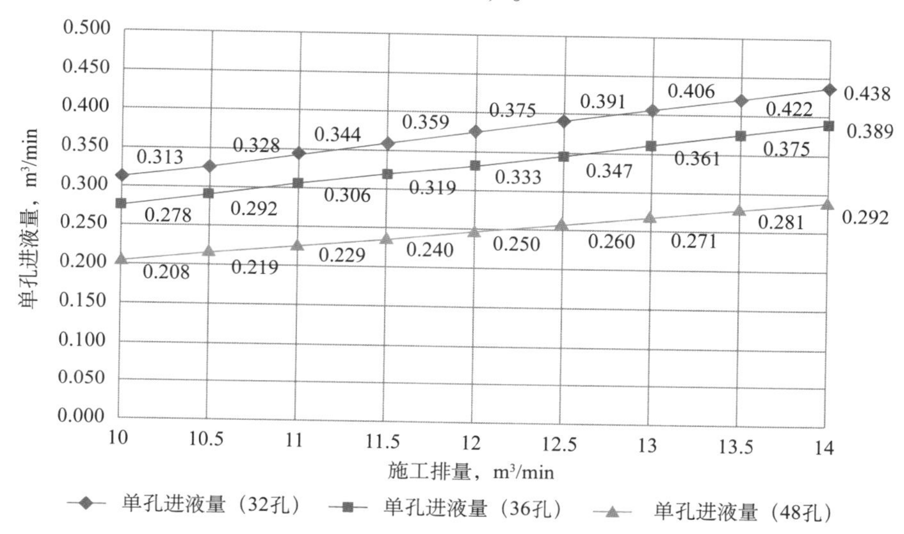

图 7–13 不同排量及射孔方式下单孔进液量分布图

（3）压裂规模。

根据井区平台井部署方式，模拟计算主裂缝有效支撑缝长超过 200m 为标准选择规模，考虑长期生产过程裂缝失效的特征，当每段液量 1600m³、支撑剂 80t 时，模拟得到支撑裂缝长度 210m，平均有效支撑缝高 29.8m，缝网宽度 55m。当每段液量 2000m³、支撑剂 90t，模拟得到支撑裂缝长度 240m，平均有效支撑缝高 32.1m，缝网宽度 58m。最终优化得到单段液量 1600 ～ 2000 m³，单段砂量 80 ～ 90t。

（4）施工排量。

本区水平井施工瞬时停泵压力梯度普遍在 0.024MPa/m 左右，考虑储层非均质性，选择 0.023 ～ 0.025 MPa/m 的应力梯度进行泵压预测（表 7–11）。

表 7–11 G 井组施工压力预测

排量，m³/min	不同延伸压力梯度下的泵压，MPa			
	0.022MPa/m	0.023MPa/m	0.024MPa/m	0.025MPa/m
9	66.10	69.18	72.25	75.33
10	71.86	74.94	78.01	81.09
11	78.06	81.14	84.21	87.29
12	84.71	87.79	90.86	93.94

注：12m³/min 孔眼摩阻 1.5MPa。

考虑到按照施工限压控制，选择 10m³/min 左右排量。

（5）压裂泵注程序。

结合钻录井资料、测井解释结果、储层物性等综合资料和各段加砂难度，对本井设计多套主加砂方案，具体选择依据现场施工实际情况合理选择和调整（表 7–12）。

表 7–12　G1 井压裂泵注方案选择依据表

施工井段	层位	加砂方式	设计加砂量，t
第 1 段	龙一$_1^1$	混合压裂模式：最高砂浓度 180kg/m³，液量 1600 ～ 2000m³	80 ～ 90
裂缝发育段	龙一$_1^1$	混合压裂模式：最高砂浓度 200kg/m³，液量 1600 ～ 2000m³	80 ～ 90
裂缝不发育	龙一$_1^1$	滑溜水压裂模式：最高砂浓度 240kg/m³，液量 1600 ～ 2000m³	80 ～ 90

（6）压裂液。

平台井脆性指数为 56.5 ～ 71.8，属脆性页岩。使用滑溜水、弱凝胶两种液体体系，以滑溜水为主体，弱凝胶用于部分层段前期造缝、增加缝宽，保证施工成功。

①滑溜水体系：高效降阻剂。

②弱凝胶体系：低伤害聚合物压裂液用稠化剂 + 多功能增效剂 + 压裂用延迟交联剂 +APS。

（7）支撑剂。

根据折算储层闭合应力 71.3MPa，作用在支撑剂上的压力约 25MPa，因此选用高等强度陶粒可满足导流能力需求（强度在抗压 86MPa 下破碎率≤ 10%）；

施工前期前置液段塞采用 100 目石英砂，充分打磨孔眼及封堵微裂缝，加砂中后期采用 40/70 目陶粒用于主体裂缝支撑，满足储层导流能力要求。

（8）压裂裂缝监测。

采用井下微地震监测技术监测压裂裂缝走向，为压裂方案实时调整、压后效果评估提供基础依据。

4. 现场实施

（1）作业模式。

为了提高平台储层整体动用程度，提高工厂化压裂作业效率与返排液环保利用，平台 3 口井压裂采用拉链式作业模式，利用井间、缝间干扰，增加裂缝复杂性和增大改造体积。采用成熟的电缆泵送桥塞分段压裂工艺实施水平井分段压裂，压裂设备、电缆作业设备在三口井之间倒换，最大限度提高设备动用率。利用实时微地震监测技术提供裂缝延伸拓展动态，为施工调整提供依据，根据储层局部分均质性优化施工参数。G 平台压裂顺序如图 7–14 所示。

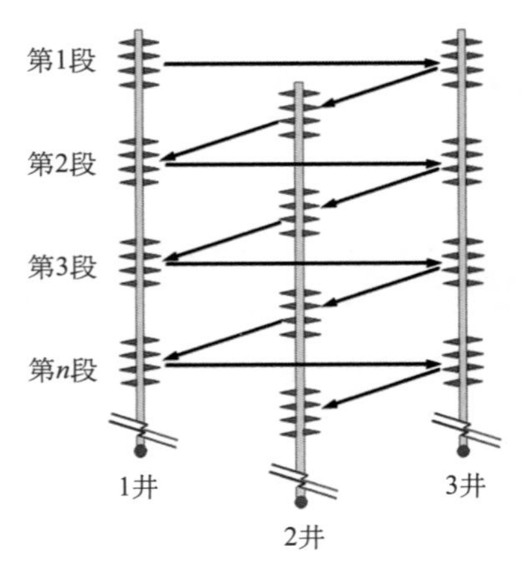

图 7–14　G 平台压裂顺序

（2）设备配置。

主压裂配备 20 台 2500 型压裂车，保证部分主压裂设备在出意外的情况下仍可满足设计排量。

泵枪预备 4 台 2000 型压裂车，保证部分泵枪设备出意外的情况下仍可满足泵枪排量。

供液设备两套，包括 2 台混砂车，每台配 4 砂罐。两台混砂车间隔使用，尽量避免混砂车疲劳，降低故障概率；保证每段 4 罐满砂，并让另 4 罐有充足时间吊砂，一台混砂车故障可即时切换流程，不影响施工。

加油橇 2 台，提高加油效率，节省段间等待时间。

测井电缆配套设备 2 套，一套入井作业，一套地面装配，节约准备时间。

G 平台工厂化压裂地面设备配套见表 7–13。

表 7–13　G 平台工厂化压裂地面设备配套

名称	数量	名称	数量
压裂车	2500 型 ×20，2000 型 ×4（泵枪）	供液橇	1 台
仪表车	2 台	加油橇	2 台
混砂车	2 台	吊车	5 台
供液车	1 台	测井电缆设备	2 套
连续混配车	1 台	砂罐	8 个

（3）施工概况。

G 平台上半支共计完成 3 口井 73 段压裂，累计注入液量 133618m³，平均单段液量 1830.4m³，其中盐酸 235m³，滑溜水 121188.6m³，弱凝胶 12194.3m³。累计加砂量 6072t/4208m³，平均单段砂量 83.2t，其中粉砂 4178t/2902m³，陶粒 1893.8t/1306.1m³。一般排量 8.2 ～ 10.3m³/min，一般压力 68.6 ～ 78.4MPa。G 平台压裂施工参数见表 7–14，拉链式压裂现场如图 7–15 所示。

表 7–14　G 平台压裂施工参数汇总表

井号	压裂段数	100 目石英砂，t	40/70 目陶粒，t	总砂量 t	酸液 m³	滑溜水 m³	弱凝胶 m³	总液量 m³	平均单段液量，m³	平均单段砂量，t
G1	25	1429	619.8	2049	80	43072.1	3558.8	46711	1868.4	82
G2	23	1301	743.1	2044	30	37721.9	2649.8	40402	1756.6	88.9
G3	25	1448	530.9	1979	125	40394.6	5985.7	46505	1860.2	79.1

图 7–15　G 平台拉链式压裂现场图

（4）施工实时调整。

施工过程中通过停泵转向、线性胶段塞处理以及短段塞＋大液量冲洗等处理措施，保证顺利加砂，同时增加储层改造体积。

5. 压裂改造效果分析

（1）压裂实时监测。

G平台上半支拉链式压裂中，通过邻井井下微地震实时监测显示，人工水力裂缝主要受到地应力控制，因此微地震监测结果显示出与井筒较好的正交性，横切裂缝有助于实现最大化的储层改造体积（SRV），而水平井间交错布缝增加了裂缝的铺置效率。

根据微地震监测结果（图7-16），微地震事件波及长度在210～480m范围，平均335m；波及宽度在45～110m范围，平均78m；涉及高度在40～95m范围内，平均65m。

该区最大主应力方向与井筒近似垂直，部分压裂段受局部应力影响有所偏差，微地震响应方位范围为76°～104°，平均为92.4°。

在G3井东侧有一大型天然裂缝，分析认为该天然裂缝为应力响应，未与G1井人工裂缝连通。在第18段之后加砂较为困难，分析认为与东侧大型响应带有关，液体滤失增大。去除天然裂缝响应后计算得到的SRV为$1.65\times10^8m^3$。

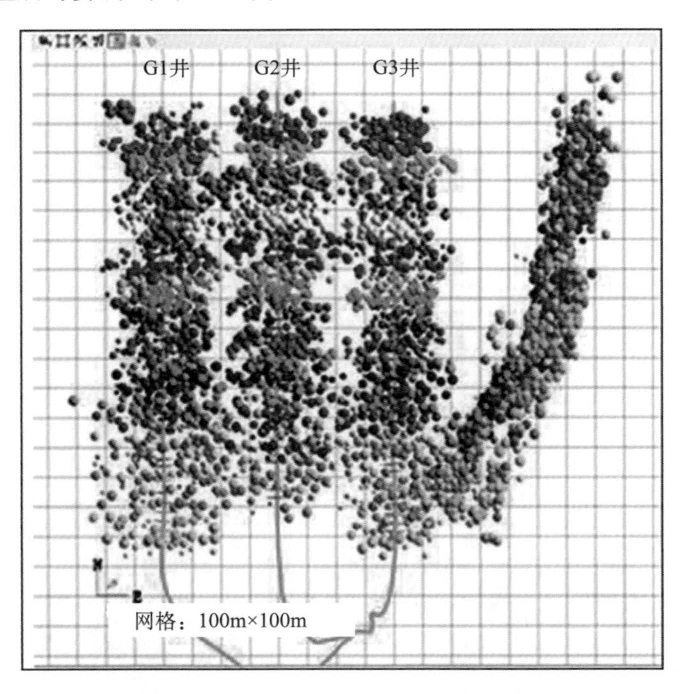

图7-16　G平台上半支拉链式压裂微地震监测结果

（2）压裂时效分析。

G平台上半支1、2、3井共计完成73段压裂，基本上按照一天压裂3段的进度进行作业，实现了施工作业的规模化、工艺实施的流程化、组织运行的一体化、生产管理的精细化、现场施工的标准化（图7-17）。单段平均液量$1800m^3$，平均砂量80t，平均排量$10m^3/min$。平均每日现场作业时长11h。段与段之间的等候间隙完成燃料添加等工作，施工效率比传统单井压裂方式提高了近80%，极大提高了压裂作业时效。

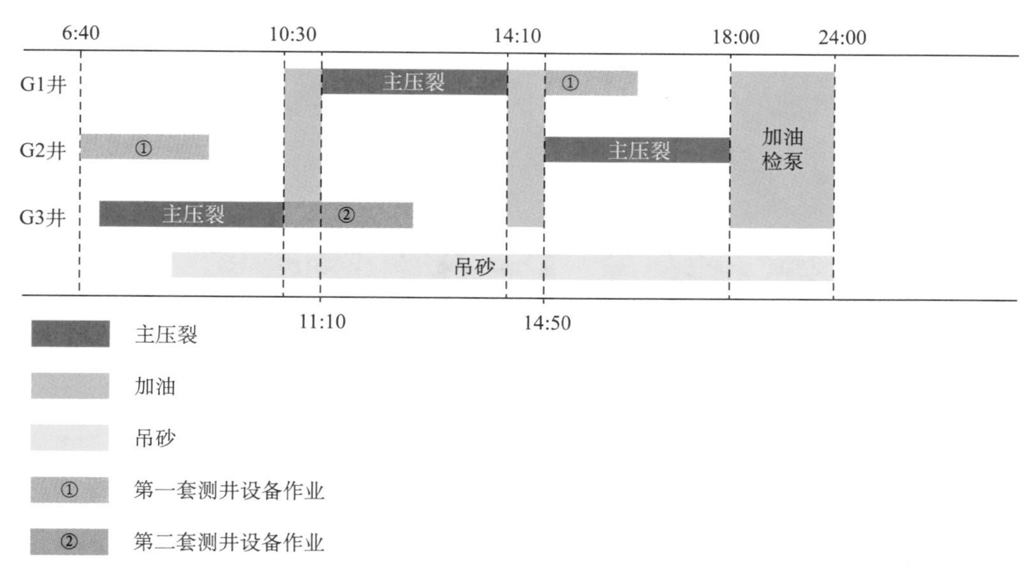

图 7–17 G 平台上半支拉链式压裂作业时效分析

（3）压后测试及生产概况。

G 平台上半支 3 口井改造后返排过程中获得气产量极大值时对应的平均套压为 26.67MPa，平均产量最大值为 $27.52 \times 10^4 m^3/d$，平均返排率为 21.86%，取得了较好的效果（图 7–18）。

通过数值模拟预测，G1 井按 $8 \times 10^4 m^3/d$ 生产，可以稳产 15 个月，生产 20 年后预计最终采收率（EUR）可达 $0.97 \times 10^8 m^3$。

四、清洁生产

页岩气本身作为清洁能源，但资源储藏量最大的川渝地区人口稠密，地理环境复杂，其地质特点及开发方式注定了它的安全环保工作是一条坎坷之路。在这里，一个平台几十万立方米的压裂液近一半量要返出地面来进行处理；在这里，多工种、多工序、多单位联合作业已是家常便饭；在这里，对水资源的依赖与考验非比寻常；在这里，一个平台从钻前施工、钻井施工、压裂施工的噪声持续时间达一年之久。这些现实情况，给页岩气开发带来巨大的压力。

通过清洁化生产，采用革新的井场清污分流系统将清洁区与易污染区完全隔离，保障自然水系不受污染；岩屑、废弃钻井液等废弃物实时“不落地”分类收集，岩屑资源化利用、钻井液回收利用、气田水综合治理；压裂液返排液重复利用技术全面推广应用；钻井环境噪声治理方案、压裂施工降噪技术、采输增压设备降噪技术、电带油减排降噪技术相继出台；岩屑管输、压滤等新工艺在页岩气平台率先应用等。这些页岩气环保节能技术和一整套清洁生产流程都使页岩气开发的环境保护走在前列，从源头实现废弃物减量，达到环境效益和经济效益的统一。

长宁区块某平台井设计钻井平台 8 个，在钻前设计时考虑到该平台井数量较多，产生废弃物较多，因此设计了有效容积 $6400m^3$ 的填埋池及 $1000m^3$ 集液池，具体设计情况如图 7–19 所示。填埋池采用池底硬化，池壁水泥砂浆磨面后使用 “两布一膜”进行防渗，集液池为钢筋混凝土结构。填埋池和集液池上方均搭盖有雨棚。

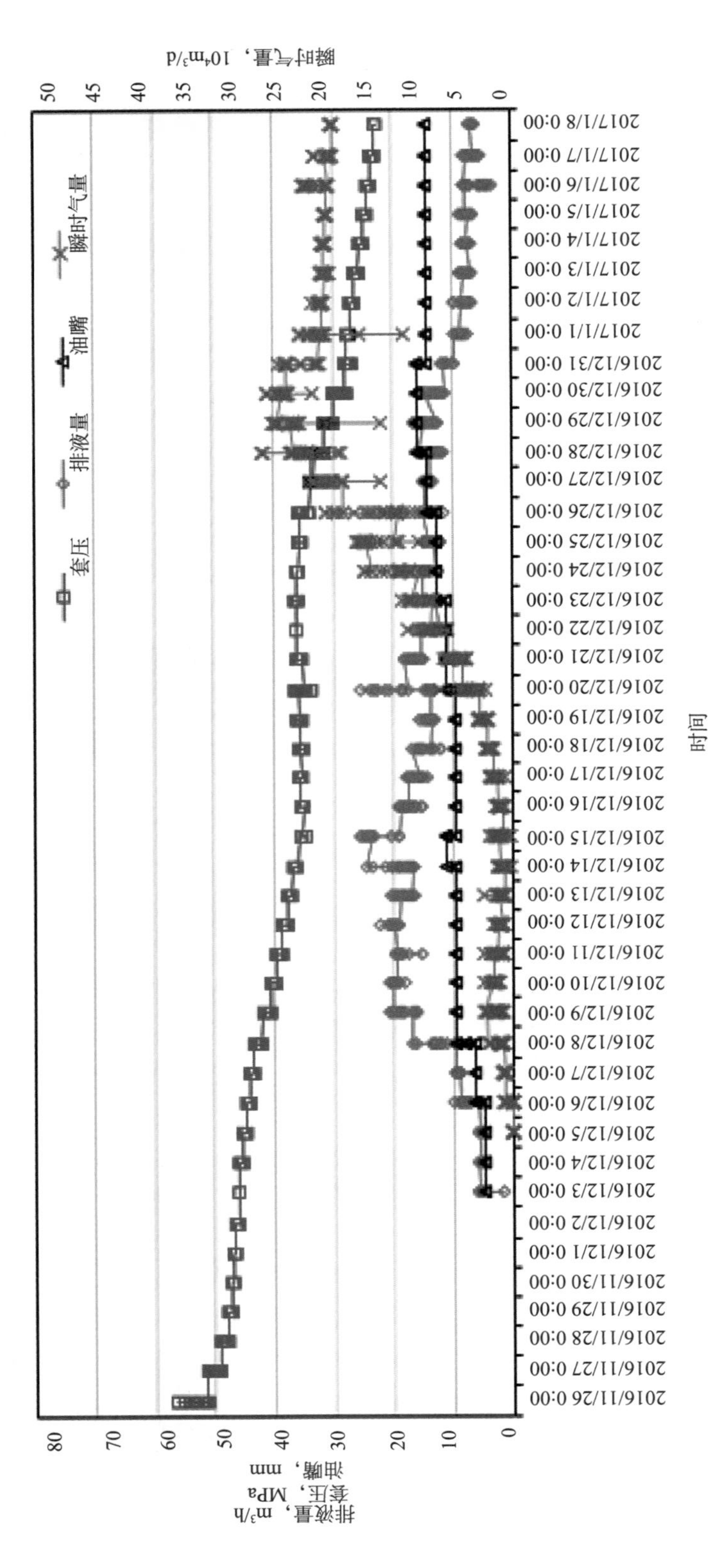

图 7-18　G1 井排液测试曲线图

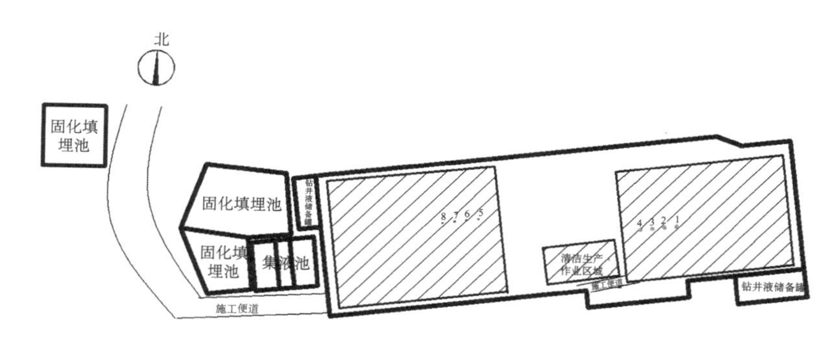

图 7−19　长宁区块某平台清洁生产区域布置

在清洁生产作业过程中，在井队振动筛下方安装螺旋输送器接收被振动筛及其他固控设备排出的固体废物。同时在螺旋输送器出口设置岩屑箱，收集转出的固体废物。岩屑收集后用叉车转移至固化罐或集中堆放地，不影响钻井施工。

该平台采用固化填埋的方式对钻井固体废弃物进行无害化处理。施工时先进行小试，具体方法为：

用取样桶取需固化样一桶（约 2kg），用架盘天平称量 200g 样品，根据经验从少到多加入固化剂主剂，直到加入量能使样品固化为止，要求精确到 0.1g，其中发生质变的那个点即是最佳固化剂加入量 $W_{(1)}$，单位为 g。用架盘天平称量 200g 样品，加入固化剂辅剂，然后根据经验从少到多加入水处理剂，调节固化体的 pH 值，直到 pH 值在 7 左右为止，此时为最佳固化剂辅剂加入量 $W_{(2)}$，单位为 g。

此时固化剂主剂的加入量为：

$W_{(主)}=W_{(1)}\div 200\times W_{(固废)}$（单位为 g）；

固化剂辅剂的加入量为：

$W_{(辅)}=W_{(2)}\div 200\times W_{(固废)}$（单位为 g）。

小试初步确定药剂添加范围后，再在现场进行中试，确定各个工序的药剂投加比例。最终能够保证固化体抗压强度不小于 150 kPa，浸出液的色度、pH 值、石油类指标达到 GB 8978—1996《污水综合排放标准》一级标准的要求，再进行正式施工。由于该平台是双钻机同时作业，因此在施工过程中对于同一钻井液体系产生的钻井废弃物统一收集至岩屑罐。处理时仅需进行一次小试 / 中试即可进行正式施工。在钻井液体系进行调整的时候，施工单位再进行小试 / 中试，调整药剂投加比例。

钻井废水通过现场收集，在集液池内初步沉降后，上清液用于钻井液回用配制。无法配制钻井液的废水按照钻井队的要求进行其他回用用途。平台内单井钻井废水转运量小于 300m³。

由于工厂化钻井作业的实施，使得同一平台的钻井作业可同时进行。由于钻井工况相近，产生的废弃物性质差异很小，可进行统一处理，由此节约了工期。原来两口井需要两个作业队，现在同一平台，只需要一个作业队即可，还减少了作业队伍应搬家而产生的成本。由此可见，工厂化钻井作业技术下的清洁生产作业技术较常规钻井模式具有减少成本、节约工期、提高效率的优点。

第二节　苏里格苏53区致密气“工厂化”应用

苏里格气田是目前国内最大的致密砂岩气藏，主要受控于近南北向分布的大型河流、三角洲砂体带，含气层为上古生界二叠系下石盒子组的盒$_8$段及山西组的山$_1$段，具有低孔、低渗、低产、低丰度的基本地质特征[3]。苏53区块位于苏里格气田的西北部，2010年采用水平井整体开发后，建成了$20\times10^8m^3/a$天然气生产能力区块，并成为苏里格地区唯一以水平井整体开发并取得显著成效的区块。为进一步提升开发效果、降低开采成本，2013年以来借助工厂化开发理念，在苏53区成功实施了丛式井大组合平台工厂化作业，取得了显著的应用效果。

一、苏53区工厂化平台井位部署

平台上共部署13口井，其中水平井10口，定向井2口，直井1口。平台上的井口分为南、北两排，东西向展布，井距和排距分别为15m、50m，平面上表现为梯形，占地面积0.06km^2。北排有6口井，最西侧1口为定向井；南排有7口井，中部直井，最东侧为1口定向井，双排井位中间的距离设计为30m。

二、苏53区工厂化钻完井方案

1. 井眼轨道

通过优选剖面类型、造斜点位置和井眼曲率，经过反复优化设计，确定所实施平台水平井井眼轨道类型三维S型中曲率剖面，即“直井段+造斜段+稳斜段+扭方位段+入靶点”。为了解决平台井的井眼轨迹防碰问题，采用三维绕障技术和随钻地质导向技术控制井眼轨迹[4, 5]。以苏53–82–19H为例，最终设计的水平井井眼轨道见表7–15。

表7–15　苏53区平台水平井井身剖面设计（以苏53–82–19H为例）

编号	测深，m	井斜角（°）	方位角（°）	垂深，m	南北坐标 m	东西坐标 m	造斜率（°）/30m	靶点
1	2700.00	0.00	0.00	2700.00	0.00	0.00	0.00	造斜点
2	2950.00	20.00	270.00	2944.95	0.00	−43.19	2.40	稳斜
3	3050.00	20.00	270.00	3038.92	0.00	−77.39	0.00	造斜扭方位
4	3371.41	56.69	344.20	3297.29	139.54	−176.22	5.00	稳斜
5	3454.52	56.69	344.20	3342.93	206.38	−195.13	0.00	造斜扭方位
6	3655.01	90.00	347.01	3399.60	389.90	−241.80	5.00	入靶点
7	4572.38	90.00	347.01	3399.60	1283.80	−448.00	0.00	终靶点

由于苏53区平台上有10口水平井，井口间距15m，两排水平井存在相对交叉施工情况，在轨道设计时要重点考虑防碰问题，并做好防碰预案。因此，轨道设计后，对各井设计轨迹进行了邻井防碰扫描，如17H与18H1在井深1446.12m最近空间扫描距离3.48m，19H与20H1在井深1349.87m最近空间扫描距离5.71m，19H1与20H1在井深3155.33m最近空间扫描距离2.83m，基本满足了水平井防碰要求。

2. 井身结构

苏 53 区平台水平井井身结构为：一开 ϕ375mm 井眼，下 ϕ273mm 表层套管，下深到 600m 以下固井，主要是为了保护洛河组地层水不受污染；二开直井段用 ϕ222mm 井眼钻到造斜点，造斜段用 ϕ215.9mm 井眼钻到 A 点，下 ϕ177.8mm 技术套管固井；三开用 ϕ152.4mm 井眼钻到 B 点，下裸眼分段压裂管柱完井。最终形成了苏 53 区平台水平井井身结构标准模板，其结果如图 7–20 所示。

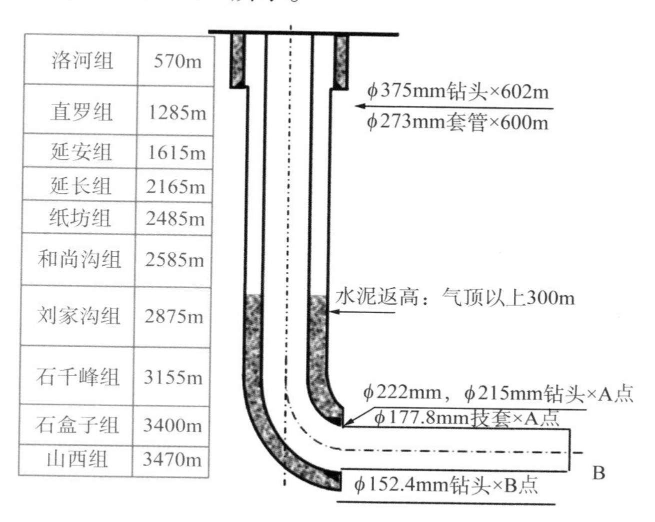

图 7–20　苏 53 区工厂化平台水平井井身结构模板示意图

3. 钻头

地层可钻性分析与钻头选型数据库软件实现了精确优选钻头，形成钻头模板，见表 7–16。

表 7–16　“1+2+2”钻头模板

序号	地层	底深，m	可钻性级别	钻头类型	使用钻头数量 只	预测机械钻速 m/h
1	洛河组	600	4.65	XHP2 牙轮	1	12 ～ 15
2	安定组	910	4.65	GM519APDC GS516PDC	1	10 ～ 12
3	直罗组	1285	4.89			8 ～ 10
4	延安组	1615	5.23			7 ～ 8
5	延长组	2165	5.52			7 ～ 8
6	纸坊组	2485	4.75			6 ～ 7
7	和尚沟组	2585	4.97	DM665D 型 PDC	2	6 ～ 7
8	刘家沟组	2875	5.52			6 ～ 7
9	石千峰组	3155	4.56			6 ～ 7
10	石盒子组	3400	4.37	哈里伯顿 FX55D 型 PDC 或贝克休斯 PDC	2	4 ～ 6
11	山西组	3470	3.90			4 ～ 6

4. 钻进参数

钻进参数主要包括钻具组合、钻压、排量等影响钻井速度的关键参数。长期以来，钻井参数优选一直都是国内外石油学者主要的研究目标之一。

（1）钻具组合。

根据目前现有工具、仪器、地质条件及在苏 53 区块水平井钻井施工经验，设计了苏 53 区块水平井钻具组合模板（表 7–17），并进行了摩阻计算，以满足现场施工要求。

表 7–17　苏 53 区平台水平井钻具组合模板

序号	钻进井段 m	钻具名称	钻具组合
1	0 ～ 500	表层钻具	ϕ346mm 牙轮钻头（江汉）+ ϕ203mm 直螺杆（LL）+ ϕ631/410 托盘 + ϕ177.8mm 无磁钻铤 ×1 根 + ϕ177.8mm 钻铤 ×8 根 + ϕ165mm 钻铤 ×9 根 + ϕ127mm（18° 斜坡）钻杆
2	500 ～ 2800	塔式钻具	ϕ215.9mmPDC 钻头（GM）+ ϕ172mm 0.75° 单弯螺杆（LL 或 ZC）+ MWD（HL）定位接头 + ϕ165mm 无磁钻铤 ×1 根 + ϕ165mm 钻铤 ×11 根 + ϕ127mm(18° 斜坡）钻杆
3	2800 ～ 3400	导向钻具	ϕ215.9mm PDC 钻头（DM）+ϕ172mm 1.5° 单弯螺杆（LL 或 ZL）+MWD（HL）+ 伽马 + 定位接头 +ϕ165mm 无磁 1 根 +ϕ127mm 加重钻杆 ×9 根 +ϕ127mm 斜坡钻杆 ×15 根 +ϕ127mm 加重钻杆 ×21 根 +ϕ127mm 斜坡钻杆
4	3400 ～ 5000	导向钻具	ϕ152.4mmPDC 钻头（FX550）+ ϕ120mm 单弯螺杆 1.25° + MWD+ 伽马 + 定位接头 + ϕ114.3mm 无磁加重钻杆 ×1 根 + ϕ114.3mm 加重钻杆 ×2 根 + ϕ101.6mm 斜坡钻杆 ×30 根 + ϕ114.3mm 加重钻杆 ×30 根 + ϕ101.6mm 斜坡钻杆 ×50 根 + ϕ114.3mm 加重钻杆 ×9 根 + ϕ101.6mm 斜坡钻杆。特殊要求时用 LWD 代替 MWD+ 伽马

（2）施工参数。

根据钻压和转速优选配合以及水力参数优化设计的基础理论，运用水力参数优化设计软件，并结合苏 53 区块每段地层岩性的特点和对钻具组合的要求，制定出了最优化的施工参数模板。通过水力参数优化设计软件计算，并结合现场施工的实际情况，最终各段参数模板结果见表 7–18。

表 7–18 钻进参数模板

井段 m	钻头尺寸	喷嘴当量直径 mm	钻进参数				水力参数							
			钻压 kN	转速 r/min	排量 L/s	立管压力 MPa	钻头压降 MPa	环空压耗 MPa	冲击力 kN	喷射速度 m/s	钻头水功率 kW	比水功率 W/mm²	上返速度 m/s	功率利用率，%
0 ～ 500	346	32.34	30 ～ 50	60 ～ 70	50 ～ 60	7.94	2.1	5.85	3.1	61	94.55	1.0	0.61	26.38
500 ～ 2800	215.9	22.52	50 ～ 100	50 ～ 60	35 ～ 38	9.84	3.31	6.54	2.37	75	89.48	2.0	0.91	33.59
2800 ～ 3300	215.9	22.45	60 ～ 100	螺杆	32 ～ 35	15.95	3.50	8.45	2.50	76	94.86	2.1	0.91	29.32
3300 ～ 3400	215.9	22.87	60 ～ 120	螺杆	30 ～ 32	16.25	3.25	8.69	2.41	73	88.10	1.9	0.91	27.24
3400 ～ 4450	152.4	15.23	20 ～ 40	40 ～ 50	15	18.88	3.95	14.94	1.30	82	53.42	2.9	1.25	20.90

5. 钻井液

针对大平台井眼轨迹复杂、钻具摩阻大、携岩困难、井壁不稳定等情况，开展仿生钻井液研究，从润滑防托、携岩洗井、封堵防塌三个方面开展攻关，最终形成了苏 53 区平台水平井专用 GWSSL 钻井液模板体系，分段钻井液性能见表 7–19，并研制了相应的回收利用工艺，钻井液回收再利用率可达 90%。

表 7–19 分段钻井液性能

开钻次序	井段，m	常规性能									
		密度，g/cm³	漏斗黏度，s	API 失水，mL	滤饼 mm	pH 值	含砂 %	HTHP 失水，mL	摩阻系数	静切力，Pa	
										初切	终切
一开	直井段	1.02	35～40	12～15	1.5～2.0					2.0～4.0	4.0～6.0
二开	直井段	1.02～1.05	27～30	6～8	1.0～1.5	8.0～9.0				0.5～1.0	1.0～2.0
	斜井段	1.05～1.10	40～55	<4	<0.5	9.5～10.5	<0.2	<12	<0.08	2.0～3.0	3.0～5.0
三开	水平段	≤ 1.05	45～55	<3	<0.5	9.0～10.0	<0.2	<12	<0.07	2.0～4.0	3.0～6.0

三、苏 53 区工厂化压裂方案

针对苏 53 区块山$_1$段和盒$_8$段储层砂岩比较致密的特点，利用暂堵剂在段内实施多缝改造，尽可能地增大改造体积；对两口水平井相邻的裂缝实施交叉布置、同步压裂，引发井间应力干扰，开启并沟通天然裂缝，更大程度地增加改造体积（图 7–21）；将同步压裂和段内多缝技术相结合，使水平井的裂缝改造最大化[6]。通过大量的模拟计算，最终形成的苏 53 区块工厂化平台压裂后裂缝分布如图 7–22 所示。

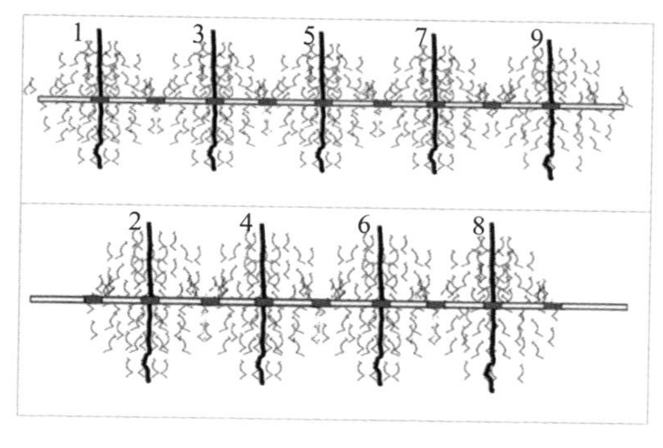

（a）交叉压裂

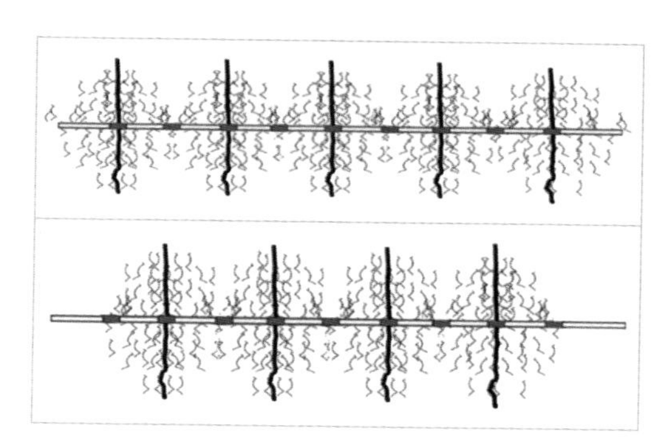
（b）同步压裂

图 7–21 交叉压裂和同步压裂（交叉布缝）示意图

四、批量化施工技术

1. 批量化钻井施工技术

（1）井场布置。

综合考虑 50L 型双钻机同步分区施工和工厂化压裂的要求，规划井场面积为 200m × 300m，部署有钻井液池 3 个、蓄水池（4000m³）2 个、排污池（4000m³）两个、水平井 6 口。按照平台上井口位置进行钻井装备、钻井液循环及处理系统等基础设施和装备进行分布，具体布局如图 7–23 所示。

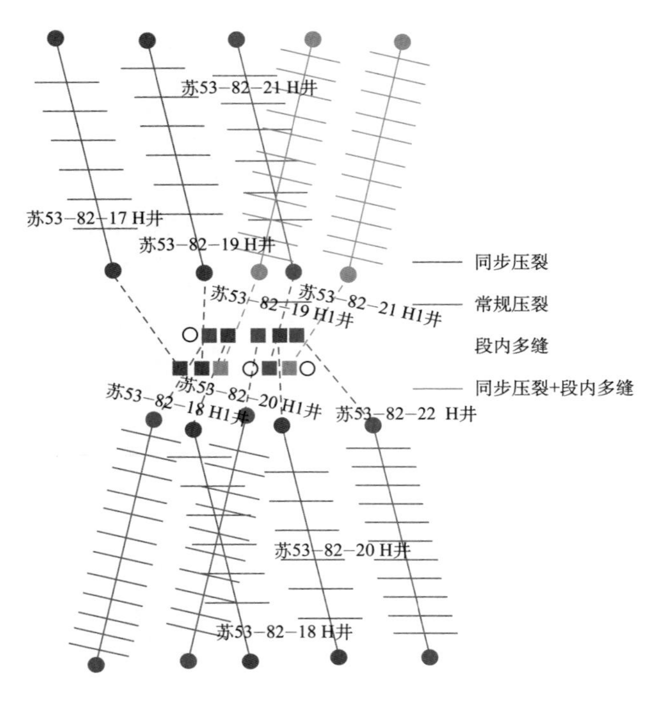

图 7–22　苏 53 区块工厂化平台裂缝分布图

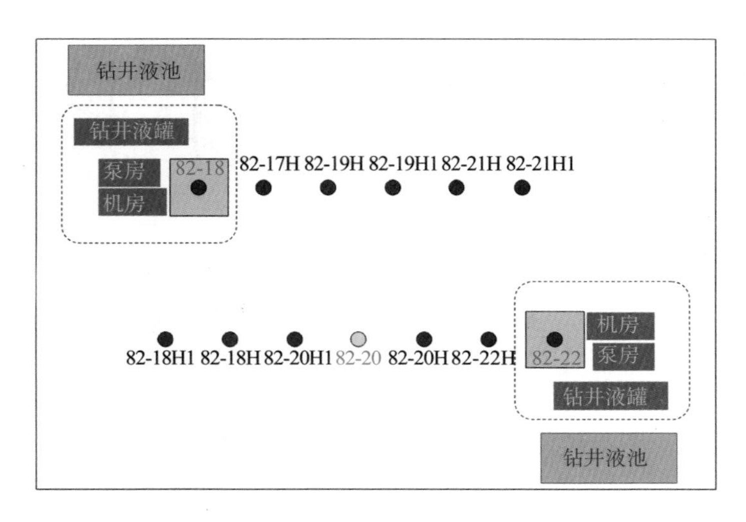

图 7–23　平台布局图

（2）钻机平移技术。

为了适应工厂化流水线钻井施工要求，针对 50L 钻机底座载荷及长度加工导轨，钻机主机坐于导轨上面，导轨总长 35m，导轨销子连接，拆装方便。

（3）队伍管理。

按“项目部—工程驻井—井队”的技术指挥管理网络，推行精准工厂化管理模式：参加项目施工的队伍，无论来自哪个单位，一律进行项目统一管理，增强了生产指令和专业配合的一致性，有效降低无效工作时间。对于重点钻井工序，项目部组织专业人员指挥、协调，从措施、环节、设备等方面给予针对性支持，两个井队在工厂化大平台作业中既相互配合、相互支持、信息分享，又同台竞技，有利于安全快速地完成钻井施工。

（4）批量化钻井施工过程。

施工流程如图 7–24 所示，1 号钻机一开按 1 号井、2 号井、3 号井顺序施工，1 号井一开结束后，不待固井候凝，钻机立即移至 2 号井钻井，依次类推至 3 号井一开完钻；3 号井一开完钻后进行二开钻进，然后按 3 号井、2 号井、1 号井顺序完成二开作业；1 号井二开中完后继续三开钻进，最后按 1 号井、2 号井、3 号井顺序完成三开施工；2 号钻机与 1 号钻机为同排位置，作业顺序和移动方向一致，保证两部钻机同时作业时拥有足够安全距离。

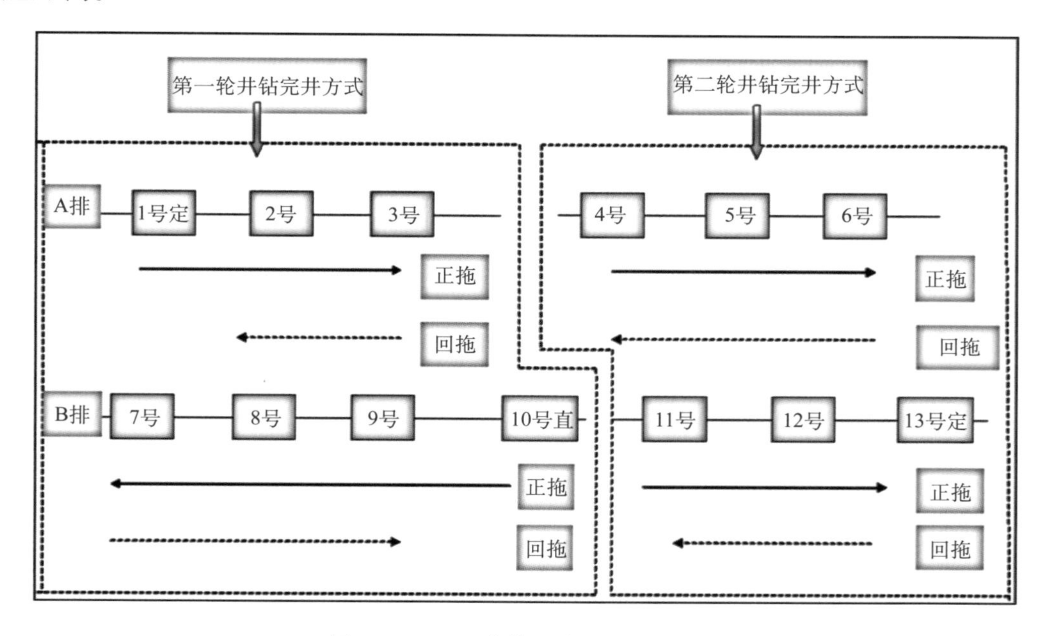

图 7–24　工厂化作业分批施工示意图

钻井过程中，由 1 台 ZJ30 型车载钻机批量实施表层。两部 ZJ50 型钻机分别批量钻直井段、造斜段和水平井段。考虑到平台井数多，钻井周期长，为加快投产，采用双钻机分两排两轮相向整拖施工，第一轮集中施工西部 7 口井，其中水平井 5 口；第二轮集中施工东部 6 口井，其中水平井 5 口。批量钻井作业按照各开次依次批量作业，缩短钻机等待时间，提高钻机整体效率。批量施工如下：

①表层施工：用一部 ZJ30 车载钻机，批量完成表层施工，实际完成 7 口井表层。

②技套施工：由两部 50L 钻机分两轮施工。每轮先批次钻到 A 点下技套固井后，钻机平移到下口井，共完成 10 井批量技套施工，节约了倒换钻具、配钻井液和水泥候凝时间。

③水平段施工：50L钻机在分两轮批次中完后，集中批量施工水平段，节约钻具倒换时间，实现钻井液重复利用[6]。完成第一轮钻井作业后，搬迁实施第二轮井钻井作业，同时对第一轮井开展压裂施工，共完成10口井水平段批量施工。

2. 批量化压裂施工技术

1）压裂装备

（1）压裂车组。同步压裂施工需要压裂车组两套，每套包括压裂车14台，其中2500型8台、2000型6台，摆放在两排井口的中间。还需配备混砂车3台、仪表车2台、液氮泵车2台、液氮罐车4台、平衡泵车2台、平衡罐车2台等。

（2）地面罐。同步压裂现场需要摆放地面罐46个，分布在两排井口的外侧，分2组向2口井提供连续供液，其中靠近井口的第一排罐包括缓冲液罐30个、交联剂罐2个、促进剂罐2个、助排剂罐2个；第二排摆放缓冲水罐10个。

（3）连续混配车。连续混配车及配套车辆摆放在第二排罐附近。现场还需配2台比例泵，用于向混砂车输送助排剂，放置在第一排罐附近。蓄水池内放置潜水泵，用于向缓冲水罐连续供水。

（4）材料台。现场布置有材料台，包括化工原料、支撑剂等，位于井场左侧，能够保证连续输砂、连续配液等工作。

（5）试气放喷设施。预先铺设4口井的放喷管线至2个排污池，管线埋地。

2）施工要求

（1）连续供液。

压裂施工前，压裂液用水从水井泵入到两个蓄水池（单个4000m^3），然后由潜水泵泵入地面缓冲水罐（10台、450m^3）。地面缓冲水罐为连续混配车供液，配制的压裂液泵入到地面缓冲液罐（30台、1350m^3），地面缓冲液罐为混砂车供液。

①同步压裂前先配好30个地面缓冲液罐的压裂液，保证2口井单段压裂施工。每段压裂前也应配好缓冲罐内压裂液，10个地面缓冲水罐上满清水，2个蓄水池上满清水。压裂的同时水井不间断向蓄水池补水。

②单个蓄水池向地面缓冲水罐供水能力应大于5.5m^3/min。

③采用配液速度为6.0～8.0m^3/min连续混配装置2套，以满足10.0m^3/min的配液需求。同时在连续混配车的上下水端各接入地面缓冲水池和地面缓冲液罐，保证泵注期间的连续供液。

（2）连续供水。

施工前要求地面水罐储水量大于1932m^3，蓄水池及污水池储水量大于16000m^3；施工期间由水井向蓄水池补水量大于2068m^3；施工期间先使用两排污池中清水配液，同步压裂两口井施工时要将两排污池中清水用完，以便供放喷、返排时使用。

（3）连续混配。

连续混配时，地面缓冲水罐为连续混配车供水，连续混配车按比例连续加入速溶瓜尔胶和防膨剂，配制好的压裂液进入地面缓冲液罐，供给混砂车。交联剂、促进剂由混砂车的比例泵按比例吸入，助排剂由地面比例泵供给至混砂车，具体流程如图7-25所示。

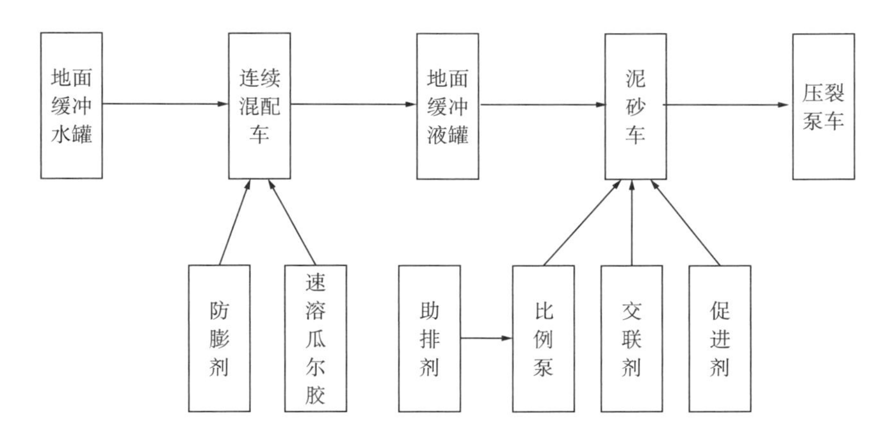

图 7-25 压裂液连续混配流程

①配制速度要求。速溶瓜尔胶压裂在 10min 内，增黏比应达到 80%；15min 内，增黏比应达到 90%。压裂时要求至少要满足 80% 增黏比要求。

②现场配液及供液要求。最大施工排量：4.2m³/min；单个地面罐容积：42m³；连续混配车输出排量：6 ～ 8m³/min。

（4）连续供砂。支撑剂采用 1.5t 大包装，卡车拉运陶粒 700m³/ 批次至井场附近材料台，现场吊车配合吊装，所以需要现场配备 4 台吊车，12 台砂罐，以保证两口井的连续施工。

（5）连续泵注。按设计 4.2m³/min 的最高施工排量，为保证连续泵注，需备用压裂泵车 2 台。

（6）队伍管理。压裂施工中，根据班组和岗位划分属地，实行分工明确的属地管理，各岗位明确分工、明确职责，由施工指挥员统一协调各岗位人员；以仪表车为中心形成沟通网络，确保施工配合顺畅，做到岗位间交流无障碍、沟通无误差，连续施工无障碍；整个施工过程中机修工、电工等配合人员在现场待命，以便及时为现场施工提供后勤保障。

3）工厂化压裂施工过程

根据钻井进度，工厂化压裂作业共分两轮进行。第一轮实施 5 口井，首先是苏 53–82–17H 井、苏 53–82–19H 井实施同步压裂，然后实施苏 53–82–18H1 井段内多缝体积压裂，最后实施苏 53–82–18 井分 3 层单井压裂。

第二轮压裂实施 7 口井，依次是先实施苏 53–82–19H1、苏 53–82–21H1 井段内多缝同步体积压裂，其次是实施苏 53–82–21H 裸眼封隔器分段压裂和苏 53–82–22H 段内多缝体积压裂，然后是实施苏 53–82–18H、苏 53–82–20H 井裸眼封隔器分段同步压裂和苏 53–82–20、苏 53–82–22 井直井分层压裂，最后实施苏 53–82–20H1 段内多缝体积压裂。

五、应用效果

苏 53 区平台工厂化钻井于 2013 年 11 月 13 日完成，累计钻井 13 口（3 口常规井，10 口水平井），平均水平段长 932m，完成钻井进尺 56702m；表层批量施工 7 口，技套中完批量施工 10 口、水平段批量施工 10 口、压裂批量作业 13 口。通过集成应用先进技术，流水线式工厂化作业，取得了“六个当年”突出业绩，即：当年部署、当年钻前、当年钻井、当年压裂、当年试气、当年投产。

1. 工厂化钻井效果

1）钻机运行效率

通常情况下，两部50L型钻机同时对10口水平井进行施工，共需50道工序，苏53大平台采用工厂化作业模式施工只需34道，两部钻机只经历1次拆装过程，共减少井架拆装11井次，大大减少了工序数量，节省了接甩钻具、固井候凝、配钻井液等施工时间。通过应用钻机滑移系统，在实现钻机快速平移的同时，还大大降低了作业风险和劳动强度。15m井口距离，3h左右就可将钻机（含后台联动机组）整体平移下一井位，比拆卸搬移缩短两天多时间，实现了“井间提速”和“无缝隙施工”。

2）钻井施工效率

通过工厂化钻完井作业，使钻井、建井周期大大缩短，非生产时间大幅减少（表7–20）。从表中可看出，丛式井组水平井速度不断加快，钻井和建井周期与2012年同类水平井相比分别缩短46.27%和47.34%，机械钻速同比提高52.86%[7]。该平台13口井分两批次压裂，共历时13d，压裂93段，入井总液量36405.8m^3，加砂总量3996.7m^3，比常规单井压裂施工周期缩短了23d。

表7–20 工厂化和非工厂化钻完井作业钻井指标对比表

序号	钻完井作业方式	开/交井数，口	平均井深 m	钻井周期 d	建井周期 d	机械钻速 m/h	钻机月速 m/台	平均水平段，m
1	非工厂化模式	15/13	4744.54	54.16	62.4	8.74	2344.73	1185.54
2	工厂化模式	10/10	4584.20	29.10	34.8	11.5	4055.64	932.00
对比			−160.34	−25.06	−27.6	+2.76	+1710.91	−253.54

3）气层钻遇率

通过全面推选地质导向技术，平台井气层钻遇率明显提高[7, 8]，见表7–21。完钻的10口水平井平均砂岩钻遇率和有效储层钻遇率分别为86.4%和73.4%，有效储层钻遇率比同年完钻常规水平井平均值提高4.9个百分点。3口水平井砂岩钻遇率达到了100%，其中苏53–82–19H井砂岩钻遇率和有效储层钻遇率均为100%[8–10]，是目前水平井整体开发区钻遇效果最好的水平井。

表7–21 苏53区块“工厂化”平台水平井参数统计

井号	井深，m	水平段长度，m	钻遇率，%	
			砂岩	有效储层
苏53–82–1H	4607	918	86.9	75.9
苏53–82–2H	4543	888	86.5	71.5
苏53–82–3H	4567	918	100.0	100.0

续表

井号	井深，m	水平段长度，m	钻遇率，%	
			砂岩	有效储层
苏 53–82–4H	4639	988	91.1	82.0
苏 53–82–5H	4542	958	100.0	94.8
苏 53–82–6H	4549	898	64.4	50.3
小计	4574.5	928	88.4	79.4
苏 53–82–7H	4753	998	100.0	82.7
苏 53–82–8H	4698	998	66.9	38.9
苏 53–82–9H	4477	938	91.6	68.3
苏 53–82–10H	4467	818	73.8	69.2
合计	4584.2	932	86.4	73.4

2. 压裂效果

采用与井网条件相匹配的压裂规模，整体规划，提高了工厂化整体压裂效果和储量的全面动用。苏 53–82–17H 和苏 53–82–19H 井组同步体积压裂，苏 53–82–19H1 和苏 53–82–21H1 井组段内多缝同步体积压裂，苏 53–82–18H 和苏 53–82–20H 井组同步体积压裂，三个井组施工均达到了设计要求，投产初期平均单井套压 16.8MPa，平均单井日产气 $8.9 \times 10^4 m^3$，展示了良好的应用前景。运用微地震裂缝监测技术对苏 53–82–17H 和苏 53–82–19H 井实施了适时裂缝监测。监测结果表明，两口井同步压裂的前 3 级产生的裂缝形态与单井顺序压裂没有明显的差别。从第 4 级起在两井间区域的裂缝形态均发生了比较明显的变化，开始产生明确的非对称的裂缝，两翼之间存在一定的夹角，且区域内部裂缝形态趋向复杂，形成了比较复杂的网络裂缝，体现了同步压裂的优势，实现了体积改造的目的（图 7–26）。

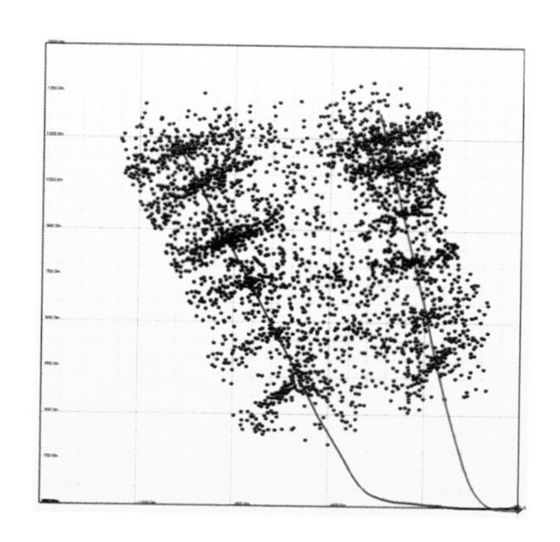
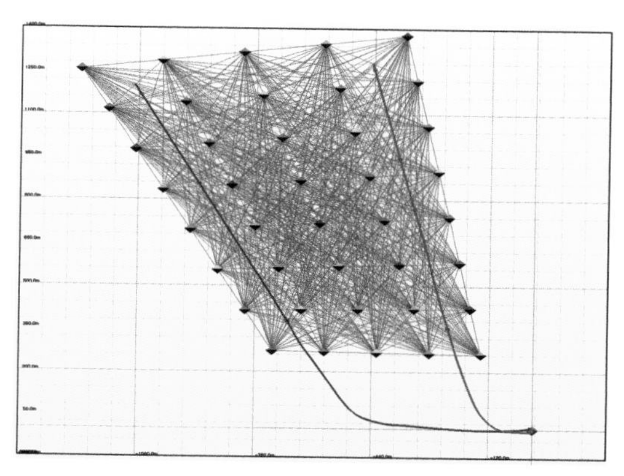

图 7–26 苏 53–82–17H、苏 53–82–19H 井微裂缝监测效果图

从开发效果看，水平井平均试气无阻流量 $64.3 \times 10^4 m^3/d$，投产初期平均单井日产气

量 $11.8\times10^4m^3$，比苏53区块常规投产水平井平均值高出 $0.49\times10^4m^3/d$，个别井产量超过 $20\times10^4m^3/d$，平均井口压力20.2MPa，取得了显著成效（表7–22）。

表7–22　苏53区块"工厂化"平台水平井参数统计

参数井号	井深，m	水平段长，m	钻遇率，%		改造方式	压裂参数		无阻流量 10^4m^3	初期	
			砂岩	有效储层		液量 m^3	砂量 m^3		日产量 10^4m^3	井口压力 MPa
苏53–82–1H	4607	918	86.9	75.9	同步压裂	3430.6	313.0	40.1	10.6	22.0
苏53–82–2H	4543	888	86.5	71.5		3187.1	343.0	28.4	9.1	19.6
苏53–82–3H	4567	918	100.0	100.0		3120.3	316.0	278.6	20.4	21.3
苏53–82–4H	4639	988	91.1	82.0		3880.0	435.0	70.3	14.7	22.1
苏53–82–5H	4542	958	100.0	94.8		3374.0	326.0	35.9	12.3	21.4
苏53–82–6H	4549	898	64.4	50.3		3576.3	410.0	21.5	8.5	19.3
小计	4574.5	928	88.4	79.4	—	3428.1	357.2	79.1	12.6	20.9
苏53–82–7H	4753	998	100.0	82.7	体积压裂	3585.0	400.0	73.5	12.4	20.1
苏53–82–8H	4698	998	66.9	38.9		4024.4	442.7	18.3	5.9	16.6
苏53–82–9H	4477	938	91.6	68.3		2840.0	330.0	53.0	15.7	21.8
苏53–82–10H	4467	818	73.8	69.2		3310.0	400.0	23.0	8.1	17.3
合计	4584.2	932	86.4	73.4	—	3432.8	371.6	64.3	11.8	20.2

3. 经济效益

通过使用工厂化钻完井作业，缩短单井钻井周期节约费用8450万元、压裂工程节约71.15万元（包括节约压裂液54万元及压裂设备搬迁17.15万元）、征地及土地使用费节约113万元、钻井搬迁费用节约11井次275万元，井场工艺流程建设费用节约103万元，合计节约费用9012.15万元。预计平台13口井累产气 $11.2\times10^8m^3$，气价为0.85元/m^3，产生直接经济效益9.52亿元。

苏里格气田苏53区工厂化钻完井作业的成功试验，加快了工程进度，推动了低渗、致密油气藏钻完井作业速度，形成了苏里格气田苏53区工厂化钻完井作业模板，为其他地区实施工厂化钻完井作业提供宝贵的参考和借鉴。

第三节　致密油长7示范区"工厂化"应用

"十二五"期间，长庆致密油工厂化进行了宁定安83井区8口井的现场试验[11]。宁定安83井区8口井，与2012年同区块水平井相比，在平均水平段长度增长34.05%的情况下，平均钻井周期由23.69d缩短至20.54d，平均压裂周期由36d缩短至9.2d，总体工程时效提高50.18%。安83区块长7布井情况如图7–27所示，试验完成井参数见表7–23。

图 7–27　安 83 区块长 7 布井情况

表 7–23　安 83 区块长 7 工厂化试验完成井参数

序号	井号	完钻井深，m	水平段长，m	施工层段数	改造工艺	砂量 m^3	液量 m^3	排量 m^3/min	单井钻井周期		单井压裂周期	
									以前	试验井	以前	试验井
1	AP56	3055	655	8	环空注入	480.0	5102.2	4	23.69d	20.54d	36d	9.2d
2	AP75	3851	1545	13	环空注入	762.0	8638.2	4				
3	AP64	3294	847	7	环空注入	453.6	4007.1	2				
4	AP63	3287	837	8	环空注入	480.0	4380.8	4				
5	AP77	3683	1333	12	环空注入	720.0	7110.6	4				
6	AP54	2965	545	8	环空注入	480.0	4832.0	4				
7	AP58	3018	645	8	环空注入	480.0	4997.5	4				
8	AP76	3881	1562	13	环空注入	743.6	8670.0	4				

一、致密油长 7 示范区工厂化钻井井组设计

1. 布井方式设计

（1）井网井距。水平井主要采用五点井网（图 7–28）、同步注水开发，采用准自然能量、交错排状形式开发（图 7–29），井距 600m、水平段 1500m。

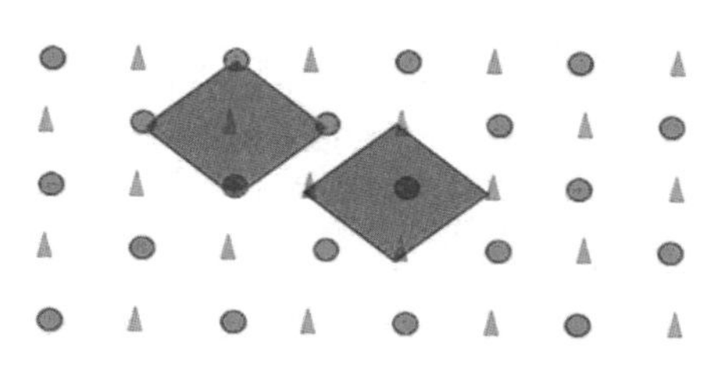

图 7–28　五点井网示意图

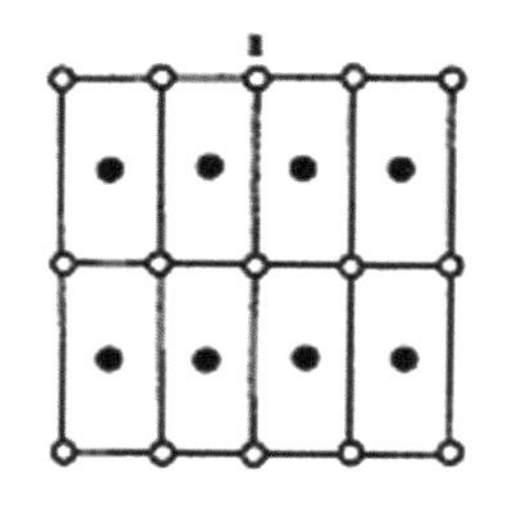

图 7–29　交错排状网示意图

（2）丛式井井数及井型设计。单平台6口水平井“双山”型，水平段间距600m，4口三维水平井，2口二维水平井（图7–30）。

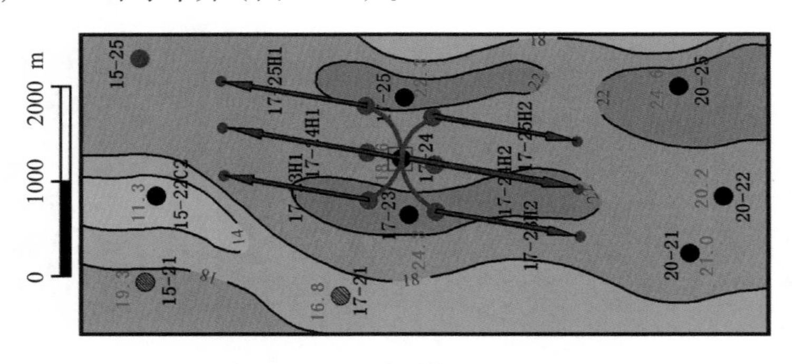

图7–30　6口水平井“双山”型

2. 井场布局设计

双排Z字形设计：在宁定等地势平坦区域采用大井场双钻机施工，井场面积130m×210m，两小井组由两部钻机完成，每个小井组3口井、井口间距24m，井场两排井口排间距65m（图7–31）。

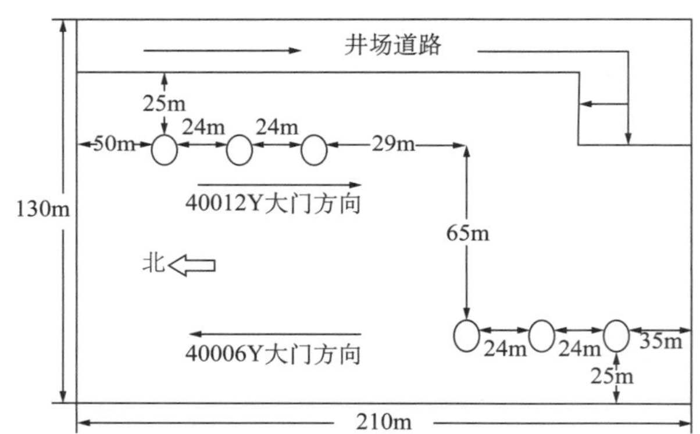

图7–31　安平54井场布局

邻平台设计：对于黄土沟壑纵横山区，采用相邻平台联合施工，井口间距10m，井场面积60m×150m。

二、致密油长7示范区工厂化钻井装备配套

1. 钻机类型选择

依据施工井组最大负荷选用钻机；优先选择全电动钻机；优先选用同型号钻机。钻机设备配备执行GB/T 19190—2013《石油天然气工业 钻井和采油提升设备》。

2. 钻机移动装备配套

钻机优选：根据钻机型号配置快速移动装置。

发电设备：优先选用工业电网，实施“电代油”；集中供电，优化发电机组配置；发电房、配电房宜集中摆放；

循环系统：机械钻机钻井泵底座宜配备平移装置；钻井泵上排水管线达到快速连接

要求；钻井液出口管线达到快速连接要求，配置支撑架；共用钻井液储备罐，优化储备罐数量。

井控装备：内防喷管线可使用与井口装置压力等级相同的高压软管；钻井液回收管线可使用与节流管汇低压端压力等级相同的软管，罐面配置固定的活接头。

信息化设备配置：远程监控平台，能够实现井眼轨迹、钻井参数及地质参数实时传输。宜配置发电机设备集中监控系统。

3. 施工工序优化

（1）表层批钻模式试验：用试验小钻机批钻表层，小钻机具有移动灵活，钻井周期快，费用低廉的特点，并且整个井丛表层钻进只需使用一个钻井液池，节省了成本。

（2）单井施工工序优化（图 7–32）：研制可控变径稳定器将下管串前的通井单、双扶两趟钻改为一趟钻；中完测三样工序置后，减少一趟起下钻；中完采用“软 + 硬”测三样，减少钻杆送测测井时间。

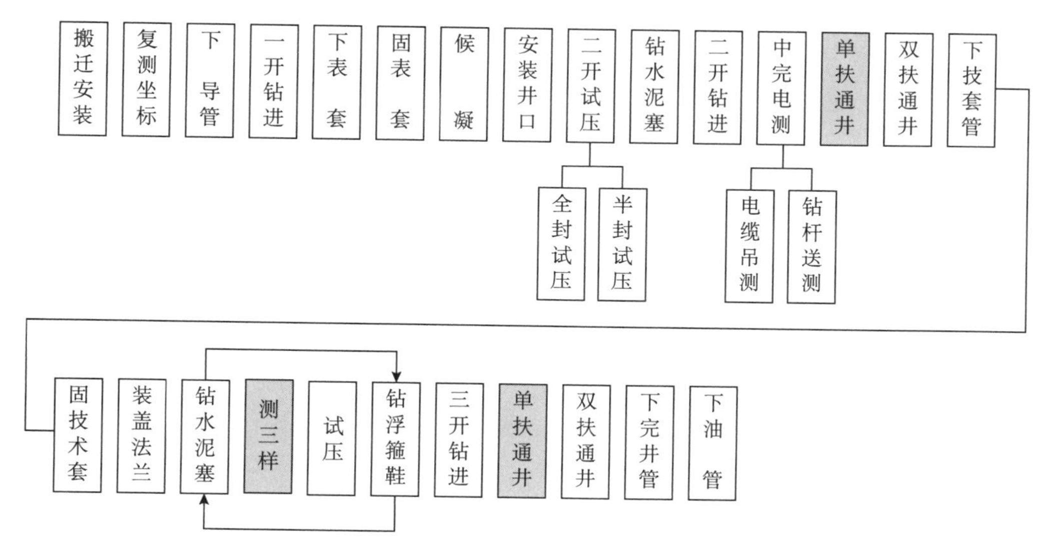

图 7–32 单井工序流程优化图

（3）分段批钻试验方案。

9 口井井组方案（图 7–33）：双机纵、横移结合施工，实现分段批钻，纵移施工至入窗，横移施工水平段，实现钻具不下钻台，减小井场。

井型：6 口水平井、3 口定向井。

施工顺序：横移 1–2–3–（5–6–8–9）、纵移 4–5–6–7–8–9。

井场尺寸：200m × 110m，井口距 15m，9 口井井场面积减少 3200m²。

装备配套：选用 ZJ50DB 钻机，配备横向、纵向推移装置；循环系统、发电和控制系统集中摆放，集中发电。

钻井液专打专供：一套循环系统转供清水聚合物，一套专供复合盐；循环罐和钻井泵集中摆放；建立排水管网，根据施工要求及时转换循环路线；规范挖置钻井液坑及排水系统，便于钻井液回收利用。

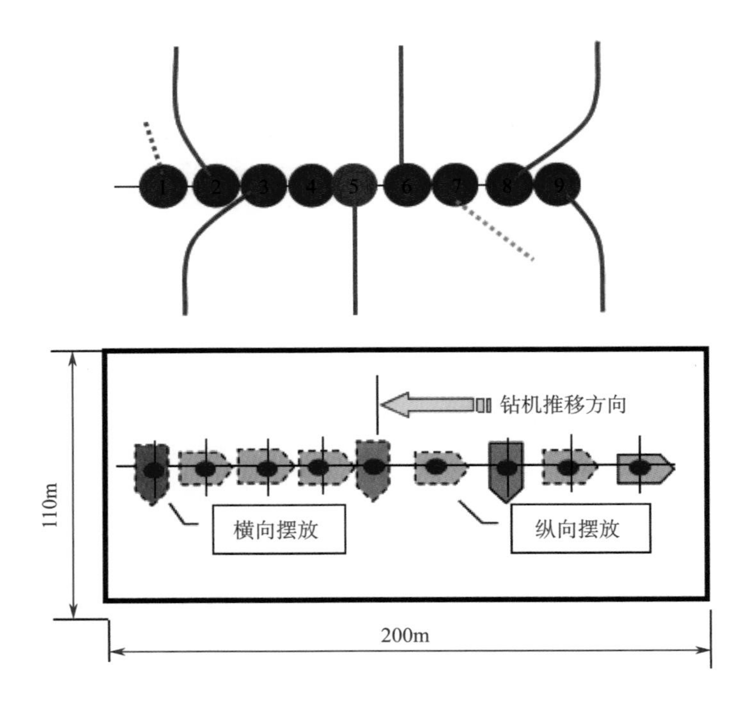

图 7–33　9 口井井组批钻示意图

4. 快钻模式集成配套

针对制约长庆油气田水平井“一趟钻”工程的技术难题，通过一趟钻配套工具、个性化钻头设计及防塌防漏钻井液等关键技术研究，解决制约油井水平井提速的瓶颈问题，形成了浅油井一趟钻、深油井两趟钻、气井水平井分段一趟钻提速配套技术，实现水平井整体提速。目前已经形成了全井段 PDC 钻头选型系列，通过针对性试验设计，形成油井浅层以 YTM 系列为主，深层以 CM 系列为主，气井以 M、EDM 和 DD 系列为主的 PDC 钻头系列，实现了针对不同地层，不同井型的 PDC 全面钻进。

1）一趟钻模式

（1）钻头选型。

图 7–34　YTM1661AS 型钻头

钻头选型以提高钻头耐磨性和轨迹控制能力（工具面稳定）为主要目标，优选 6 刀翼 16 复合片双排齿，以 YTM1661AS 为代表，所用钻头如图 7–34 所示。

钻具组合：ϕ206mm PDC+7LZϕ165mm × 1.5°+ϕ198mm stab+ 回压阀 +ϕ165mm MWD–SUB + ϕ165mm NMDC+ ϕ127mm HDP（3 根）+ϕ127mm DP+ϕ127mm HDP（42 根）+ ϕ127mmDP

（2）轨迹控制。

直井段纠正偏移距离，走位移调整靶前距为 280 ～ 320m，为后续施工创造有利条件。斜井段采用先高后低的原则，即第一增斜段实际施工时略高于设计井斜，减少第二段增斜压力。造斜开始定向时钻压要小（20 ～ 30kN），便于工具面到位，形成趋势。在进入油层前，轨迹尽量走设计曲线，避免进行强增或者强降入窗。根据靶体走向，调整入窗井斜（85°～89°）：靶体走势是上偏，入窗井斜87°～89°，防止轨迹从下边穿出；靶体走势是下偏，入窗井斜85°～87°。进入油层后及时滑动调整井斜，进入水平段后，根据复合增斜率及时调整轨迹，避免出现井斜过大，出现大段滑动降斜，井眼轨迹出现大幅度上下起伏，狗腿度大，导致下套管完井作业难度增加。

水平段：及时微调，控制在89°～91°。当预算井底井斜增至91°～91.5°时，滑动微调降斜3～4m，保证井眼轨迹平滑。调整找油时控制最大井斜在92°以下，狗腿度小于15°/100m。

2）两趟钻模式

钻头优选：第一趟钻以提高上部直井段机械钻速、完成斜井段造斜任务为目标，优选5刀翼19片PDC钻头（优选5刀翼19复合片双排齿YTM1952AS）；第二趟钻易于定向控制、坚固耐磨，优选推荐刚体六刀翼、长保径、19mm复合片，以YTM1661AS为代表。

钻具组合：二开至入窗点ϕ213mm PDC+7LZ ϕ165mm×1.5°+回压阀+ϕ165mm MWD-SUB + ϕ165mm NMDC+ϕ127mm HDP（9根）+ ϕ127mm DP+ϕ127 mm HDP（36根）+ ϕ127mm DP；

入窗点至完钻ϕ213 mm PDC+7LZ ϕ165mm×1.5°+ϕ204mm stab +ϕ206mm耐磨球扶+回压阀+ϕ165mm MWD-SUB + ϕ165mm NDC+ϕ127mm HDP（3根）+ϕ127mm DP（6根）+水力振荡器+ϕ127mm DP+ ϕ127mm HDP（42根）+ϕ127mm DP。

水平段采用ϕ210mm球形扶正器配合螺杆扶正器为ϕ206mm的单弯螺杆和无磁抗压缩钻杆稳斜钻具组合钻井。该钻具组合复合增斜率为（1°～3°）/100m，滑动降斜率为（3°～4°）/100m，水平段井斜变化范围控制在2°以内，每100m滑动降斜4m左右，减少滑动井段。水平段球扶外径选择：上倾靶体选择208mm，下倾靶体选择210mm。

三、致密油长7示范区工厂化压裂工艺技术与装备配套

通过单项攻关，研制完成了工厂化储配供提速装备与提速工具，通过优化组合，形成大型施工液体储配供及回收系统，以具有自主知识产权的连续混配技术为核心，开发了满足不同工况条件下的速溶瓜尔胶压裂液体系[12]；发明了100m³储液套装罐，研发了可回收生物清洁压裂液，形成了储、配、供及压裂液回收利用技术，实现了压裂返排液的循环回收利用，减少废液排放。

1.连续混配技术

配液是压裂施工中的一道重要工序，传统配液方式采取人工提前批量配制，存在劳动强度大、配液时间长、液体易腐败、余液浪费严重等问题，已成为制约压裂施工提速提效的一大瓶颈。连续混配装置是一种压裂液配液、储存、发放的计算机全自动控制压裂液配液装置，配合研发满足不同工况条件下的速溶瓜尔胶体系，实现边配边注的连续混配施工，从根本上解决压裂液配液技术和工艺落后的面貌，减少了工人劳动强度与余液浪费，大大缩短了施工周期，提高了施工效率。油田连续混配工艺流程如图7-35所示，8.0m³/min连续混配车如图7-36所示，100m³储液套装罐如图7-37所示，水源井同蓄水池连续供水图如图7-38所示。

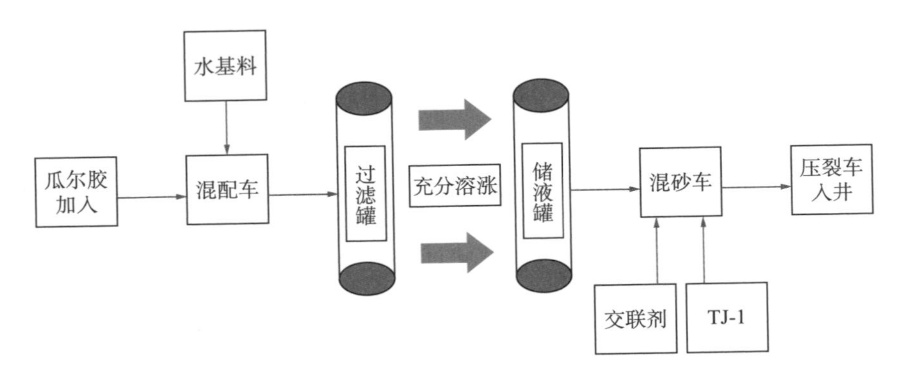

图 7–35　油田连续混配工艺流程图

图 7–36　8.0m^3/min 连续混配车

图 7–37　100m^3 储液套装罐

图 7–38　水源井向蓄水池连续供水图

2. 压裂液回收再利用技术

（1）液体回收装置。

大型施工压裂用液越来越多，施工后排出的液体会对环境造成一定程度的污染。返排液处理方式大多数是靠自然蒸发和渗漏，这样会严重影响当地地下水的水质，危及人类身体健康和生存环境，同时也是一种资源的浪费。

压裂液返排液除砂后，可以用于压后反冲、水平井套管注入及冲砂作业，以满足再次施工的需要，减少备液数量，同时满足环保要求；同时，开发可回收压裂液，经回收处理后作为压裂施工液施工可大大节约施工成本。为此，研制了压裂返排液回收处理装置，并根据现场应用情况，不断改进，现场使用方便，应用效果良好（图 7–39）。

图 7–39　改进后的回收罐

（2）水平工厂化压裂储配供及回收系统建立。

通过单项攻关，研制完成了储配供提速装备与提速工具，通过优化组合，形成大型施工液体储配供及回收系统，实现供水的连续与循环（图 7–40）。

（3）可回收压裂液。

可回收稠化水清洁压裂液已完成超低渗油层体积压裂水平井 24 口，其中超一采用油管补液、套管加砂水力喷射压裂 14 口井，施工排量 6m³/min（油管 2m³/min，套管 4m³/min），超二采用油管加砂、套管补液水力喷射压裂 10 口井，施工排量 3m³/min 左右（油管 2m³/min，套管 1m³/min）。回收液达到整个压裂液备量的 50% 以上，减少备水量 50% 以上，缩短水平井试油周期8d以上。其中4个丛式井组采用2套压裂机组30d完成4口井46段压裂施工，取得了8d完成一口水平井压裂的新纪录。

图7-40　储配供及回收系统

3. 工厂化压裂作业模式及作业流程

通过标准化作业井场，优化压裂及排液地面管汇流程，首创了“六个一趟式”流水线压裂试油作业模式，实现了单一工序一趟过，多井批量化复制。

1）井场布局标准化

将施工现场分为“储液、储砂、混配、压裂、回收”五大功能区；形成“连续供水、连续供砂、连续配液、连续泵”四大系统（图7-41）。

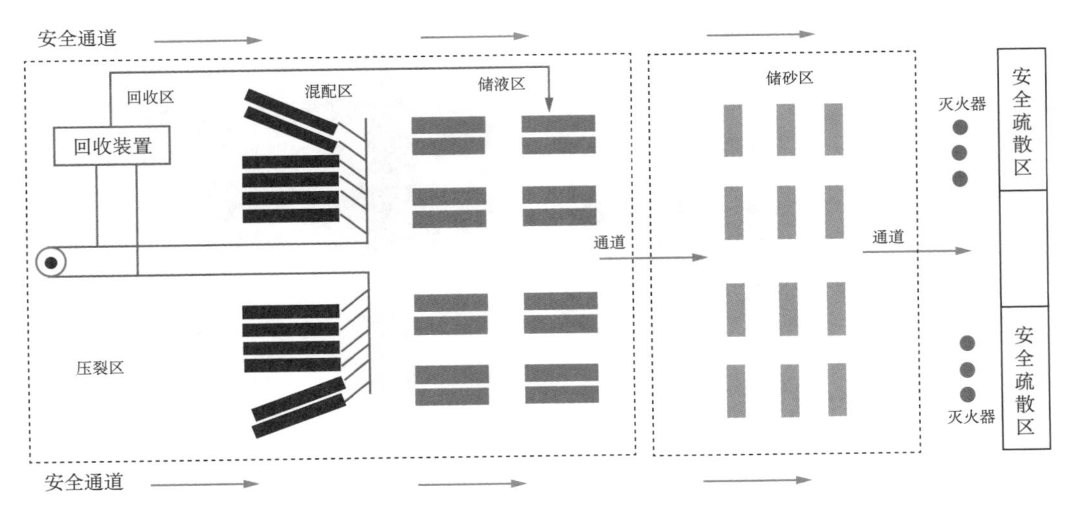

图7-41　工厂化作业标准化作业井场布局

2）压裂、排液测试管汇标准化连接

建立丛式井组标准化压裂及排液管汇流程，采用一套高压管汇连接井组所有井口，实现了不移动压裂设备完成整个井组的压裂施工。每3～5口井连接一套排液测试管汇，交叉进行排液、测试作业，进一步提高作业效率。

压裂施工前一次性连接好所有井的高压管汇（3in 或 4in 管汇），如图 7–42 所示，每口井入口处安装旋塞阀，压裂时打开相应的旋塞阀，实现不动压裂车设备完成井丛井压裂。

在施工作业前期，根据现有的设备资源，对排液、测试管线的连接进行优化（图 7–43），对于丛式井场，将油、套管线连通，并根据井丛井数将 3 ～ 4 口井排液管线串联。

图 7–42　压裂管汇优化连接

图 7–43　排液、测试管汇优化连接

3）工厂化作业施工流程及压裂模式

根据油气单井水平井及丛式工厂化施工特点，制定了工厂化施工流程图，形成了移动拉链式和固定拉链式两种压裂作业模式。

（1）水平井“工厂化”施工流程优化。

油井水平井工厂化施工流程如图 7–44 所示。

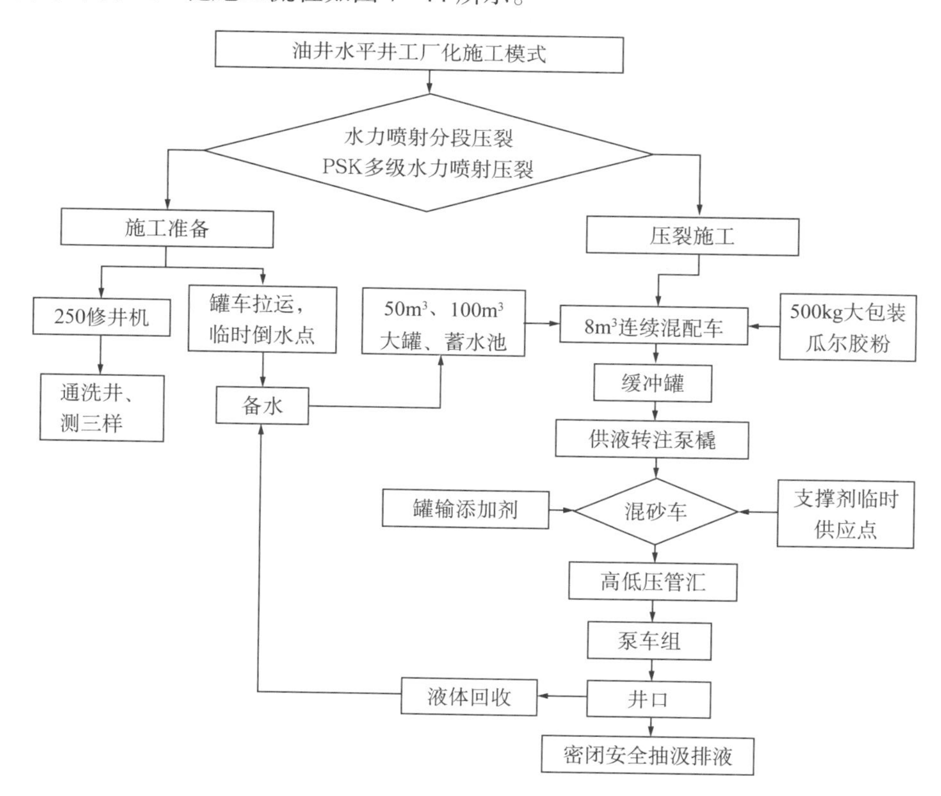

图 7–44　油井水平井工厂化施工流程图

（2）拉链式工程化作业模式。

①单井水平井工厂化压裂作业模式。

单井水平井实行移动设备进行交叉作业的“移动拉链式”作业模式（图7–45）。即提前连接好施工管汇，按区域组织施工，只移动压裂设备进行交叉压裂作业施工，提高作业效率。

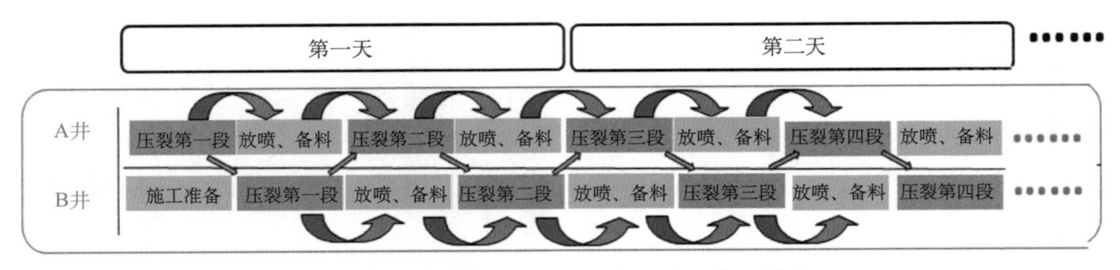

图7–45 单井水平井“移动拉链式”作业模式

②丛式井工厂化压裂作业模式。

针对水平井水力喷射压裂及裸眼封隔器分段压裂改造工艺不需要调整钻具完井的特点，实行“固定拉链式”工厂化作业模式。优化施工组织模式及设备，实现井丛“六个一趟式”流水线作业，实现单一工序一趟过，多井批量化复制（图7–46、图7–47）。

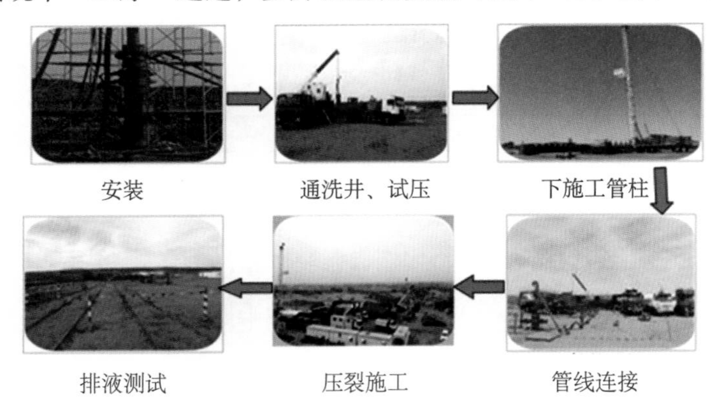

图7–46 水平井“六个一趟式” 施工模式

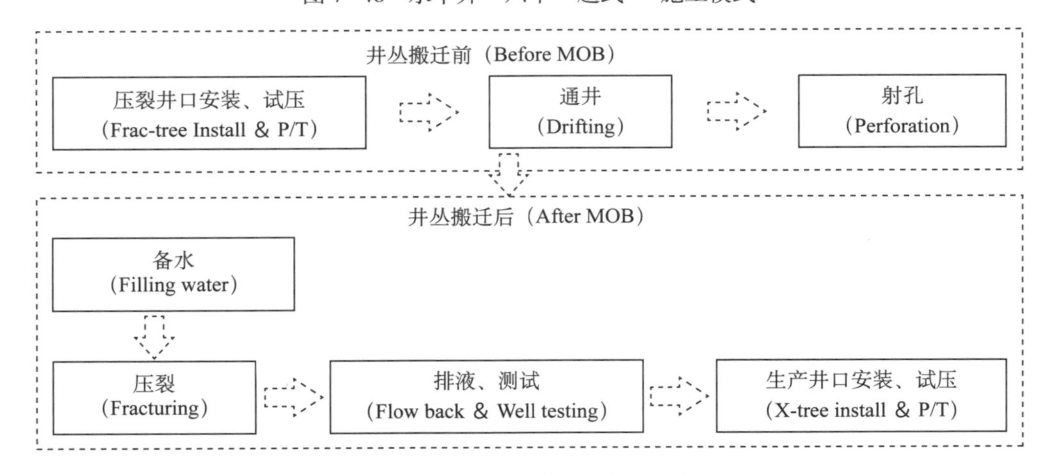

图7–47 “六个一趟式”流水线作业

“六个一趟式”流水线压裂试油作业模式，实现了单一工序一趟过，在丛式井组工厂化作业中实行多井批量化复制，提速效果显著。

参考文献

[1] 李梦刚．水平井井眼轨迹控制关键技术探讨［J］．西部探矿工程，2009（2）：42–44.

[2] 刘伟．四川长宁工厂化钻井技术探讨［J］．钻采工艺，2015，40（4）：24–28.

[3] 王国勇．致密砂岩气藏水平井整体开发实践与认识——以苏里格气田苏53区块为例［J］．石油天然气学报，2012，34（5）：153–156.

[4] 赵恒，罗勇，赵金丰，等．苏里格气田长水平段水平井快速钻井技术［J］．钻采工艺，2012（6）：108–109.

[5] 叶成林．苏53区工厂化钻完井关键技术［J］．石油钻探技术，2015，43（5）：129–134.

[6] 王国勇．苏里格气田水平井整体开发技术优势与条件制约——以苏53区块为例［J］．特种油气藏，2012，19（1）：62–65.

[7] 吴则鑫．水平井地质导向技术在苏里格气田苏53区块的应用［J］．天然气地球科学，2013，24（4）：859–863.

[8] 唐钦锡．水平井地质导向技术在苏里格气田开发中的应用［J］．石油与天然气地质，2013，34（3）：388–394.

[9] 唐钦锡．苏53区块复杂地质条件下水平井入靶技术研究与应用［J］．石油地质与工程，2013,27（2）：79–81.

[10] 唐钦锡．水平井地质导向技术在苏里格气田开发中的应用［J］．石油与天然气地质，2013，34（3）：388–394.

[11] 张金成，孙连忠，王甲昌，等．“工厂化”技术在我国非常规油气开发中的应用［J］．石油钻探技术，2014，4（1）：20–25.

[12] 许冬进，廖锐全，等．致密油水平井体积压裂工厂化作业模式研究［J］．特种油气藏，2014，21（3）：1–6.

第八章　工厂化作业技术面临挑战、部署与展望

“十二五”期间，中国石油新增探明油气储量中70%以上为低渗透、致密油气资源。“十三五”期间及以后，我们仍然需要面对低渗透和致密油气，如何实现这类低品位油气资源的有效动用，应对低油价的挑战，是上游业务当前和今后亟需解决的重大问题，更关乎中国石油公司的稳健发展。面对低油价的严峻挑战和经济发展新常态，要学习借鉴兄弟企业和国际大公司的先进理念，将推进压裂技术进步、推进大井丛工厂化作业作为重要的举措，大力开展工厂化作业技术研究和应用，努力在提高单井产量、降低工程成本上下功夫，通过技术和管理，提升上游业务的质量和效益。

第一节　工厂化作业技术面临的挑战和部署

目前国内对于埋深在3500m内的浅层非常规油气资源已经形成了较为成熟的技术体系，但是对于四川盆地的长宁—威远页岩气开发区块，页岩气资源的埋深多在2500～4500m，在开发过程中所面临的技术难题和地质风险更高。因此，需要针对我国非常高油气资源的地质特征开展攻关研究，通过发展和应用低成本快速钻井技术来加快钻井速度、降低工程费用，实现对非常规油气资源有效开发和利用。总体而言，在页岩气勘探开发技术、经济、环保等方面均面临多重挑战。

一、工厂化作业技术面临的挑战

1. 页岩气水平井钻井技术方面

三维井眼轨迹控制技术需进一步完善，部分地层的钻井效率有待提高，水基钻井液技术不成熟。

（1）表层井漏、垮塌，处理复杂时间长，部分地层可钻性差；

（2）三维丛式水平井井眼轨迹控制手段不够先进；

（3）国产旋转导向系统有待现场试验并完善；

（4）油基钻井液费用高，环保压力大；

（5）水平井固井质量有待进一步提高。

2. 体积压裂改造技术方面

埋深3500m以浅的体积压裂技术仍需进一步完善，3500～4000 m亟待突破，4000～4500m需探索攻关。

（1）3500 m以浅建产周期长、成本高，作业效率不高，高效分段压裂工具、工艺尚需配套；

（2）3500～4000 m的主体压裂技术尚未成型，单井产量亟待提高；

（3）4000～4500 m深井高应力差地层的分段压裂工艺、工具尚未形成；

（4）套管变形严重影响单井产量，井筒完整性有待提高；

（5）页岩气返排机理尚不明确，排采工艺技术还需优化。

3. 工厂化作业方面

区域化的工厂化作业模式尚未形成，装备仍需配套完善，专业化施工、信息化建设尚未建立，工厂化作业的标准、规范有待完善。

（1）钻井—压裂—试气工序衔接尚需进一步优化；

（2）配套装备仍需完善；

（3）井组单井返排时间长，返排液含砂，常规流程不满足作业需求；

（4）钻井液重复利用技术有待提高；

（5）山地工厂化作业模式尚未定型；

（6）尚未建立复杂山地工厂化压裂作业技术标准 / 规范。

4. 页岩气环保配套与经济评价方面

页岩气清洁化生产、开发对地下水的影响以及经济评价体系、环保标准等急需研究和建立。

（1）压裂返排液量大、矿化度高，尚未形成经济、高效的达标处理技术；

（2）规模建产钻井废弃物产生量多，成分复杂，达标处理难度大；

（3）工厂化开发对地下水的影响不明确，地下水监测系统有待建立和完善；

（4）页岩气经济评价标准尚未建立；

（5）适合于页岩气示范区的勘探开发标准体系亟待制定。

二、“十三五”工厂化作业技术攻关部署

为进一步深化工厂化钻作业技术研究，形成非常规油气配套实用的开发技术，中国石油组织在“十三五”大型油气田及煤层气开发国家重大专项中申报了专题研究内容，并对相关配套技术进行了周密部署，设置了重大专项项目“非常规油气钻井关键技术与装备”，同时设置了示范工程项目“长宁—威远页岩气开发示范工程”。

1. 重大攻关项目部署

本项目以解决非常规油气资源钻井工程所面临的技术瓶颈为目标，通过技术攻关，研制出旋转导向系统、连续管复合钻井等钻井关键装备，开发出高效水基钻井液体系，形成7套装备、15种工具、6种装置、5种液体、开发8套软件，形成非常规油气钻井关键技术与装备系列，解决目前非常规油气建井成本高、开发效益差的难题，实现非常规油气资源的规模效益开发。其中与工厂化钻完相关的研究内容如下：

1）工厂化钻井关键技术研究及应用

研制钻机快速移动装置及工厂化作业钻机配套装备，开发页岩气“一趟钻”PDC钻头等长水平段水平井优快钻井工具，研发高性能水基钻井液体系，建立地质工程一体化“甜点”与钻井质量优化评价技术。同时研制1套装备、3种工具，开发1套水基钻井液体系、I套软件，编制11项技术规范，形成1种作业模式，实现“工厂化”钻井装备、技术配套，缩短建井周期，降低工程费用，为非常规油气资源规模、效益、环保开发和长宁—威远国家级页岩气示范区建设提供技术支持。

2）旋转导向钻井系统研制

在总结和借鉴前期研发经验的基础上，立足自主，充分利用航天军工优势资源，研发一套可靠性高、稳定性好、可工业化应用的旋转导向系统，形成配套技术服务能力，取代进口，降低成本，为提高非常规油气资源的勘探开发效益提供技术支持。课题的总体目标紧密结合页岩气等非常规油气开发需要，将为页岩气等非常规油气高效开发提供技术和装备支撑。

3）致密油气连续管侧钻钻井技术与装备

通过自主创新和集成创新，研究开发具有自主知识产权的成套连续管钻井技术和装备，预期成功研制连续管侧钻复合钻机1套；开发连续管井下动态参数测量工具、定向工具和开窗工具，形成1套完善的连续管侧钻水平井工具；通过连续管侧钻基础研究和工艺技术攻关，解决连续管安全高效侧钻技术瓶颈难题，提高连续管侧钻适应能力；经过现场5口井的试验验证，形成具有自主知识产权的成套连续管侧钻钻井技术和装备，对促进我国非常规油气资源开发的持续、稳定、快速发展发挥积极而重要的作用。

4）提高大型体积压裂条件下固井质量与井筒完整性新技术

在项目的统筹下，以井筒完整性控制为核心，通过基础理论研究、关键技术开发、现场工程应用，建立页岩气水平井井筒完整性控制等新理论2项，建立套管柱工况模拟等评价装置6项，开发韧性水泥改性材料等新产品3项、研制高效碰压系统等新工具2套，形成高效前置液等新体系3套，集成应用15井次，形成页岩气水平井固井规范3项，确保固井质量合格率100%，压裂后试验井井筒完整性比例大于90%，支撑页岩气水平井体积压裂顺利实施，支撑项目总目标实现。

5）非常规油气钻井关键自动化工具仪器研制

围绕非常规油气勘探开发的技术需求，针对非常规钻井难点，以提升钻井自动化水平，提高钻井效率，降低安全风险为目标，研发非常规油气钻井关键自动化工具仪器，初步形成非常规油气钻井关键自动化技术，为非常规油气田高效开发提供技术保障。

2. 重大示范工程部署

为进一步加快页岩气勘探开发步伐，确保国家页岩气“十三五”规划目标实现，决定在国家重大科技专项《大型油气田及煤层气开发》中新增页岩气示范工程项目，其目标是通过“十三五”攻关，全面完成油气开发专项各项计划任务和目标，到2020年取得一批引领我国石油工业上游发展、在国际上具有较大影响的重大理论、重大技术和重大装备，建立起与我国油气工业发展相适应的完善的科技创新体系，整体达到国际水平，为实现我国石油工业可持续发展、支撑国家“一带一路”倡议的实施提供技术保障。而《长宁—威远页岩气开发示范工程》为其中之一，该项目开展地球物理评价技术、地质特征综合评价及开发优化技术、钻完井技术、压裂改造技术、工厂化作业技术、标准化及数字化气田技术、安全环保与开发效益评价技术七项主要示范任务攻关与试验，其目标是实现高效动用埋深3500m以浅的页岩气资源，突破埋深3500～4000 m开发核心技术，同时引领示范同类页岩气区块勘探开发，为实现国家“十三五”页岩气规划提供技术支撑，最终建成页岩气安全环保、效益开发，建设经济、高效、数字化、绿色的页岩气开发示范精品工程，完成“十三五”产量目标。

针对长宁—威远示范区页岩气勘探开发技术现状及面临的挑战与难点，设置七项示范任务：

（1）复杂山地海相页岩气地球物理技术研究与配套。形成复杂山地海相页岩气地球物理识别配套技术系列，满足测井优质页岩气层识别与储层参数精细评价要求。

（2）页岩气地质评价及开发优化技术研究与应用。深化页岩气富集特征研究，完善页岩气综合地质评价技术体系，建立地质工程“一体化”模型；深化页岩储层微观孔喉结构、流动规律和开发特征认识，完善动态分析技术系列，优化和完善页岩气开发技术政策。

（3）页岩气三维丛式水平井优快钻井技术试验与应用。形成三维井眼轨迹控制技术、提速配套技术和水基钻井液技术，优化固井关键技术，提高钻井速度和井身质量。

（4）页岩气水平井体积压裂及排采技术研究与试验。完善埋深3500m以浅的体积压裂工艺技术，突破理深3500～4000m，攻关4000～4500m，不断提高单井产量。

（5）复杂山地工厂化钻完井作业模式与应用。优化作业流程，完善系统装备，提升配套技术，提高作业时效，形成山地工厂化作业模式，建立标准规范。

（6）页岩气标准化场站及数字化气田建设工程示范。完成地面橇装化、集输系统优化研究，形成地面场站标准化建设设计，完善涵盖探勘开发、工程建设、运行管理的数字化建设；实现自动化、信息化、智能化管理。

（7）页岩气开发效益评价方法与环保技术研究及应用。形成废弃物达标处理技术方案，建立地下水监测系统，全面实现页岩气安全、清洁生产，制定经济评价方法和勘探开发标准体系。

本示范工程预期形成复杂山地海相页岩气地球物理技术、页岩气地质评价及开发优化技术、页岩气三维丛式水平井优快钻井技术、页岩气水平井体积压裂及排采技术、复杂山地工厂化钻完井作业模式、页岩气标准化场站及数字化气田建设工程、页岩气开发效益评价方法与环保技术等七项技术成果，建成探明地质储量$2600 \times 10^8 m^3$以上，年产$45 \times 10^8 m^3$的示范基地。

第二节　工厂化作业技术发展展望

2014年，国家能源局在“十三五”能源规划工作会上，宣布对《页岩气发展规划》进行修订，提出到2020年，我国页岩气产量要达到$300 \times 10^8 m^3$，到2030年，达到（800～1000）$\times 10^8 m^3$。在“十三五”期间，中国石油明确表示要加大对页岩气的投资力度，促使页岩气从示范区建产向规模上产转变，力争到“十三五”末，实现$120 \times 10^8 m^3$的产量目标。同样，“十三五”期间致密油、致密气的产量和示范区建设均要实现提升。

在“十三五”的五大发展理念中，“共享”独占一席，而工厂化作业的实质即为资源、技术等的共享，通过工厂化作业整合资源，实现低成本的、高效率的、安全的开发页岩气、致密油气资源。随着工厂化作业模式的不断推广应用，其专业化程度也会越来越高，例如专业化队伍的建设会越来越细化，使得钻井作业流程更为精细、各环节联系更为精密。此外，随着技术进步会不断涌现出各类专业化的设备、工具来提高作业效率，例如形成一体化的拆安流程提高钻机的作业效率。

同时，“十三五”期间在国家重大专项及其他配套科研攻关项目支撑下，通过页岩气与致密油气示范区建设，预期将迅速提升工厂化钻完井技术水平，致密油气与页岩气勘探开发技术水平得以迅速提高，一批制约钻完井技术水平的关键技术将被相继突破，从而使钻完井成本得以大幅度降低，使中国石油工厂化钻完井与增产的技术指标、成本接近美国同类区块开发水平。在油价走出谷底时，势必将引发致密油气与页岩气开发的快速发展。可以预期，在工厂化钻完井技术水平迅速提升支撑下，中国石油非常规油气的产量将迅速提升。未来甚至可能如美国一样，成为超过常规油气的新的油气接替资源。

但应当看到，目前中国石油非常规油气资源开发成本与开发效果与美国相比还有一定的差距，还需要中国石油不断更新管理理念，持续加大攻关研究与试验推广力度，加速成果的产业化步伐，扩大中国石油在相关领域的竞争优势，从而为我国非常规油气资源产业发展做出更大的贡献。